普通高等教育“十四五”规划教材
高等学校“四新”教育新医科建设规划教材
高等学校通识教育规划教材

饮食文化与健康

●主编　张晓峰

郑州大学出版社

图书在版编目(CIP)数据

饮食文化与健康 / 张晓峰主编. -- 郑州 : 郑州大学出版社，2024.6
ISBN 978-7-5645-9736-8

Ⅰ. ①饮…　Ⅱ. ①张…　Ⅲ. ①饮食 - 文化 - 世界②营养卫生 - 关系 - 健康
Ⅳ. ①TS971.201②R151.4

中国国家版本馆 CIP 数据核字(2023)第 098158 号

饮食文化与健康
YINSHI WENHUA YU JIANKANG

策划编辑	袁翠红	封面设计	苏永生
责任编辑	杨飞飞	版式设计	苏永生
责任校对	崔　勇	责任监制	李瑞卿

出版发行	郑州大学出版社	地　　址	郑州市大学路 40 号(450052)
出 版 人	孙保营	网　　址	http://www.zzup.cn
经　　销	全国新华书店	发行电话	0371-66966070
印　　刷	新乡市豫北印务有限公司		
开　　本	787 mm×1 092 mm　1 / 16		
印　　张	14.5	字　　数	300 千字
版　　次	2024 年 6 月第 1 版	印　　次	2024 年 6 月第 1 次印刷

书　　号	ISBN 978-7-5645-9736-8	定　　价	49.00 元

作者名单

主　编　张晓峰

主　审　陈复生

副主编　马艳莉　付晓丽

编　委　（按姓氏笔画排序）

马艳莉　南阳理工学院

付晓丽　郑州大学

刘欣欣　郑州大学

孙剑锋　河北农业大学

孙晓洋　河南牧业经济学院

李家寅　河南农业大学

张莘莘　郑州大学

张晓峰　郑州大学

陈复生　河南工业大学

前言

饮食在物质文化和社会风俗的各组成部分中最能反映民族特色和地区特色。饮食是人类维持生命的基本条件,健康饮食不仅能够使人们获得均衡营养,同时还能调整机体状态以增进健康。饮食文化是具有永恒生命力,又独具神韵的一种文化体系。中国五千年的文明源远流长,九百六十万平方千米的国土美丽富饶,形成了独具特色的饮食文化。中国饮食文化是一种多角度、深层次、广视野、高品位的悠久区域文化,是中华各族人民在100多万年的生产和生活实践中,在食源开发、食具研制、食品调理、营养保健和饮食审美等方面创造、积累的物质财富及精神财富。在悠久的饮食发展史中,由于世界各国不同的地理环境和生活习俗,多种极具民族特色的饮食文化顺应而生。从古代到现代,世界各地的饮食文化不断演变,融合创新,逐渐呈现出千姿百态的美食风貌。

饮食文化与健康课程开展线上线下混合教学模式,获得河南省高等学校精品视频公开课、河南省一流本科课程和郑州大学通识教育核心课程。本教材依托此课程开展编写工作,希望为打造一流本科教育和培养本科创新人才做出一些贡献。

本书分为上下两篇,上篇以区域为划分依据,对黄河流域、长江流域、东南、东北、京津等地区的饮食文化与健康进行全面、深入的研究,涉及各区域饮食文化历史、特色饮食文化、饮食习俗、饮食模式与健康;下篇对茶文化与健康、酒文化与健康、素食饮食文化与健康、地中海饮食文化与健康、发酵食品文化与健康进行了系统而科学的介绍。

本教材由郑州大学、河南农业大学、河北农业大学、河南牧业经济学院、南阳理工学院五所高校长期从事教学科研的专家联合编写。全书由张晓峰主编统稿，由陈复生主审。全书共分为15章，郑州大学张晓峰编写第一章、第六章、第十三章、第十四章和第十五章；河南牧业经济学院孙晓洋编写第二章；郑州大学刘欣欣编写第三章和第八章；南阳理工学院马艳莉编写第四章；郑州大学张莘莘编写第五章和第七章；河南农业大学李家寅编写第九章和第十章；郑州大学付晓丽编写第十一章；河北农业大学孙剑锋编写第十二章。

本教材在编写过程中得到了郑州大学出版社的大力支持，在此致以真诚的感谢。感谢陈小立、邓金兰、祁悦等同志在资料整理和稿件校对等方面认真细致的工作。

本教材涉及内容较广，加之作者水平和经验有限，书中难免有不妥和疏漏之处，敬请各位专家同行和广大读者批评指正。

编　者

2024年2月

目录

上篇　区域饮食文化与健康

下篇　特类饮食文化与健康

上篇　区域饮食文化与健康

第一章　绪　论

第一节　饮食文化概述

一、饮食文化的定义

(一)饮食文化的概念

“饮食文化”作为食学建构的术语,在中国大陆出现的时间是20世纪80年代初,最初是研究者对学科属性、研究领域界定的运用,是一个涉及自然科学、社会科学及哲学的普适概念,是一个介于“文化”的狭义和广义之间而又融通二者的文化范畴。饮食文化作为最贴近人民日常生活的一种文化类型,是文化的一部分。但文化的重复性导致寻找一个公认的饮食文化的定义显得尤为困难。目前,研究者大多采用的是国际学界认同率最高的“饮食文化”概念,是指食物原料开发利用、食品制作和饮食消费过程中的技术、科学、艺术,以及以饮食为基础的习俗、传统、思想和哲学,即由人们食生产和食生活的方式、过程、功能等结构组合而成的全部食事的总和。

(二)饮食文化的内容

当将某一群体作为人类文化研究对象时,该群体的饮食现象也就成为文化研究的基本内容之一,面对纷繁复杂的饮食现象,我们可以将饮食文化分为食生产、食生活、食事象、食惯制和食思想五个方面,具体体现在食源的开发、食品的获取,食料的流通、食物的消费、食器的制作、饮食的礼仪、饮食社会活动的惯制和社会群体对饮食的看法和认识等方面。不同地区居民的饮食文化具有显著差异,例如中国人用筷子,西方人用刀叉;中国喜欢合餐制,西方喜欢分餐制;中国人过年吃饺子,西方人感恩节、圣诞节吃火鸡等。虽然世界各地的人民族不同、习性不同,但都会以宴席、礼仪和舞蹈来庆祝盛大的节日。

(三)饮食文化的特点

饮食文化具有多元性。不同季节、不同地区、不同时期中的饮食文化类型不同,甚至同一地区中也会产生不同类型的饮食文化。具体如下：

1. 季节变化

同一地区不同季节食物的来源和数量不尽相同。在种植业上，根据季节的变化可种植不同的农作物，例如在中国，北方的人们会在春夏种植西红柿、黄瓜等蔬菜，秋天种植白菜以便储藏过冬；猎人也会关注季节的变化，因为动物的出没与季节和植物的交替明显相关。

2. 地区差异

不同地区的饮食文化受到该地区生态环境的影响。《中外饮食文化》一书中说，地球可分为六大环境区域，将近四分之三的世界人口生活在热带森林区和温带森林区。这两个区域中的群体生产方式大相径庭，热带森林区的居民以粗放型农业为主，而温带森林区的居民若想发展农业，需依靠铁制工具。

3. 与时俱进

食物是人类赖以生存的条件，没有食物，人也难以存活。人类有思想、有道德，有人的地方就会有饮食文化。在每一个时期，各种新器具和烹饪技法的出现，都代表着该时期的最新科技。石器、陶器、铁器时代如此，塑料、不锈钢的出现亦是如此。随着时代的发展，饮食文化也在不断革新，所以技术水平是饮食文化的决定性因素。

4. 自成体系

饮食文化是一种自成体系的文化。它的发展与社会经济、科技发展的进程息息相关，这些庞杂的因素有机结合构成了整个饮食文化体系。饮食文化也是各国、各民族灿烂文化的重要组成部分，可以从侧面反映出一个国家、一个民族的独特风格和精神面貌。

二、饮食文化的变迁

旧石器时代在考古学上是以打制石器为标志的人类文明发展阶段，一般认为这段时期在距今约 250 万年至 1 万年前，那时的人类祖先主要以采摘和狩猎为生。旧石器时代人类的食物来源有植物类的块茎、鲜果、坚果、种子及嫩芽等，动物类的穴熊、犀牛、猛犸、野牛、驯鹿、河马、野马、大象、兔子和鸟类等。身体强壮的男人有组织的远途狩猎，女人则负责照顾婴幼儿和制作食物。因为狩猎而随之出现的分工具有深远的革命性意义，使得共同用餐成为人类共同生活的基本组成部分。火的使用可以让食物更容易消化，食用熟制的肉类食物可以减少寄生虫的数量，使食物变得更加安全。因此，人类摄入的肉类食物所占的比例逐渐增加，食用方式逐渐改变。

新石器时代，大约发生于一万年前，由采集野生小麦发展为有意识的栽种，逐步形成半定居等待收获的农耕生活方式。人类发明了农业、畜牧业。农业的产生是人类历史上的一次巨大革命，这场革命被称为第一次农业革命或新石器革命。人们在长期的实践中，逐步观察和熟悉了某些植物的生长规律，慢慢懂得了如何栽培作物。

世界各地区的人民，在采集经济的基础上，积累了经验各自独立地发展了农业。由于各地经济发展的差异，农业出现的时间很不一致，大约从公元前 8000 年到公元前 3500 年。有些氏族和部落在新石器时代仍以采集和渔猎为生。考古资料显示，世界上主要的早期农耕中心有三个地区，即西亚、东亚（包括南亚）、中南美洲。如西亚的扎格罗斯山脉，小亚细亚半岛南部，东地中海沿岸的约旦、巴勒斯坦、黎巴嫩等地，是世界上最早的农业发源地，也是大麦、小麦、小扁豆等栽培作物的原产地。中国黄河中上游、长江中下游很早就种植粟和水稻。中南美洲的墨西哥、秘鲁、玻利维亚分别是玉米、豆类、马铃薯等作物的原产地。新石器时代还出现了畜牧业。早在中石器时代或更早些时候，人们已开始驯养与人类经济活动和生活关系较密切的小动物，狗和绵羊是最早被人驯养的动物。农业、畜牧业的产生，使人类的经济从旧石器时代以采集、狩猎为基础的攫取性经济转变为以农业、畜牧业为基础的生产性经济，人类从食物的采集者转变为食物的生产者，这一获得食物方式的转变，改变了人与自然的关系。

18 世纪工业革命极大提高了人们的生产力，各种自然资源如石油等的应用让烹饪燃料的来源更加广泛，各种烹饪器具也应时而生，生产力发展水平得到提高。人们为饮食文化的发展奠定了基础。第二次工业革命兴起，科学技术的发展突飞猛进，各种新技术、新发明层出不穷，并被迅速应用于工农业生产中。人们膳食中的动物性食物比例提高，营养状况得到改善。

20 世纪至今，科学技术发展迅速，人类生活水平显著提高，出现了营养过剩的情况，慢性病患者数量逐年增加。

第二节　中国饮食文化

中国饮食文化有着长远历史，它经历了几千年的发展，自原始社会发展以来，一直保持着发展势头，经久不衰，成为中华民族引为骄傲的物质文明和精神文明的重要载体，成为中华民族的优秀文化遗产、世界饮食文化宝库中的一颗璀璨的明珠。饮食在社会活动中对政治、文化、军事、宗教、艺术以及民风民俗等领域所产生的具体影响即为饮食文化的深厚内涵。饮食被赋予并反映了人的意识、人的思维和人的心理状态。它结合融入了历史的、地理的、文学的、艺术的以及教育的、科学的精神财富。在中国传统文化教育中的阴阳五行哲学思想、儒家伦理道德观念、中医营养摄生学说，还有文化艺术成就、饮食审美风尚、民族性格特征等诸多因素的影响下，创造出彪炳史册的中国烹饪技艺，形成博大精深的中国饮食文化。

一、中国饮食文化的历史发展

绵长的农耕时代，使农耕人民有充分的时间去琢磨饮食。火的发现和使用使先民们吃上熟食；食盐的使用使食物更加鲜美和健康；人口的迁移促进饮食文化的交流与融合。与此同时，先民们不仅对饭菜、点心的色、香、味有严格要求，还对它们的命名、品味方式、进餐节奏、娱乐的穿插等有一定要求。不同时期的经济和社会发展最终形成了独具特色的中国饮食文化，随着时代的变迁可将其分为以下阶段。

（一）中国饮食文化的孕育期

在原始社会漫长的发展史上，人类食物获取方式从采摘、渔猎到种植养殖；饮食方式从“茹毛饮血”到用火制熟食；烹饪方式从煮烹到石烹再到陶烹；烹调方式从“原味”到调味料的使用；从单纯的果腹到祭祀、食礼的出现……原始社会人类在饮食活动中开始萌生对精神层面的追求，已初具饮食文化意味，这一阶段被称为中国饮食文化的孕育期。

（二）中国饮食文化的雏形期

夏商时代，饮食已经与政治观念和等级制度合为一体，“明贵贱，辨等列”称为“礼政”。“夫礼之初，始诸饮食”，“以饮食之礼，亲宗族兄弟”，和谐人际关系，重视人伦教化，是夏商贵族饮食的“食礼”和“食政”之所在，“食以体政”和“寓礼于食”是这一时期普遍的两个特征，中国传统饮食文化肇端于此。

（三）中国饮食文化的定型期

西周及春秋战国时期是中国饮食文化的定型期。西周时期，肉食相对紧缺，《礼记·王制》：“诸侯无故不杀牛，大夫无故不杀羊，士无故不杀犬豕，庶人无故不食珍。”到春秋时期，水产品备受青睐，范蠡《养鱼经》：“夫治生之法有五，水育第一。”因地域和生活习惯的不同，主食南北分野继续加强，副食口味也有南北分野趋势，逐渐形成中原食系和荆楚食系南北两大食系。中原食系：粟、麦为主食，肉食主要有羊、猪、鹿之类；荆楚食系：稻米为主食，鱼类为副食。食品加工和烹饪技术更趋进步，从选料、制冷、主副食搭配，到刀功、调味和火候等方面都积累了丰富的经验，总结出“食不厌精，脍不厌细，和而不同”的烹性理论；宫廷菜、名菜、筵席开始出现，人们也开始注重饮食礼仪。

（四）中国饮食文化的发展期

秦汉时期不但是中国封建王朝的开创时期，也是中国饮食史上的大变革时期。由于结束了数百年诸侯割据的混乱局面，使得江山一统，又“书同文，车同轨”，还大兴农田水利建设，推广先进生产技术，大大促进了经济发展和科技文化的进步。农业、畜牧业、制陶业、冶金业和纺织业，都迈上了一个新台阶；在长安、成都等一些大城市，商业都会也随之勃兴，出现了现代意义上的旅店，使餐饮业更趋发达；尤其是张骞通西域之后，中外交流日趋广泛，烹饪原料、调味品种迅速增多，烹饪技术也显著提高。

（五）中国饮食文化的交融期

魏晋南北朝时期共历360余年，是中国历史上一个大分裂、大动荡的时期，严重破坏了社会经济。但西晋末年永嘉之乱导致中原移民大量南迁，给江南带去了中原较为先进的生产技术，为其农业、手工业乃至饮食业的发展提供了有利条件；与此同时，长期居住在西北边境上的匈奴、羯、鲜卑、氐、羌等五个少数民族也在大规模地迁往内地，史称“五胡内迁”。他们不但吸收汉族的农业文明，而且以自己的草原文明影响汉族人。这种游牧文化与农耕文化，中原文化与江南文化的大融合给饮食领域带来了许多富有生气的新东西。凡此种种，都直接影响了这一时期的饮食文化。

（六）中国饮食文化的持续发展期

食品原料越来越丰富，新材料不断涌现。人类在炊具、燃料及引火技术等方面取得了长足的进步。烹饪技艺日趋成熟，人们对火候与调味的关系有了进一步的认识，并从理论上总结出了烹调技术的基本准则：“温酒及炙肉用石炭、柴火、竹火、草火、麻黄火，气味不同；物无不堪吃，唯在火候，善均五味。”饮酒的盛行与饮茶的普及引人注目，特别是茶，在唐代已逐渐由药饮和粗放式煮饮发展成为纯粹的饮品，并进一步演化为艺术化、哲理化的茶艺、茶道，对后世人们的饮食生活产生了极其重大而深远的影响。

（七）中国饮食文化的繁荣期

饮食原料的来源进一步扩大，食品的加工和制作技术更加成熟。厨事分工越来越专，厨事、厨师逐渐成为民间的专门行业与人才群体，且有一定的市场。烹饪技法变化多端，色、香、味、形在食品中得到了淋漓尽致的发挥。食品的种类名目众多，令人目不暇接。饮食器具不仅品类齐全，而且已向小巧玲珑的方向发展。

（八）中国饮食文化的鼎盛期

食品原料比过去更为广泛，特别是玉米、甘薯、花生、向日葵、西红柿、马铃薯等的传入，极大地改变了人们的饮食结构。当代著名美籍华裔人类学家和考古学家张光直视其为中国饮食史上的第四大突破。食品的制作工艺也已渐成传统，出现了以味的区分做菜的行帮，并最终形成了苏、粤、川、鲁四大地方菜肴体系。烹饪技法更是到了登峰造极的地步，方法已达上百种之多，而且食点的成品艺术化形象也进一步得到发展，不仅色、香、味、形、声、器六美具备，做工精细，富于营养，而且名称也典雅得体，文采风流，富有诗情画意。“满汉全席”的出现，标志着中国古代的饮食体系已达到了鼎盛。

（九）中国饮食文化的转型期

随着西方近代文明的传入，饮食结构也更加科学、更加卫生。中国饮食文化在吸收西方文明的同时，也将自己民族的饮食逐步推向遥远的欧美国家，并以其精良的烹调、优美的造型、独特的风味蜚声世界，赢得了“烹饪王国”“食在中国”等美誉。

二、中国饮食文化的内涵

中国是饮食大国，自古便有“民以食为天”的说法。当人类处于发展的阶段，生存不再受到各种因素的威胁时，饮食便成为首要追求。由于悠久的文化历史和地理上的优势等诸多因素，我国的饮食式样从形式到内容都是多样且丰富的，中国的饮食文化也成为中国文化中颇具特色的重要部分。中国古人常常把饮食与精神生活联系起来，从饮食中体会人生的哲理，而精神世界的上升，又极大地影响着饮食的发展，如此相辅相成，不断前进。

（一）饮食与哲学思想

1.“阴阳五行”的哲学思想

“阴阳五行”一直是中国古代哲学思想中重要的基础性理念。中国饮食文化中把粮食分为“五谷”，把味道分为“五味”，把牲畜分为“五肉”，把蔬菜分为“五菜”，把水果分为“五果”。阳为臊、焦、香、腥、腐“五气”，阴为甘、酸、辛、苦、咸“五味”，人们日常摄入的食物，也是为了调和阴阳的平衡。“阴阳五行”在我国古代已经形成一套成熟的理论体系，是万物之根本。古人认为，人体为阳，所食为阴，人的饮食就是阴阳调和的运作过程。

2.“天人合一”的哲学思想

与西方“征服自然”的观念不同，中国自古就崇尚“天人合一”的理念，讲求人与自然和谐相处。中国人坚信人类与大自然是一个整体，人类的生活离不开自然的庇佑和馈赠，所以一直有“天人合一”的说法。人们向“天”示好的重要手段之一就是祭祀，人们对待神明、对待逝去的人，祭祀时用丰盛的酒食作为祭品，也是最早体现“天人合一”于饮食文化的佐证。正是这种“天人合一”的思想引领着中国饮食文化的升华和发展，代表着饮食不仅仅是维持生命的基本活动，还是同自然沟通与联系的重要途径。而随着科学的发展，这种“天人合一”的饮食思想也不再局限于精神的寄托，它也有一定的科学性，不再是人与神明的协调，而是人与自然的协调。人体所需的营养也是自然元素，人体通过活动将摄取的营养同生命元素相结合，满足新陈代谢的需要，供应生命体的运转，也正是“天人合一”的一种效果。

3.“中和为美”的哲学思想

“和”是中国文化中至高的哲学概念。在饮食文化中，“中和为美”也无处不在。饮食中的“和”，正是味道、样式等多方面的“和”，它包括味道不浓不淡、不咸不酸，颜色不深不浅，烹调过程中的和谐统一，正是这些食材的“和”，“集多味一品而取其和”，烹调的最妙之处，也正是它的味道，美于食材味道之和。中国饮食文化中追求的“五味调和”，正是饮食中“中和之美”的中心思想。天地万物都应具备“和”的理念，丰富而和谐，多样而统一。

（二）饮食与医学思想

早在春秋战国时代，中医第一部总结性的经典著作《黄帝内经》就已经提出“五谷为养、五果为助、五畜为益、五菜为充”的科学饮食结构，这说明中国很早就已经认识到了食物对于人体机能的重要作用。东汉名医张仲景曾说：“人体平和，惟须好将养，勿妄服药，药势偏有所助，令人脏气不平，易受外患。”孙思邈的《千金要方》主张“为医者，当晓病源，知其所犯，以食治治之，食疗不愈，然后命药”，体现了“药治不如食治”的原则。明代李时珍的《本草纲目》收载了谷物、蔬菜、水果类药物300余种，动物类药物400余种，皆可供食疗使用。即便是到了科技发达的今天，发病后服用药物的同时，也依然要依赖饮食的配合。

（三）饮食与政治思想

饮食文化中其实也映射着中国人的政治哲学。上古神话中的“神农氏尝百草”，正是以食物的开拓作为统治者的伟大业绩。历史上的衰败亡国，无不是因为民不安而起。中国古代的统治者就常常以饮食做比，发表对于“治国之道”的见解。伊尹现身说法，提出“负鼎俎，以滋味说汤，致于王道”、“不可强为，必先知道”。提出君主要顺应客观形势，掌握治国之道，就好像在烹饪的时候，要牢牢掌握烹饪之道，才能烹制出美味佳肴。君主对于人才的选拔与任用也正像厨师烹饪时对食材的选择与火候的把握，掌握每一个环节和时机，不能懒散，也不能太过施压。

综上所述，中国传统的哲学思想已经融入贯穿在中国饮食文化的各方面。“阴阳五行”为饮食结构的奠定提供了思想基础，“天人合一”融合中国古代儒家思想，让饮食不仅仅是人们充饥的生理需求，还是和自然的和谐统一，阴阳相合的重要精神追求。“中和为美”则体现了自古以来中国古人所追求的与自然和谐统一，一切适度和平衡的观念。“食与治国”体现了中国古代统治者对于治理国家与深入生活的统一和权衡。“食与病理”则是中国古代饮食文化中一大特色部分，提倡以食为养身之本。这些在饮食文化中所渗透的重要人文思想成分都为中国文化研究奠定了宝贵的基础。

第三节　中国区域饮食文化

由于自然地理环境、气候与物产在不同地理区块间存在较大差异，加之各区域间民族、宗教、习俗等诸多情况的不同，在中国的历史上形成了众多风格不尽一致的饮食文化区。文化区又称作文化地理区，每一个饮食文化区可以理解为具有相同饮食文化属性的人群所共同生息依存的自然和文化生态地理单元。中华饮食文化区受到地域因素、社会因素和文化因素的影响。

河流自古是人类最重要的水资源之一。地球上的所有文明均起源于河流。中国文明发源于黄河和长江流域，正是这些大江大河孕育的丰沛淡水资源，汛期泛滥冲积形成的肥沃土壤和相对稳定的食物生态系统，养育了数以亿计的古代先民，同时，也为他们创造悠久的历史和灿烂的文化提供了广阔的舞台。因此，我们将中国饮食文化区按照河流划分为黄河地区饮食文化、长江地区饮食文化和其他地区饮食文化。

一、黄河地区饮食文化

（一）黄河上游地区饮食文化

黄河上游地区以青海、甘肃、宁夏、内蒙古为主。这一地区的史前文化分布广泛，文化积淀丰富。但在张骞出使西域以前，这一地区同内地的直接文化往来比较薄弱，历史文录也较少。因此，这一区域的饮食文化受自然环境和宗教因素的影响非常明显。黄河上游的饮食文化受自然环境和宗教因素的影响非常明显。黄河上游地区有优良的天然草场，从西汉至清朝中叶，这里基本上以畜牧业为主，农业种植香辛料较多。食物结构较简单，人们爱吃烤肉，佐以孜然、辣椒粉等调味品，口味重咸。这里地广人稀，少数民族众多，又为黄河上游的饮食文化增添了许多民族风情。伊斯兰教在唐末至北宋时期成为西北地区的主要宗教，这对当地人的食物禁忌、进食礼仪等都产生了深刻的影响，使其具有更加鲜明的地域特色。新中国成立后，由于农业比重的增加，现在粮食蔬菜也成了日常食物，饮食结构发生了一些变化。

黄河发源地的青藏高原地区为高寒地区，主食料多为生冷食物，因而人们常喝酥油茶以适应寒冷，受到地理环境的影响，这里以发展农牧业为主，主要农作物为青稞、大麦。这里社会发展较慢，但到唐朝时期的吐蕃王朝时，有了藏文字，形成了藏传佛教，藏民势力也遍及整个高原地区，成为一个独特的文化地理单元。独特的地域环境上的食料生产与佛教文化，决定了青藏高原饮食文化的基本内容和风格。由于受宗教文化的影响，人们饮食有些特有的禁忌和仪式，比如不吃鱼、餐前诵经等。

（二）黄河中游地区饮食文化

黄河中游地区饮食文化圈，在地域上大致包括陕、晋大部分地区以及豫、陇、青、宁诸省区的饮食文化风格上较接近的地带。这一地区历史文化十分灿烂，北宋以前这里一直是中国文化的中心地带，并且政治中心大致在“西安—洛阳—开封”一线上移动。这里农业开发最早，也最完善，各种牲畜和谷物都有，属于五谷杂粮并食区，家蔬野果等植物性食物也十分丰富。黄河中游地区的面点小吃很有特色，尤以陕西、山西最具代表性。陕西的小吃反映了关中人的厚道和豪放，比如油泼辣子、面条像腰带、烙饼像锅盖、羊肉泡馍的海碗如盆等。山西面食品种繁多，素有“一面百样吃”之誉，用料广泛，制法多样，黄河中游地区口味强调酸辣、味重，但又比东北和中北地区稍淡一点。

（三）黄河下游地区饮食文化

黄河下游地区饮食文化圈大致包括山东以及晋、豫、冀、皖、苏部分地区，主要依托如今的山东省。古以太行山以东地区为山东，春秋时期这里曾为齐国鲁国所在地，故又称齐鲁。黄河下游地区属于齐鲁文化圈，有着丰富的历史文化积淀，以孔孟为代表的儒家思想对中国的传统文化影响至深，因而这一区域饮食的文化味较浓。讲究“平和正统”，大味必淡的至味境界，加之受海洋文化和京杭大运河的影响，这里成为南北饮食文化的交汇之地。山东菜在北方的影响很大。山东半岛食料广泛、水陆杂陈、五谷蔬果、鱼盐海味等都很丰富，为其成为四大菜系之一提供了基础。在山东百姓中，人们爱吃煎饼和玉米饼子，卷葱抹酱，或以蒜泥拌生菜，别有风味。

二、长江地区饮食文化

（一）长江上游地区饮食文化

长江上游是指长江源头至湖北宜昌这一江段，长江上游地区包括西藏、青海、云南、贵州以及四川五个省，涵盖的地域范围包括四川盆地、秦巴山地、云贵高原大部分地区及青藏高原东南部。长江上游地区除了四川盆地等历史上开发较早的发达农业地区以外，大部分地区是高山峡谷，地域封闭，交通不便，不同地区的文化联系也很薄弱，中国有一半以上的少数民族分布于此。山区土地贫瘠，产量较低，在坝区和河谷地带多种稻米，山上以玉米为主。由于种植业不发达，人们在食物原料上的禁忌很少，也吃一些昆虫。这里空气潮湿，瘴气四溢，为了散寒祛湿，避辛解毒，调味通阳。人们自古以来就爱饮酒和吃辛香刺激之物，如花椒、茱萸、生姜等，尤其是在辣椒传入西南地区后，这种嗜好迅速普及。四川盆地自然环境较为独特，冬暖春早，物料丰富，巴蜀文化发达，川菜也是我国四大菜系之一。巴蜀“好滋味”调味丰富：“尚辛香”，嗜好辛香刺激之味，这点与西南其他地区相似。历史上的湖广填四川促进了川菜的繁荣，尽管西南地区不同地方的饮食各有特点，但口味总体上以麻辣、酸辣为主。

（二）长江中游地区饮食文化

长江中游地区饮食文化圈，在区域上大致包括今之鄂、湘及赣大部分地区。地形以丘陵、低山、平原为主，境内河网交织、湖泊密布；地处亚热带，有着雨热同季、光照协调的气候资源，四季分明，气候温暖湿润，雨量充沛，物产丰富。长江中游地区以低山和平原为主，境内河网交织，湖泊密布、雨水充沛、四季分明，稻米水产和畜禽果蔬都很丰富。这里深受楚文化的影响，但经过两千多年的发展，其内部又形成了江汉文化和湖湘文化，在饮食文化上也略有侧重。湖南的口味偏重于酸辣，以辣为主，酸寓其中。湖南多山区和僻湿之地，常食酸辣之物有祛湿祛风、暖胃健脾之功效，而且，由于古代交通不方便，海盐难以运进内地山区，人们爱以酸辣之物调味，因而养成了偏爱酸辣的饮食习俗。江西与湖南的饮食口味较为接近。而湖北“九省通衢”，淡水鱼虾资源丰富，形成了饭稻羹鱼的特色，口味也以咸鲜、微辣为主。平原地区吃辣程度不如山区强烈。

（三）长江下游地区饮食文化

长江下游饮食文化圈大致范围包括今长江下游两岸的苏、浙、皖大部分地区，沪、赣局部等地区。这里是我国著名的鱼米之乡，河湖密布，稻米水产丰富。战国时期形成地域特色鲜明的吴越文化，并深受其影响。三国孙吴政权时，人们已有喜爱甜食的习惯，唐宋以后，随着中原经济文化中心向该地区转移，到明清时这里已成为全国最繁荣的地区，发展出扬州、南京、苏州、上海、杭州等许多不同的饮食风味。吴越地区饮食的文化味也很浓，强调精致细腻，注重色形味质，讲究饮食环境的韵味，擅长糕点小吃制作，瓜果雕刻技冠全国，多有灵气，给人物质和精神上的双重享受，长江下游的淮扬菜是我国四大菜系之一。淮扬菜清淡适口，强调原料的本味，主料突出，刀工精细，肉类菜肴名目繁多，居各地方菜之首。口味特点是咸甜适中、清淡，但食甜较其他地区突出。

三、其他地区饮食文化

（一）东南地区饮食文化

东南地区饮食文化圈大致包括粤、闽、台、琼、港、澳以及桂、赣、湘、浙局部，以岭南、台闽两大区域为重心。东南地区多丘陵，临海，雨水充沛。该地区以稻米为主食，蔬菜水果海产畜禽都很丰饶。这一地区喜食稻米，重鲜活，尚茶饮，蔬果与海产比重高，俗尚食事。清末以来，政治经济都发生了很大的变化，无论闽粤还是客家，都有海外贸易经商的传统，这使东南地区的饮食文化也带有明显的商业性，讲求高档稀贵，爱食稀奇野味。由于岭南地区天气非常炎热，人易流汗多，就爱喝汤滋身，口味强调清淡、鲜美。高档的粤菜也成为我国四大菜系之一，口味特点是清淡、咸鲜。

（二）东北地区饮食文化

东北地区饮食文化圈，是包括今辽宁、吉林、黑龙江三省及内蒙古自治区昭乌达、哲里木、呼伦贝尔三盟在内的一个饮食文化历史区域。土壤肥沃、地面水源丰富、草原广阔、山林原野动植物及江河湖海水生资源丰富、无霜期短、冬季严寒且寒冷期长、人口稀少（尤其是清中叶以前）等，构成了这一区域特定的自然地理环境、生态环境与饮食文化的基本条件。这里土地肥沃，草场优良，平原广阔，五谷杂粮与山货水产都很丰富，冬季寒冷漫长，人口稀少。历史上，这片土地长期生活着满族、蒙古族、鄂伦春族、朝鲜族等少数民族,游牧狩猎是他们的主要生活方式。人们好食炖菜,摄取高热量的动物脂肪以御寒冬。由于缺少新鲜蔬菜,当地人有吃生肉、葱蒜、冻食和腌菜的习惯,吃生肉、冻菜、冻水果可帮助增加维生素,避免一味吃热食导致缺乏维生素而得坏血病,冷冻食品已发展成人们的一大嗜好,哈尔滨一年的雪糕竟然大部分是在冬天消费的;吃葱蒜可以消除吃生肉的不良后果,帮助消化杀菌;另外因寒冷的气候使冬季缺少新鲜蔬菜,腌菜和泡菜占了很大比重,几乎每家都有大大小小的酱缸。酸菜腌渍时间长、新鲜度差,因而调味咸重,以压抑异味。自清中叶以后,关内大量移民涌入东北开荒垦殖,农业取代游牧和采集业成为主要生产方式。东北的饮食方式亦随之发生了一些变化。

(三)京津地区饮食文化

京津地区饮食文化圈,是以今北京、天津两大中心城市为重心,包括其日常食生活赖以依存并同时受其经济、文化直接辐射影响的周围地区。京津地区,自北京人、山顶洞人的最初开发以后,经仰韶文化、龙山文化的丰厚积淀和三代燕、蓟的发展,到了西汉初,已是“南通齐、赵,东北边胡,上谷至辽东,地踔远,人民希”的一个经济、文化“都会”。元、明、清三朝,蒙古人、汉人、满人先后在此建都,北京成为全国的政治、经济、文化中心。天津是漕运、盐务和商业发达的都会,与北京共构经济一体和京畿文化。京城聚集着诸多衙属官吏、庞大驻军以及乐医百工,普通市民,众多民族汇聚于此,形成了五方杂处的局面。饮食的层次性和变化性特别明显。从皇宫御膳、贵族府宴到市井小吃,形成了全国特有的层次性饮食文化。政治经济的影响超过了自然环境对饮食风格的影响,但食料还是以周边地区为主,兼辅以全国各地精华物产。

第四节　中国饮食结构与健康

一、中国传统饮食结构

饮食结构又称食物结构、膳食结构,指人们饮食生活中食物种类和相对数量的构成。中国人从天人相应食治养生与五味调和的思想观念出发,形成了一个独特的饮食结构。

(一)中国传统饮食结构的提出与内容

中国传统医学和养生学有“医食同源”之说,食物既可食用也可药用。《黄帝内经·素问》:“五谷为养,五果为助,五畜为益,五菜为充。气味合而服之,以补精益气。此五者,有辛酸甘苦咸,各有所利,或散,或收,或缓,或急,或坚,或软,四时五藏,病随五味所宜也。”从中医学角度论述怎样通过饮食治疗疾病。

(二)中国传统饮食结构含义及运用

1."五谷为养"的含义及运用

"五谷"一词最早见于《论语》"四体不勤,五谷不分"之语。起初人们在种植过程中对农作物特征进行观察并总结,最终筛选出几种产量高、适应性强的农作物进行种植。这反映了古代粮食作物生产从"百谷"到"五谷"的历史变迁,"五谷"成为人们生活的主要食物来源。有两种说法,一曰粟、黍、菽、麦、稻,一曰粟、黍、菽、麦、麻。五谷为养的原则在中国烹饪中的运用得以体现,古代食谱中大多将"五谷"排在首位。中国饮食中有很多以"五谷"为主体的主食和豆制品,中国人的主食有饭、粥、面点,至少有上千个品种以粮食作为主要原料,豆制品包括豆腐、豆豉、豆花、千张等仅以大豆为原料做的豆腐品种就有成百上千种。"五谷为养"在饮食制作和格局上形成了养与助、益、充结合的传统。

2."五果为助"的含义及运用

"五果"在古代指具体的五种果品如核果、肤果、壳果、桧果、角果等,还泛指所有果品,包括水果和干果等。五果为助指食用少量果品作为对粮食和肉、蔬品的辅助、调节,对维持人体健康有很大帮助。它强调应当在"养""益""充"的基础上食用少量的果品可以补充人体所需的营养以促进人体健康。果品成为中国普通菜点的重要原料。

3."五畜为益"的含义及运用

"五畜"具体为牛、羊、猪、狗、鸡或马、牛、羊、猪、狗,也泛指家禽、家畜及其副产品乳、蛋。五畜为益指适量食用动物性食物原料对人体健康特别是机体生长有很大的益处。动物性原料成为中国菜肴原料的核心。中国菜肴中用动物性原料做主、辅料的菜肴超过一半,品种繁多,风味各异。每一种肉类原料均可做出几十个甚至数百个菜肴,如全猪席、全羊席、全牛席。

4."五菜为充"的含义与运用

"五菜"既指具体蔬菜,也泛指人工种植蔬菜和自然生长的野菜。五菜为充指食用一定量的蔬菜作为粮食和肉食品的补充,可以使人体对所需的营养得到充实、完善,有效地促进人体健康,因此蔬菜成了中国菜肴原料的又一个核心。我国以蔬菜为主料和辅料制作的菜肴以及荤素搭配的菜肴品种超过了一半以上,风味丰富多彩。山东、江苏、广东、四川风味流派中荤素配合的占50% ~70% 。

(三)中国饮食结构的合理性与不足

中国传统食物结构符合中国人养生健身的总体营养需要。"五谷"提供了大量碳水化合物和植物蛋白质;"五果""五畜"和"五菜"提供了动植物蛋白质、脂肪、矿物质、维生素、膳食纤维和水。但是,在中国传统饮食结构中只有质的区别而没有明确的量的规定,即主要强调各种食物品种、质量的搭配而没有指出明确的数量,以素食为主、肉食为辅。

人们在搭配食物时在数量和比例上有很大的随意性，影响了食物结构发挥良好的作用，如由于动物性食物原料在饮食中搭配的数量、比例过低，优质蛋白质、无机盐、B 族维生素缺乏导致相应疾病的发生。

二、中国现代饮食结构与健康状况

在人的整个生命周期中，膳食是人体生长发育和健康最直接、最重要的因素。长期规律的合理膳食，膳食中充足的营养素能维护和促进人体健康，提高机体免疫能力抵御各种疾病。膳食也是可变因素，受环境、知识、经济、文化等影响。

该部分汇集了近年来在全国有代表性人群中开展的膳食、营养与健康相关研究的结果，重点描述和分析了中国不同年龄段人群各类食物的消费现状及变化趋势营养状况及存在的主要问题，还包括身体活动状况、膳食相关慢性病的现况及变化趋势。

（一）中国现代饮食结构

我国幅员辽阔、地大物博，随着经济的发展和居民生活水平的不断提高，人们更趋向动物性食物的消费，因此，我国传统饮食结构发生了显著变化，不同地区居民的饮食结构逐渐成形。《中国居民膳食指南科学研究报告（2021）》指出，我国正处于饮食结构变迁的关键期，虽然我国居民动物性食物、优质蛋白质摄入量增加，但大部分地区人群的饮食结构依旧以植物性食物为主、动物性食物为辅。该饮食的结构特点是谷物食物消费量大，动物性食物消费量小，膳食纤维充足，但动物性食物中的营养素如铁、钙、维生素 A 的摄入不足。近年来，江南地区如浙江、上海等地的饮食结构被认为是我国健康饮食结构的代表。其特点是食物多样、清淡少盐、蔬菜水果食用量大、鱼虾水产摄入量高、奶类豆类多等，并有较高的活动时间和运动水平。在食物多样的基础上坚持以谷类为主，合理搭配，有利于避免营养缺乏和营养过剩等疾病以及与膳食有关的慢性病的发生。

（二）中国居民健康状况

1. 我国居民营养状况和体格明显改善

（1）居民营养不足状况得到根本改善。良好的饮食结构是保障营养充足的条件。随着我国蔬菜供应品种愈加丰富，季节差异性明显缩小，我国居民体格发育和营养不良问题得到明显改善，蛋白质摄入量维持稳定，碳水化合物供能比呈明显下降趋势，脂肪供能比呈上升趋势（图 1-1）。城乡差距逐步缩小。儿童营养不良主要表现为消瘦、生长迟缓、浮肿等。儿童营养不良特别是农村地区儿童生长迟缓的问题一直是各级政府和家庭都十分关心的问题，营养不良多由膳食能量供应不足、蛋白质缺乏或继发性疾病原因导致。《中国居民膳食指南科学研究报告（2021）》指出，我国 5 岁以下儿童生长迟缓率、低体重率均降到 5% 以下，已实现 2020 年规划预设目标。儿童青少年、孕妇的贫血率及维生素 A 缺乏率随着营养状况得到改善而呈下降趋势。

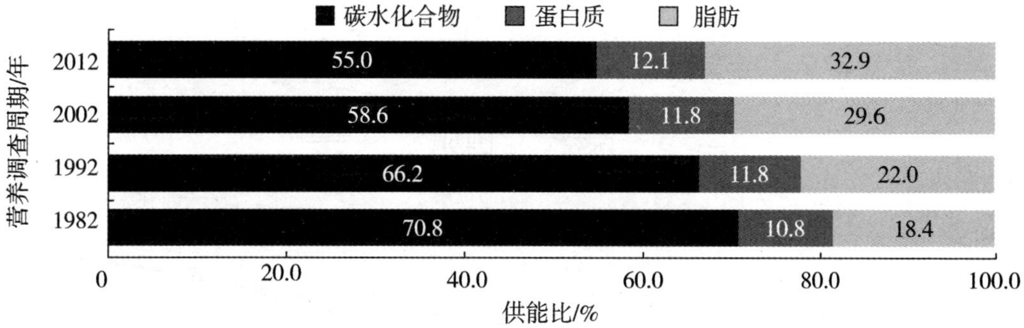

图 1-1 1982—2012 年中国居民碳水化合物、蛋白质和脂肪供能比变化趋势

(2)不同年龄段居民身高增加显著。身高既能反映长期膳食营养质量,也能体现整体国民体质状况。随着居民膳食能量、宏量营养素和优质蛋白质摄入量不断增加,我国成年人平均身高不断增长,儿童青少年生长发育水平持续改善。研究表明,我国 18～44 岁男性和女性平均身高与 2015 年发布的结果相比分别增加了 1.2 cm 和 0.8 cm,6～17 岁男孩和女孩各年龄组身高平均分别增加了 1.6 cm 和 1.0 cm。6～17 岁男孩和女孩各年龄组身高均有所增加,农村儿童身高增长幅度大于城市儿童身高增长幅度。

2. 居民身体活动水平显著下降

身体活动,指身体骨骼肌的收缩引起能量消耗的活动,包括各种类型、各种强度、各种范畴的活动。按照世界卫生组织的分类,身体活动可分为职业性活动、交通出行、家务劳动和休闲活动四类。随着城市化进程的推进和手机使用的普及,我国居民总体身体活动量逐年下降,静坐时间增加。成年居民职业性、家务性、交通性和休闲性身体活动总量逐年减少,其中职业性身体活动量降低是造成身体活动总量下降的主要原因。在能量摄入不变情况下,身体活动量降低是造成人群超重肥胖率持续增高的主要危险因素。

3. 超重肥胖及膳食相关慢性病问题日趋严重

中国居民超重及肥胖患病率随着经济的发展和饮食结构的改变快速增长,成为严重的公共卫生问题。从 2000—2018 年成人超重和肥胖率的变化趋势来看,肥胖率上升速度大于超重率的增长(图 1-2)。

超重肥胖是引起心脑血管疾病、糖尿病、高血压、癌症等疾病的重要危险因素。近年来,糖尿病、高血压、心脑血管疾病等慢性病均呈上升的态势。这些慢性病与长期膳食不平衡和油盐摄入量过多密切相关。全球疾病负担研究显示,不合理的膳食是疾病发生和导致死亡的主要因素,相当一部分中国人的心脏疾病、脑卒中和 2 型糖尿病死亡率与膳食因素有关。

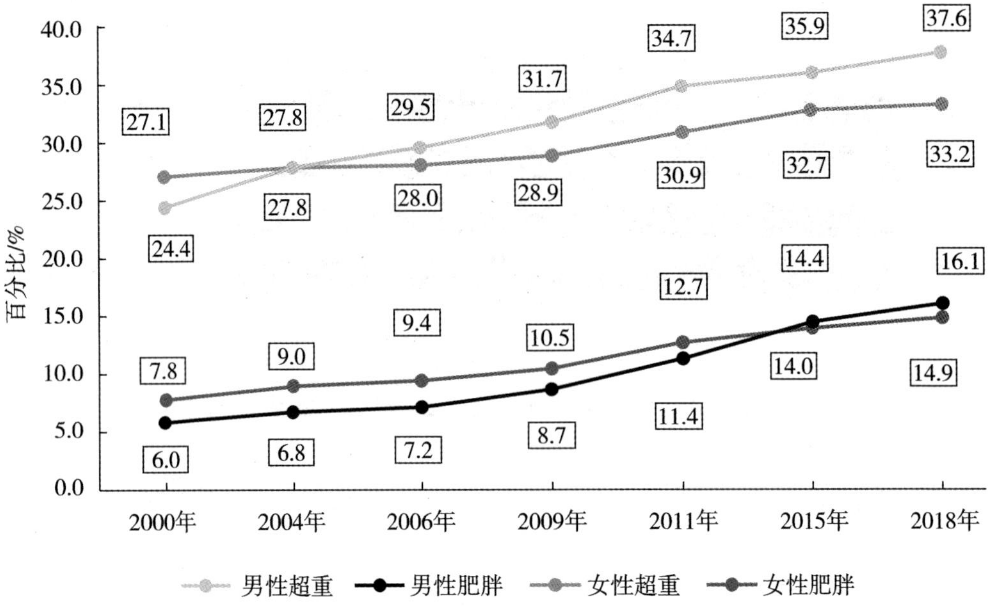

图 1-2　2000—2018 年中国不同性别成人超重率和肥胖率变化趋势

社会发展节奏加快使在外就餐成为普遍饮食行为，年轻人群体成为外卖点餐的主力。长期点外卖和在外就餐的人群大多存在油盐过度摄入的问题。《中国居民膳食指南科学研究报告(2021)》中 2015 年的调查发现：家庭烹调用盐摄入量高于中国营养学会推荐水平；烹调用油，特别是农村居民的摄入量也较高；含糖饮料销售量逐年上升，城市人群游离糖摄入有 42.1% 来自含糖饮料和乳饮料，儿童青少年含糖乳饮料和饮料消费率分别在 30% 和 25% 以上，明显高于成人，应引起重视。

《中国居民膳食指南(2022)》指出，我国居民以谷类为主食，但大多是精制米面，品种单调；深色蔬菜摄入量约占蔬菜摄入总量的 30%；人均水果摄入量较低；各类人群奶类及其制品消费率均较低；鱼虾类平均摄入量为 24.3 g/d，多年来没有明显增加；豆类食品消费率低，消费量不足。

三、中国居民饮食的健康建议

当前，我国食物综合生产能力稳步提高，有力地支撑了国家食品安全和居民食物消费结构和饮食结构的转型升级。与此同时，我们还应清醒地认识到各种营养不良问题(包括营养不足、微量营养素缺乏、超重和肥胖症)在我国仍同时存在并将长期存在，膳食结构不合理、食物过于精细化导致的浪费等现象普遍存在。以问题为导向，基于我国饮食中全方位影响因素干预的理念，强调以平衡膳食为核心，结合《中国居民膳食指南

(2022)》,提出以下几条适合我国饮食与健康相关的建议。

1. 强调植物性食物为主的膳食结构

以植物性食物为主,增加全谷物的摄入量,减少精制白米面的摄入;在保证蔬菜摄入量充足的前提下,增加深色蔬菜的食用比例;增加新鲜水果的摄入;增加富含优质蛋白质的食物如豆类及其制品的摄入。

2. 优化动物性食物消费结构

丰富肉类食物种类的摄入种类,改变以猪肉为主的肉类消费结构,增加富含多不饱和脂肪酸食物的摄入,如水产品类、低脂奶类及其制品,适量摄入蛋类及其制品。

3. 保证膳食能量来源和营养素充足

综合考虑生理阶段、营养需要、身体活动水平、基础代谢率等因素,结合各种营养素摄入比例,将膳食碳水化合物、蛋白质、脂肪摄入比例、能量和微量营养素摄入量维持在合理的水平(能量平衡或能量负平衡),达到合理营养的状态从而维持健康体重,预防膳食相关慢性病。

4. 进一步控制油、盐摄入

我国居民食用盐的摄入量已经呈现下降的趋势,但食盐和烹调油的摄入量仍过高,从而严重影响我国居民的健康。在中国成年人所有膳食因素与估计的心血管代谢性疾病死亡数量有关的归因中位居第一的是高钠(盐)摄入,因此应继续加强宣传力度,把减盐控油作为优化膳食结构的重要部分。

5. 控制糖摄入,减少含糖饮料消费

现如今,国际对糖消费量与健康之间关系的关注度日益提升,很多国家发布的膳食指南中将“限制糖摄入”作为重点。虽然我国居民添加糖摄入水平不高,但作为添加糖的主要来源,含糖饮料消费人群比例及其消费量均呈快速上升趋势,在青少年群体中尤为明显。高糖摄入已成为青少年肥胖、糖尿病高发的主要危险因素。因此,减少青少年糖的摄入和消费是促进青少年健康成长的关键。

小结

饮食是人类生存的本能,人类若想生存,则必须进食,在此过程中人类产生的思考和形成的习惯构成饮食文化,文化是区别人和动物的标志之一。随着时代的更迭而不断改变,与时俱进,形成了现在辉煌璀璨的饮食文化。中国历史悠久,拥有960万平方千米的土地。不同的地理环境和社会环境形成了别具一格的饮食文化,花样百出,色、香、味俱全,极具吸引力。

随着经济的发展和生产力的提升,我国居民的经济水平不断提高,国民营养不良状况得到改善,但不平衡的饮食结构和身体活动度的下降导致我国超重肥胖人数呈上升趋势,心血管、糖尿病、高血压等慢性病发病率上升,严重危害我国居民的身体健康。

根据我国居民身体健康现状提出一些建议:合理膳食,优化动植物性食物消费结构,从饮食上促进我国居民的健康,从而预防慢性病的发生。

我们还可以将食物生产加工与居民健康的消费理念有效衔接,将营养与健康理念贯穿于食物生产、加工、烹调、选购、进餐的各个环节和体系中,营造健康的饮食消费环境。

参考文献

[1]国家卫生计生委疾病预防控制局. 中国居民营养与慢性病状况报告(2020 年)[M]. 北京:人民卫生出版社,2022.

[2]中国心血管健康与疾病报告编写组. 中国心血管健康与疾病报告 2021 概要[J]. 中国循环杂志,2022,37(6):553-578.

[3]中国营养学会. 中国居民膳食指南科学研究报告(2021)[M]. 北京:人民卫生出版社,2021.

[4]中国营养学会. 中国居民膳食指南(2022)[M]. 北京:人民卫生出版社,2022.

[5]何宏. 中外饮食文化[M]. 北京:北京大学出版社,2006.

第二章　黄河上游地区饮食文化与健康

第一节　黄河上游地区饮食文化历史

一、黄河上游地区饮食文化圈

中国饮食文化是一种广视野、深层次、多角度、高品位的地域文化，以农耕文化为基础，辅之以渔猎及畜牧文化，是中国传统文化的重要组成部分，更是中华民族灿烂文明史的生动写照，正在以独特的生命力护佑着中华民族的繁衍生息。每一种文明都是某一个特定的人类群体在一个特定的时间和空间范围内所创造的物质财富和精神财富的总和。对于任何一种文明来说，在文明的初级阶段，物质财富起着更重要甚至是决定性的作用。然而人们要生存，要解决基本的衣、食、住、行，水是不可或缺的。一条河流固然不是文明产生和发展的唯一条件，也并不与文明的高度成比例关系，但河流为人类提供了生活和生产所必需的水源和物资，而且也是人类迁移的主要通道。

黄河，发源于青藏高原的巴颜喀拉山北麓约古宗列盆地，是中国的第二大河，自玛多县黄河沿起，流经四川、青海交界的松潘草原，拐了一个180°的大弯后重新回到青海，再经甘肃和宁夏回族自治区流至内蒙古自治区呼和浩特市托克托县河口村，此段称为黄河上游。正如俗语说的“一方水土养一方人”，中国地大物博、幅员辽阔、地理纬度与气候大不相同，因此中国的饮食文化又呈现出不同的地域特色。本节重点概述西北地区（青海省、甘肃省和宁夏回族自治区）和中北地区（内蒙古自治区）的饮食文化。

饮食文化是一个涉及自然科学、社会科学及哲学的普泛的概念，是指食物原料开发、食品制作和饮食消费过程中的技术、科学、艺术，以及以饮食为基础的习俗、传统、思想和哲学，即由人们食生产和食生活的方式、过程、功能等结构组合而成的全部食事的总和。自然因素对饮食文化的影响是巨大的，黄河上游地区形成了以粟、菽、麦等“五谷”为主要食物原料的黄河流域饮食文化和以肉酪为主要食物原料的草原地带的畜牧与狩猎饮食文化。

二、黄河上游地区饮食文化圈的地理环境

(一)西北地区地理环境

青海省、甘肃省和宁夏回族自治区自然地理特点独特,处于中国自西向东、由高至低地势的第一、二阶梯,有世界最高的青藏高原和本区域最高点——昆仑山布喀达坂峰,大川密布,是长江、黄河、澜沧江的发源地区,被誉为“江河源头”和“中华水塔”。沙漠和一望无际的戈壁滩与青海湖错落分布,青海湖盆地、共和盆地、西宁盆地,还有宁夏平原、河湟谷地和令人瞩目的黄土高原,以及一个个农业区和中国五大牧区中的甘南牧区、宁夏牧区、青海牧区与戈壁滩上大大小小的绿洲。

复杂的高原地形和典型的大陆性气候,使本地区形成了以平原、谷地、绿洲为特色的农业经济和以山地、草原为特色的牧业经济,共同形成了丰富多彩的饮食文化。

西北地区的黄土高原是中国农业文明的发祥地之一,8000 年以来一直是传统的麻、黍、稷、麦、菽等谷物的种植区。小麦在西北地区的广泛种植与推广,对整个中国饮食文化的发展有着十分重要的意义。青海省、甘肃省和宁夏回族自治区由于地域跨度大、海拔高度差异明显,故气候条件复杂多变。

青海位于青藏高原,气候条件比较差,农作物以传统的小麦、青稞、马铃薯、豌豆、蚕豆、油菜六大作物为主。

甘肃是干旱少雨的省份,这种干旱半干旱的自然条件,成为以种植小麦、玉米、谷子、高粱、黄豆以及薯类为主的主产区。祁连山高寒半干旱区、甘南高寒湿润区,则以种植小麦、青稞、燕麦、春麦、豌豆、马铃薯、油菜以及饲料作物和耐寒作物等为主。甘肃的经济作物有油料、甜菜、棉花、中药材、麻类、烟草、蔬菜、瓜果等。

宁夏回族自治区平均气温在 5 ~ 9 ℃,呈北高南低的变化趋势,有着“天下黄河富宁夏”的说法,这里除了传统的谷物生产之外,还大量种植水稻,有“塞上江南”之美称。

(二)中北地区地理环境

根据赵荣光教授划分的中国饮食文化区的理论,以地域为特征的饮食文化内涵,主要是由历史上的地理环境、政治经济、民族心理、风俗习惯等因素影响而形成的。从行政区划看,中北地区是指以内蒙古为中心,包括甘肃、宁夏、陕西、山西、河北、辽宁、吉林、黑龙江的部分地区,这决定了该地区饮食文化的地域性特征从一开始就十分典型,在游牧民族诞生以后,形成以游牧和畜牧业为主的生产生活方式。考虑到中北地区各个民族饮食文化的完整性和独立性,故而重点论述内蒙古自治区的饮食文化。

内蒙古东北向西南斜伸而呈狭长形,横跨东北、华北、西北地区,内与黑龙江、吉林、辽宁、河北、山西、陕西、宁夏、甘肃 8 省(区)相邻,外与俄罗斯、蒙古国接壤。自然风光优

美，主要由"六大奇观"草原、古迹、沙漠、湖泊、森林、民俗构成。地貌以高原为主，大部分地区海拔在 1000 米以上，东部是莽莽的大兴安岭林海，南部是富饶的嫩江平原、西辽河平原和河套平原，西部是浩瀚的腾格里、巴丹吉林、乌兰布和沙漠，北部是辽阔的呼伦贝尔、锡林郭勒草原。气候属温带大陆性季风气候，夏季气温在 25 ℃左右，冬季中西部最低气温低于-20 ℃，东部林区最低气温低于-50 ℃。

全区由于地理位置和地形的影响，形成以温带大陆性季风气候为主的复杂多样的气候。春季气温骤升，多大风天气；夏季短促温热，降水集中；秋季气温剧降，秋霜冻往往过早来临；冬季漫长严寒，多寒潮天气。全年降水量在 100 ~ 500 毫米，无霜期在 80 ~ 150 天，年日照量普遍在 2 700 小时以上。大兴安岭和阴山山脉是全区气候差异的重要自然分界线，大兴安岭以西和阴山以北地区的气温和降雨量明显低于大兴安岭以东和阴山以南地区。

三、黄河上游地区饮食文化的起源与发展

（一）西北地区饮食文化

1980 年，在甘肃秦安大地湾一期文化遗址中发现了距今 8000 年的已经炭化的粮食作物黍和油菜籽，这是中国考古发现的年代最早的标本。考古发掘还发现，8000 年前西北地区的饮食中已经出现了羊肉，同样是目前国内考古发现最早的羊的标本。更令人惊奇的是，还发现了 8000 多年以前西北地区同时出现了养殖鸡，成为中国家庭养鸡的最早记录。

西北地区最引人骄傲的是农业文明的产物——八卦。伏羲是西北农耕文化的代表人物，对人类文明进步做出最伟大的贡献就是创制八卦，他创制八卦的卦台山至今遗址尚在，被尊为中华民族的人文始祖。八卦是农耕民族的产物，是先民们在农业生产过程中长期以来形成的一种对事物、对自然、对宇宙认识的方法，代表着社会与生活的各个方面，其中农业文明和饮食文化与天文历法有关，是日积月累形成的，也衍生出了许多民俗现象。两分（春分、秋分）、两至（夏至、冬至）是中国古代最重要的节气，精确的节气不但有助于当年农业生产的安排，而且与日常的生活息息相关。自汉代以来，每年都要举行迎春礼的仪式，其中包括我们今天举国欢度的春节。

青海省、甘肃省和宁夏回族自治区饮食文化肇始于距今 8000 年的伏羲时代，发展于距今 6000—4500 年的炎黄时代，引领着早期中华民族饮食文化的发展，距今 4000 年以来的夏、商、周三代，与中部地区同步并行。

以著名的大地湾一期文化为代表，当时的先民们已经食用人工栽培的谷物为黍、粟以及油菜籽和葫芦等，食用家庭饲养的动物包括猪、牛、羊、狗、鸡等肉食，开创了西北地区饮食文化的先河。传统的渔猎活动仍然在继续，当时渔猎的主要对象为鱼、龟、蚌、鹿、

马鹿、麝、狍、野猪、黑熊、狸、猕猴、竹鼠、鼠、鼢鼠等,同时进行一些采集,以满足日常饮食生活的需要。这些反映出远古时期先民们大体的生存状况,体现出西北先民丰富多彩的饮食生活。

夏、商、周时期,西北地区“药食同源”的思想开始体现,如昆仑山奇特食材当中的璇瑰、芍药等一些中药材,进入了百姓的日常饮食,成为以食疗疾的早期实践。

由于民族众多、个性突出,西北地区形成了独具特色的饮食文化,其中又以地方性的齐家文化的肉食、饼、粥、面条等食物品种为代表。特别是青铜食物加工工具的广泛使用,拓宽了饮食加工的范围,而刀、匕等进食工具的使用,又带来了进餐时的便捷,特别是对于以食肉为主的古羌族。

距今 4000 年的青海喇家面条的发现,将我国食用面条最早记录的东汉时期提前了两千多年,是当今世界上发现最早的面条,这一项了不起的发现,是中华民族对世界饮食文化的一大贡献。

秦汉时期西北地区由于丝绸之路的开通,中西交流空前发展,使一些新的食材进入本地区,极大地丰富了食物的品种。人们熟知的胡桃、蚕豆、石榴、芝麻、无花果、菠菜、黄瓜、大蒜、红蓝花、胡葱、胡麻、葡萄等多品种蔬果,以及调味品胡荽、胡椒、孜然(也叫安息茴香、野茴香)等的使用,为炙、炮、煎、熬、蒸、濯、脍、脯、腊等传统烹饪技艺的发展提供了空间,西北地区逐步形成了特色鲜明的饮食文化传统。尤其是调味品“孜然”在烤羊肉中的使用,成为饭桌上的传统美食,至今长盛不衰。

魏晋南北朝时期是中国历史上大动荡的时期,但是地处西部的青海省、甘肃省和宁夏回族自治区却相对安定,饮食文化也得以相对稳定的发展。谷类、肉类、果蔬类食品品种繁多,如传统的大米饭、黍与粟的混合米饭、面条、加入胡麻油的豌豆、黑豆粉的烤饼、煮青稞、煮小豆等,以及烧牛肉、烤羊肉、蒸鸡鸭、奶酪,还有胡萝卜、白萝卜、白菜、菠菜、茄、丝瓜、藕,瓜果类的杏、桃、李、梨等。尤其是内地煎饼、饺子的传入,以及秦州春酒等的广泛饮用,使得饮食品种非常丰富。

大气磅礴的唐朝是兼容并蓄的强盛王朝,唐朝善于接受外来文化,此时胡食风行西北,胡饼等成为时尚。另外,吐蕃的兴起、吐谷浑的衰落、伊斯兰教的传入带来了清真饮食文化,以及以素食为主的佛教饮食文化等,极大丰富了该地区饮食文化的内容,使其成为极具特色的饮食文化。

宋朝西北地区开始远离政治中心,饮食文化发展放缓,但是,炸、炒、炙、煮、蒸、烤、煎、煨、熬、烧、爊(āo)、焐、燠(yù)、煼(wǔ)、汆等烹调技艺仍可圈可点,以饭、粥、面条、饼、馒头、包子、饺子等面食制作的平民化饮食逐渐形成。

元朝虽然存在时间不算长,但对青海省、甘肃省和宁夏回族自治区的饮食习惯影响还是很大的,如“秃秃麻食”“雀舌子”等食品的出现。另外,在面食与肉食的搭配上,尤其是与羊肉的搭配成为一大亮点。同时,“马奶子酒”“驼蹄羹”成为长盛不衰的美味佳肴。

明清、民国时期是我国饮食文化的成熟期,但是由于青海省、甘肃省和宁夏回族自治区远离政治与经济的中心,经济文化落后的局面开始显现。但多民族饮食文化的特色始终保持,其中清真饮食文化、蒙古族饮食文化等成为中国饮食文化的佼佼者。其民族食品烤羊肉、手抓羊肉、牛羊肉夹馍等成为脍炙人口的名食。

纵观历史八千年,青海省、甘肃省和宁夏回族自治区有着辉煌的饮食文化历史,自伏羲肇始饮食文明以来,历经炎黄及五帝,直到夏商周时期,文明程度一直在中国的前列。先民们在人与自然的和谐环境中不断发展,在天时、地利、人和中合理利用丰富的自然资源,逐渐形成了以农业经济为主体、畜牧渔猎为辅的生计方式,并在发展中不断地影响着周边地区,开创了青海省、甘肃省和宁夏回族自治区饮食文化之滥觞。

(二)中北地区饮食文化历史

从社会发展历程看,中北地区迄今已有50万余年的历史,内蒙古社会科学院的何天明研究员根据历史分期的普遍内涵和古代中北地区文化分期的特殊性,结合社会历史发展的实际情况,提出中北地区文化三期说的分期观点:①以原创游牧文化为主要特点的区域文化形成期(前209—906年);②拓展地域空间和经济类型的文化跨越发展期(907—1205年);③在统一中国的大背景下创新与吸融相互渗透的全面发展时期(1206—1911年)。中北饮食文化的发展历史与整体文化是同步进行的,从某种意义上说,中北饮食文化发展历史就是我国中北地域历史发展的缩影。从历史分期的角度来说,可将中北饮食文化发展过程分为以下六个阶段。

第一阶段是以采集和狩猎为生的原始饮食文化阶段(距今50万—1万年)。中北地区在50万年前就出现了人类活动的遗迹——大窑文化遗址,在距今5万年和1万年分别由河套人和扎赉(lài)诺尔人创造了萨拉乌苏文化和扎赉诺尔文化。当时的人们用打制石器从事简单的采集与狩猎活动,以大窑文化遗址出土的三棱木尖状器和龟背形刮削器最具特色。这种地域性文化特色,区别于中国其他地区的旧石器时代文化,标志着该地区的饮食文化发展历史揭开了帷幕。

第二阶段是以原始农业经济类型为主的饮食文化阶段(距今8000—3600年)。中北地区进入距今8000年以后,这里的气候温暖湿润,适宜原始农业的开发,种植粟、稷等农作物,饲养马、牛、羊、猪、狗、鸡,并以采集和狩猎为补充。出现了实用的饮食器,盛食、进食、汲水、饮用等分工明确,并在此基础上创造了饮食器的造型艺术。在社会习俗方面,丧葬与祭祀中的饮食行为比较明显,尤其是随葬饮食器与家禽、野生动物,并以饮食器作为供奉用具的现象较为普遍。饮食文化在原有区域性特征的基础上又融入中原地区的文化因素,同时对辽河流域和中原地区的文化影响甚大。

第三阶段为游牧经济初始的饮食文化阶段(前1600—约前250年)。在公元前16世纪,由于气候逐渐向寒冷、干旱转变,不适农作物生长,但适宜草的生长,原来从事农业的群体遂向从事牧业转变,但还没有完全脱离农业生产活动,形成典型的半农半牧经济类型。在西周时期(前1046—前771年),随着马被驯服,为游牧经济的出现创造了条件,饮食文化更多地体现出这一经济类型所具备的特征。

第四阶段为原生游牧经济明显的饮食文化阶段(约前250—906年)。此时间段相当于中原地区的战国晚期至北方游牧民族契丹国的建立。中北地区先后有匈奴、丁零、乌桓、鲜卑、敕勒、柔然、突厥、回纥等游牧民族在此生息,牧业经济占绝对优势,除鲜卑拓跋部入主中原后接受汉化外,这些民族原生的文化比较清晰,虽然也接受外来文化的影响,但民族主体文化占很大比重,因而饮食文化的原生性也比较明显。

第五阶段为多种经济类型并存的饮食文化阶段(907—1911年)。此阶段内,在中北地区生活的游牧民族有契丹、党项、女真、蒙古等,这些民族都建立了自己的政权,社会制度存在着原始部落制—奴隶制—封建制的转变过程。由于在政治、经济、军事、文化方面,不同程度地受到中原和西方文化的影响,形成了以牧业经济为主导,农业与牧业并驾齐驱的经济类型。这就决定了这一时期肉、乳、米、面、蔬菜、水果共存的饮食结构,并由此引申出多样化的饮食文化内涵。

第六阶段为新时期的饮食文化阶段(1912年至今)。1912年,资产阶级民主革命推翻了清王朝,结束了中国两千余年的封建统治,中华民族进入了新的历史阶段。1949年,中国共产党领导全国人民历经艰难,推翻了国民党反动统治,建立了中华人民共和国。我国进入了社会主义建设时期,各项事业蒸蒸日上。1978年,中国共产党第十一届三中全会的召开标志着我国社会主义建设进入一个新的时期。随着改革开放的实施,以及世界全球经济一体化和文化多样性格局的形成,饮食文化也呈现出多姿多彩的发展态势。

第二节　黄河上游地区特色饮食文化

一、黄河上游地区的食物资源

受黄河上游地区气候条件、民族习俗、历史文化以及生产力发展水平和排外性等因素的影响,各地区和各民族在饮食结构和饮食习惯上有所不同,呈现复杂的地域差异。中国西北、中北地区冬季较为寒冷,因此富含脂肪、蛋白质等的食物在饮食食物中所占比例较大,尤其在牧区,以奶制品、肉类等为主。在高寒的青藏高原上,青稞是藏族人民种植的主要农作物和主食,为了适应和抵御高寒的高原气候,具有增热活血功效的酥油和青稞酒成为生活中不可缺少的主要食用油和饮料。另外，众多的少数民族分布在西北和中北地区，各民族在生产活动、民族信仰上都有各自的特点，在饮食上形成了各自的民族特色。蒙古族以放牧为主，饮食分为白食和红食。白食为各类奶制品，红食则主要是牛羊肉。

二、黄河上游地区的特色饮食

（一）青海特色饮食

青海是中国五大牧区之一，气候相对温暖，雨量充沛。

青海的面食颇具特色，其中以馄锅馍馍、拉条子、烩面片、尕面片、狗浇尿油饼等为特色食品。面片是青海人面食中最普遍而又很独特的家常饭，是用手揪出来的。水煮捞起，浇羊肉清汤，添加羊肉丁、西红柿、青萝卜片则称为“西红柿羊肉面片”，与牛羊肉片、豆腐、粉条、蔬菜混吃称为“烩面片”，或与牛肉羊、粉丝、蔬菜混炒则称为“炒面片”。

肉食以烤羊肉、五香牛肉干（牦牛）、爆焖羊羔肉等最为有名。青海以畜牧业为主要经济类型，是中国传统的肉食生活区，形成了极具特色的饮食生活，藏族同胞的糌粑、牦牛肉以及奶酪食品，还有酥油茶、青稞酒，成为青海地区饮食文化的特色符号。

（二）甘肃特色饮食

特殊的地理环境，使甘肃的饮食自古以来就呈现出多样化的特点。农业区以面食为主，如敦煌黄面、炸油糕，庆阳的臊子面、荞麦饸饹面，天水的酿皮、荞麦凉粉、呱呱、搅团、浆水面，张掖的搓鱼面、羊肉粉皮面筋，兰州的炒面片、拉条子、清汤牛肉拉面等，即使是今天的品牌，也都镌刻着历史的印记。兰州清汤牛肉面，即牛肉面，俗称“牛肉拉面”，是兰州最具特色的大众化经济小吃，具有“一清、二白、三红、四绿、五黄”的特点，即牛肉汤色清气香，萝卜片洁白纯净，辣椒油鲜红漂浮，香菜、蒜苗新鲜翠绿，面条则柔滑透黄。

以甘南为代表的牧区，主要的生计方式是放牧牛羊，其饮食生活以吃牛羊肉、奶酪、喝牛羊奶为主，面食则以糌粑（zān · ba）为主。

陇西腊肉是甘肃特色美食，具有显著的地域色彩和独一无二的味道，因口感肥而不腻、瘦而不柴得到大家的喜爱。宜在立冬至立春之间，平均气温在 0 ℃以下时制作。传统陇西腊肉制作流程大致为选料→修整→腌制→晾晒→成品。

（三）宁夏特色饮食

宁夏牧区自西夏时期就以产羊而久负盛名，此地草肥水美羊群壮，今人赞美道：“这里的羊吃的是中草药，喝的是矿泉水，羊肉肥而不腻、鲜而不膻。”特别是生活在这里的回族同胞，十分讲究卫生，除个人卫生、家庭卫生外，饮食卫生尤其讲究，处处突出“洁净”二字。体现出“以养为本，以洁为要，以德为先”的饮食理念，创造出著名的手抓羊肉、烩羊杂碎、涮羊肉、牛羊肉泡馍、蒸糕、油香、馓子等特色的清真美食。

羊杂碎是宁夏第一美食，大锅里面羊汤沸腾着，浓重的羊肉味扑面而来，再搭配一碗八宝茶和一个饼子，美不胜收。手抓羊肉是以宁夏特有的滩羊为原料，肉质细嫩，肥瘦相间，不膻不腻，味道鲜美，是经典特色美食。

还有“三炮台”“八宝茶”等盖碗茶，成为宁夏回族茶文化的又一大特色。

（四）内蒙古特色饮食

草原的生态环境和气候条件的不同，内蒙古地区形成农业区域、半农半牧区和纯牧区域三种不同的饮食区域。同时，区域饮食习俗具有家庭的、社会的、宗教信仰的多种功能。蒙古族与汉族、满族等民族的饮食习俗相互交流与影响，形成了蒙古族的传统宴席“全羊席”，既吸取了汉族的烹调技艺，食用时又颇具蒙古特色。蒙古族的驼羹、牛蹄筋、马乳等，也深受汉族和满族等民族喜爱。肉和奶是蒙古族历史最悠久的传统食品，具有鲜明的民族特色。以下介绍几种内蒙古典型的特色食品。

（1）烤全羊。烤全羊是在蒙古族传统的火烤羊肉的基础上逐步改进而成的，常选两岁左右的肥绵羯羊。食用烤全羊的上菜程序相当讲究，先上酥脆的皮，再上鲜嫩的脂肪肉块，最后才上连着瘦肉的肋骨。三道菜不可同时，要视宾客品尝的情况留有余地。但也不可待上道菜见底再上下道菜，否则有失礼节，冷淡了进餐气氛。食用烤全羊，必须佐以荷叶饼、葱段、酱、醋、蒜末等调味品，使其更浓更香，别有风味。

（2）手扒肉。手扒肉一般用作晚餐，是蒙古族传统的饮食风味，常挑选一只肥嫩的绵羊或山羊。食用手扒肉时不用筷子，而用蒙古刀剥、刮、剔，手扒着吃。在牧区的牧民家吃手扒肉有一套礼仪，客人不要自己动手随意选食。主人会根据客人的年龄和地位，为客人选择不同部位的羊肉。老年人一般吃羊大腿，肉嫩好嚼；青年人吃羊肋巴骨和脖子肉；小孩啃羊小腿；女宾更受照顾，一般吃肥嫩的羊脯肉。

（3）风干肉。风干肉为传统的美味食品之一，常选用牛的臀部和后腿精肉为原料，经过排酸处理，使牛肉干味道更加鲜美。炸制牛肉干应使用清澈、透明的优质葵花油，并且要进行两次炸制，才可形成味道独特的牛肉干。

（4）乳类珍品。乳食，蒙古语为“查干伊德”，具有纯洁、吉祥的意思，有奶茶、奶酪、奶豆腐、奶皮、黄油、酸奶汁等。奶茶，蒙古语称“苏台切”，是蒙古族最喜欢的饮料，一日三餐都要喝茶，故有“宁可一日无饭，不可一日无茶”之说。奶豆腐，蒙古语为“胡鲁达”，将挤下的鲜奶放入小瓷缸中发酵沉淀后，使奶油脂上浮，蛋白质下沉，然后取出上层纯白色之油脂，即成为“奶嚼口”。奶皮子，蒙古语为“乌鲁木”，将鲜奶置于锅中煮沸，用勺扬出泡沫后改用文火，使油脂上浮凝结成一层油皮，片片取出如半指厚，呈乳白色，味道香甜酥美。黄油，蒙古语为“沙拉陶苏”，将“奶嚼口”置锅中，稍搅拌，加文火煎炖，使水分和油脂分离，油脂上浮，蛋白质下沉，上层为黄油，下层为酸油。酸奶汁，蒙古语为“爱勒格”，将做奶豆腐时提取出的清汤放入酸奶缸中，再加进些鲜奶使其发酵，味酸甜后即可饮用。

(5)马奶酒。马奶酒，蒙古语称为“耶苏克”或“乌斯克”，为蒙古族最高档的饮料。传统的酿制方法主要采用撞击发酵法，据说最早是由于牧民正在远行或迁徙时，为防饥渴，常把鲜奶装在皮囊中随身携带，因整日骑马奔驰颠簸，使皮囊中的奶振动撞击，变热发酵，成为甜、酸、辣兼具的奶酒。马奶酒的酿制和饮用，主要是在夏秋水草丰美、牛肥马壮的季节，酒液一般呈半透明状，酒精含量比较低，具有驱寒、活血、舒筋、健胃等功效。

第三节　黄河上游地区饮食习俗

一、青海饮食习俗

青海人口逾592万(2021年第七次全国人口普查数据)，居住着汉族、藏族、回族、撒拉族、土族、蒙古族、哈萨克族等民族。青海古为西戎地，汉代初期为羌地，部分属金城郡管辖，西汉时置西海郡，后凉设乐都郡。隋设西海、河源郡。唐代，吐蕃兴起，南部、西部属吐蕃，东部仍由中央王朝统治。宋代在西宁设西宁州，元代在青海设宣慰使司，明代设西宁卫、麻儿匝安抚司，清代设西宁府、西宁办事大臣等统辖基地。数千年来，境内各民族交错杂居，和睦相处，友好往来，互相通婚，共同繁衍发展。青海烹制技术以烤、炸、蒸、烧、煮等见长，口味偏重酸、辣、香、咸，质感以软烂为主，兼有脆嫩的特色。

(一)牧区饮食

藏族、蒙古、哈萨克族大多数从事畜牧业生产，牧民主要食用牦牛肉、羊肉，乳品主要是牦牛奶，也食青稞(多做成糌粑)、大米、面粉。

(二)农业区饮食

东部的青海湖周围、黄河河谷是主要的农业区，汉族、回族、撒拉族、土族则主要从事农业生产，主产春小麦、青稞、蚕豆、燕麦、马铃薯、油菜籽等，小麦、青稞为主食，副食有牛、羊肉、蔬菜等，蔬菜品种不是很多，主要有萝卜、白菜、辣椒等。

二、甘肃饮食习俗

甘肃人口约2502万(2021年第七次全国人口普查数据)，自古以来就是多民族生活地区，主要为汉族，少数民族有回族、藏族、东乡族、土族、裕固族、保安族、满族、蒙古族、撒拉族和哈萨克族等。甘肃饮食文化历史悠久，西汉张骞两次出使西域，开辟古丝绸之路,同时引进了黄瓜、西瓜、胡萝卜、胡荽等,丰富了烹饪原料,烹饪技术发展较快。1971年在嘉峪关出土的汉墓画像砖上的有关图案,证明当时烹饪技术已有相当水平。魏晋南北朝时期,丝绸之路商业繁荣,加之佛教进一步通过甘肃传入,素菜有所发展。莫高窟、炳灵寺、麦积山等石窟艺术中反映饮食文化的内容有很多,体现了东西方烹饪的融合。隋唐时期,甘肃农牧业生产发展快,烹饪原料丰富,饮具、食器、炊具等都已相当齐全。主食增加了由西方传入的胡饼、京果、麻圆、空心果等。明清时期,明朝肃靖王朱真淤住兰州,建万寿宫、西花园,讲究筵席菜肴。1679年,清康熙亲征到宁夏,陕甘总督府在兰州,因而有些宫廷饮食传到兰州。菜肴的烹调方法有烧、烤、煮、蒸、炸、焖、炖、煎、熬、煨、卤、酱、炝、烩、涮、瓤、糟、腌等。主食采用较普遍的烙、烤、蒸、炸、煮,还有沙埋法,如成县的埋沙馍和临洮的石子锅盔便是用炒烫后的沙石烘烤而成的。甘肃菜品风味重酸辣、浓厚,多采用辣椒、花椒、芥末、八角、草果、葱、姜、蒜等为调味品。咸菜、油泼辣子和醋是吃汤面必备的调味品。

(一)东部饮食

东部包括庆阳地区、平凉地区、天水市以及陇南市的东部。

主食与面点:主食以小麦制品为主。杂粮有玉米、糜子、高粱、荞麦、谷子、豆类等。面食制法主要有蒸、烙、煮、炸等。较有特色的有静宁锅盔、炒面,宁县炉齿馍、床子面。

副食:以菜为主,肉蛋次之。菜的吃法一般是夏季生切凉拌、冬季盐腌,炒菜很少。秋季最常见的是以萝卜、青辣椒及葱合调的凉菜,三辣同烈,清脆酸辣。炒菜主要是待客用,烹调方法主要是蒸、焖、烧等,如蒸羊肉、黄焖鸡、清蒸全鸡、烧全鸡等为看家菜肴。主要调味品有盐、醋、辣椒、八角、姜、桂皮等。

(二)中部饮食

中部包括兰州市、白银市和定西市,其饮食以兰州市为代表。

主食与面点:兰州人以面为主,早餐一般喜吃稀饭(或拌汤)就馍。近年来以牛肉面和豆浆、油条等为早餐的极普遍。午饭多以馍为主食,辅以小米稀饭或拌汤。晚饭一般是面条。甘肃城乡,浆水面是极常见的食品,几乎家家会做,人人爱吃。民间流传着"茅檐草舍酬亲友,浆水面条味最长"的赞语。兰州特有的调料有苦豆子、姜黄、红曲,不仅能调味,而且可提色,有食用和观赏双重价值。较常见的食品有苦豆子干粮和姜黄花卷。苦豆子是"葫芦巴"的俗称,又叫香豆子,尝之微苦,气味芳香,用它作为调色调味品来做干粮,是甘肃富有特色的传统做法。姜黄为姜科宿根多年生草本植物之根茎。姜黄花卷是取姜根茎晒干磨粉制成的姜黄粉和清油,一起涂于擀好的发面饼上,卷起切段,翻花,入笼中蒸熟。风味面点还有临洮石子锅盔、兰州清汤牛肉面、兰州猪肝面、甘肃血面、兰州百合桃等。

副食:蔬菜有白菜、萝卜、芹菜、葛芭、菜花、豇豆、茄子、辣椒、菠菜、豆腐等。风味菜品有甜醅子与甜醅糟肉、梅花羊头、三皮丝、爆炒羊膻、兰州砂锅菜、高三酱肉、陇西腊羊肉、陇西火腿、陇西钱儿肉、陇西腌驴肉等。

(三)河西饮食

河西因位于黄河以西而得名,亦称河西走廊。

主食与面点:多以麦面为主食,辅以青稞、小米、马铃薯、豆类等杂粮。早餐较简单,具有代表性的早餐有武威的山药马铃薯米拌面、山药搅团;张掖的馍馍、烙饼和米汤,油茶或茯茶;酒泉的“糊锅”等。午饭和晚饭一般以面条、面片为多见。面的加工方法有饼、拉、揪之法。若是汤面,还有酸甜之分。甜汤面不加醋。风味面点有西瓜泡馍、羊肉垫卷子、羊肉香头子、麦索儿、鱼儿钻沙等。

副食:以蔬菜为主,肉类、瓜果为辅。家常菜中马铃薯丝最普遍。凉粉、粉条也常用来配菜。大众菜主要有白菜、萝卜、茄子、辣椒、黄瓜、葱、蒜等。口味偏辣,主要调料有盐、花椒、八角、生姜、胡椒等。风味菜品有雪峰驼掌、河西酥羊、西夏石烤羊、酱爆羊肉等。

三、宁夏饮食习俗

宁夏人口约 720 万(2021 年第七次全国人口普查数据),有回族、汉族、满族、蒙古族等二十多个民族,多呈大分散、小集中方式居住。宁夏是我国文化发祥地之一,很多少数民族在这里生息繁衍。公元前 8 世纪起到战国晚期的乌氏、朐衍、义渠等戎族,西汉末年的羌族,三国时期的鲜卑、匈奴,唐朝时的突厥、回纥等,宋朝的党项及后来的蒙古族、满族等民族。党项族建立的夏王朝对宁夏的发展都起过重大作用。汉族对宁夏地区的开发和贡献,始终居于重要地位。历代统治者都曾从陕、甘、豫及江南等地迁来大批汉族移民。移民不但将先进的农业、手工业技术带到宁夏,而且还带来了中原和江南的文化与风俗。秦、汉、唐时在这里屯垦开掘了秦渠、汉渠、唐来渠等水利工程。唐宋时期,这里的少数民族很少吃五谷,以肉乳和野生植物为食。后来才逐渐发展成为以牧为主的半农半牧经济,居民除放牧外,还垦地种粮。粮食有糜谷、荞麦等旱地作物,旱年无收时,人们往往流离失所,逃荒要饭,甚至以草籽野菜为食。

宁夏烹制技术以烤、炸、烩、煮等见长,具有醇香、味重、酸辣兼备的特点。各民族间虽信仰不同、风俗各异,但仍和睦相处。例如回族以“清真”为本,饮食上有禁忌,但对汉族等民族的食俗又表现得很豁达。另一方面又热情地帮助汉民置办牛羊肉类的年货,帮助炸油香。逢到回族人过自己的民族节日时,汉族和其他民族的人也给予热情的问候和帮助。

四、内蒙古饮食习俗

内蒙古自治区人口约2405万(2021年第七次全国人口普查数据),居住着蒙古族、汉族、满族、回族、达斡尔族、朝鲜族、鄂温克族、鄂伦春族等十多个民族,其中蒙古族、达斡尔族、鄂温克族和鄂伦春族较为集中居住。内蒙古地区,新石器时代有着广泛的文化分布,并且在河套一带明显受到仰韶文化和龙山文化的影响。自《史记》以下的有关史书都对这一广阔草原文化带上的各民族文化相继作程度不同的记录。自司马迁描述匈奴人(《史记·匈奴列传》卷一百一十),至"蒙古旋风"掀翻整个欧亚大陆的一千余年间,尽管这一地区舞台上许多民族势力起伏消长以及社会生产、人民生活和区域文化同样处于持续不断的变化之中,但由于基本生产方式无大变,所以该区域饮食生活、饮食文化的传统模式与风格亦无根本变化。清代以后,草原文化带上的民族关系及各自的生产和生活都比以往历代更稳定。由游牧更多地向畜牧转化,农业的比重逐渐提高,与内地文化联系的更趋紧密,使自治区内单调的牧猎经济逐渐向牧、农和手工业综合经济的模式演化。内蒙古食品制作常用烤、烧、煮、氽、炸等技法。常用的味型有咸味、酸甜、胡辣、奶香、烟香等,菜点具有朴实无华的特点。

(一)牧区饮食

位于"马鞍"部位的是蒙古草原牧区。饮食中牛羊肉和乳类占主要部分,粮食、蔬菜为辅。牧民尤其嗜饮砖茶,煮好之后稍加鲜奶,别有风味。史书记载北方游牧民族"四季出行,惟逐水草,所食惟肉酪"。13世纪成吉思汗西征时,行军也不带粮食,以乳肉充饥。牧区主要饲养马、牛、羊、驼。

(二)农区饮食

内蒙古农区是从牧区演变成的,是以牧区为邻的农区,有的本来就是半农半牧区。它既吸收了其他农区的饮食风俗,又保留了塞北牧区的饮食习惯。主食为粮食,面食主要为莜米面,也有一定数量的黄米面和白面。米以小米为主,又有少量大米。菜肴与北方农村大体相同,平日多炖菜,节日也要煎煎炒炒。由于它邻近牧区或是从牧区发展来的,故保留了一定的牧区饮食习惯。有条件的农户也养乳牛,喝牛奶。节日也杀羊吃手把肉,但多数农户只是在过节日或招待客人时才吃手把肉。有的农户虽无牛奶,但有时也要用掳麻籽豆腐代替牛奶做牛犊汤吃。

(三)农牧林区饮食

内蒙古东北的大兴安岭林区多居住鄂伦春族和鄂温克族猎民,他们的饮食特点:一是以鹿、狍、雉、熊、黄羊等猎获物的肉为主;二是食法上带有某些原始色彩。鄂温克人以猎获的野兽肉为主食,肉一年不断,其他如野猪肉也经常可以吃到。他们的饮料是驯鹿的奶。鄂伦春人喜欢肉食,食肉方法也很多,但最有特点的是烤肉。通常是将木棍削尖,把肉插上,烤到焦黄散发出肉香时即可食用。在夏季,猎获物食用不完时,便把肉晒成肉干,具体办法:把肉条晒到半干,切成小块,或先把肉切成小块,煮熟晒干,再用木头做架子,用蒿秆做帘子,将肉干放上,底下烧木柴,用烟熏肉,肉不易腐烂。篝火宴、飞龙宴是猎区招待客人的特殊食法。篝火宴用的肉都是刚刚猎获宰杀的,非常新鲜。参加篝火宴时席地而坐,一边烧烤饮酒,一边领略大自然的美好风光,别有一番风味。飞龙是北方林区难得的名贵珍禽,猎人常常舍不得独自享用,要招待最好的宾朋。林区有丰富的野生植物,居民们也常常食用猴头蘑、蘑菇、木耳等美味菌类。

第四节　黄河上游地区饮食模式与健康

中国是一个拥有五千年历史的文明古国,由于历史、传统、地理、宗教的不同,在中华大地上形成了多种多样的美味食品,产生了丰富多彩的饮食文化。

一、青海、甘肃和宁夏回族自治区饮食模式与健康

我国地域广阔,茶类花色繁多,饮茶习俗各异,加之各地历史、文化、生活及经济差异,形成各具地方特色的茶文化。西北地区也以其独特的地理位置和气候特征,形成独具特色的茶文化。甘肃地处干旱地带,历史上蔬菜品种少,加上长期形成的消费习惯,茶叶就成了人们必不可少的生活必需品。但各地的喝茶方式不一样,在城市中以清茶冲饮;在藏区喜奶茶煮饮;在广大农村流行喝罐罐茶,其煮法与煎中药相差无几。宁夏盖碗茶,又叫“三泡台”。茶碗内有茶叶、冰糖、桂圆、大枣、杏干、葡萄干等,配料丰富,种类繁多。饮茶时,边刮边喝边添沸水,所以又叫“刮碗子”。其他少数民族尤其是游牧民族,由于饮食结构的需要,必须饮茶以助消化,有“宁可一日无油盐,不可一日无茶”之说。藏族喜爱酥油茶,蒙古族则喜爱奶茶,这充分反映了西北少数民族的生活特性,丰富了加味茶的内容。

西北地区由于地理、气候和生活条件诸多因素制约,少有庄稼作物种植,因而游牧民族喜欢食牛羊肉、喝马奶酒、饮酥油茶。这种粗犷豪放的生活习性与草原人特殊的劳作方式和生活环境相合拍。经常食牛羊肉可以补充体力。西北的牛羊肉风味饮食是极好的冬季补食,尤其是传统风味小吃“牛羊肉泡馍”在冬季服食,有御寒健身之功效,对于身体虚弱等症状有良好的改善功效。医圣张仲景称“当归生姜羊肉汤”是食疗食养的良方。饮烈酒浓茶不仅有助于肉食消化,而且能使人们更好地适应草原上恶劣的环境和寒冷的气候。另外,西北盛产的水果有梨、苹果、葡萄、山楂、杏、沙棘、哈密瓜……它们不仅汁鲜

味美、利津爽口，且富含人体必需的营养素，是滋养保健的佳品，在西北人的饮食养生之道中发挥着积极的作用。

二、内蒙古自治区饮食模式与健康

随着科学技术的发展以及人们对饮食资源的充分开发，内蒙古地区不但畜牧业非常发达，而且农业、园艺、渔业、经济作物等都得到前所未有的开发和利用，牛奶成为城镇居民每日餐中必不可少的食品，新鲜的牛肉、羊肉、猪肉、鸡肉和蔬菜随时可食，搭配合理。尤其是近年来加大对草原生态环境的保护力度，使北方民族传统的饮食文化拥有良好的外部天然环境，使畜牧业有了进一步的发展，保证人们有充足的肉食、奶食等营养食品，包括许多农村、牧区对肉食、奶食的需求已基本得到满足。人们生活质量的提高，对农作物的种植、耕作和养殖业、畜牧业、食品加工业的快速发展起到推动作用，也带动了人们对饮食市场、饮食服务、饮食卫生、烹调技法的更高要求。现今的北方民族，在继承古代游牧民族饮食理论的基础上，饮食观念有了很大的改变，注重食品的营养保健和食疗方法，把饮食理论全面而普遍地提高到营养型的层次上，使饮食生产和饮食生活走向科学化、规范化和营养化。

蒙古族地区冬季严寒，夏季酷热，食物分红食和白食，经常性食用肉食，热量过高，营养富足，会引起肠胃不适、消化不良、胆固醇过高等。而汉人生产的砖茶进入蒙古高原后，将牛奶与砖茶同煮，加盐少许，生津解渴，补充多种维生素和有益菌。

蒙古人在日常生活中非常注重食物的新鲜度，推崇新鲜食物。众所周知，新鲜食物的营养价值比非新鲜食物的高，而且其味道正宗、口感鲜美、外观赏心悦目。从保健的角度考虑，新鲜食物对人体更加有益，毒副作用少。无论在物质层面上，还是在精神层面上，为食者给予莫大的享受感且使其产生愉悦的心情。

内蒙古地区经过漫长的人类历史发展，饮食理论从雏形、初步发展、逐步完善，到近现代的创新，形成了“草原饮食传统论”，归纳起来大致有十四个方面：取给方式论，就地取食，自给自足；膳食配置论，肉乳为主，米面配餐；烹制方式论，热熟为先，杜绝生食；餐饮次序论，白食在先，红食在后；饮食惯制论，进食有时，餐点并行；技能餐具论，以刀进餐，实用独特；菜肴风格论，菜系单立，品种稳定；茶事习俗论，热饮奶茶，冷用茶食；饮酒风尚论，以饮联谊，凝聚友缘；节庆美食论，宴饮丰富，肉餍酒足；饮食功能论，强体却病，保精养力；饮食旨趣论，烹饪贵简，崇尚原味；饮食品格论，敬惜天物，崇朴尚俭；飨客之道论，客至如归，优礼有加。

“十四五”时期是我国全面建成小康社会、实现第一个百年奋斗目标之后，开启全面建设社会主义现代化国家新征程、向第二个百年奋斗目标进军的第一个五年，我国将进入新发展阶段。我国社会生产力水平总体上显著提高，社会生产能力在很多方面进入世界前列，居民人均可支配收入迅速增长，人们对食品的需求已不只是简单地满足于提供营养素，而且还要从饮食中得到一种高于生存需要的精神享受和审美情趣。人们开始追求饮食营养，讲究科学的饮食结构，注意粮食、蔬菜、肉食、水果、牛奶的合理搭配，而且改变餐制以彻底改变早餐“马虎”、中餐“凑合”、晚餐“丰盛”的现状。

小结

中国饮食文化以农耕文化为基础，辅之以渔猎及畜牧文化，是中华民族灿烂文明史的生动写照，并正在以独特的生命力佑护着中华民族的繁衍生息。一方面，饮食与健康的关系越来越受重视，尤其发现许多疾病的预防、发生、治疗与营养学关系密切，而“治未病”作为医学的最高境界，说明饮食养生在人类健康中具有重要的地位，通过改善饮食条件可发挥食品本身的生理调节功能从而达到延年益寿的目的。另一方面，由于历史、传统、地理、宗教的不同，在中华大地上产生了丰富多彩的饮食文化，具体在黄河上游地区形成以粟、菽、麦等“五谷”为主要食物原料的黄河流域饮食文化和以肉酪为主要食物原料的草原地带的畜牧与狩猎饮食文化。高寒的青藏高原上，青稞是藏族人民种植的主要农作物和主食，为了适应和抵御高寒的高原气候，具有增热活血功效的酥油和青稞酒成为生活中不可缺少的主要食用油和饮料。蒙古地区以放牧为主，饮食分白食和红食。饮食养生在中华民族文化发展历史长河中源远流长，从《黄帝内经》的饮食养生观到《千金方》中孙思邈重视食宜、食养、食疗和食禁，再到现代医学营养提倡的“脂肪摄入质量远比数量更重要”“碳水化合物摄入量比碳水化合物的种类更重要”等，饮食养生要因人制宜、因时制宜，讲究食物的配伍、饮食平衡和博食，即五谷为养、五果为助、五畜为益、五菜为充。

参考文献

[1]葛剑雄. 黄河与中华文明[M]. 北京：中华书局，2020.
[2]徐日辉. 中国饮食文化史 西北地区卷[M]. 北京：中国轻工业出版社，2013.
[3]赵荣光. 中国饮食文化史 中北地区卷[M]. 北京：中国轻工业出版社，2013.
[4]杨文珺. 浅谈西北饮食文化特色[J]. 大众文艺，2011(11)：156.
[5]王昕，李建桥，吕子珍. 饮食健康与食品文化[M]. 北京：化学工业出版社，2003.
[6]莎日娜. 蒙古族饮食文化[M]. 呼和浩特：内蒙古人民出版社，2013.

[7]唐译. 图解中华饮食全书[M]. 北京:企业管理出版社,2015.
[8]蒙秋柏,刘元林,蒙浪,等. 陇西腊肉研究现状与展望[J]. 农产品加工,2017(23):59-61.
[9]秀丽. 农耕文明的北上与蒙古族饮食文化的变迁[J]. 内蒙古大学学报(哲学社会科学版),2020,52(4):10-17.
[10]张祖群. 试论中国饮食文化的三个表达维度[J]. 地方文化研究辑刊,2021(1):226-236.
[11]赵月梅. 我国蒙古族奶食文化的起源与早期发展:以内蒙古地区为例[J]. 黑龙江民族丛刊,2021(2):104-109.

第三章 黄河中游地区饮食文化与健康

第一节 黄河中游地区饮食文化历史

一、黄河中游地区饮食文化圈

黄河中游地区饮食文化圈，在地域上大致包括豫、陕、晋诸省区的饮食文化风格接近的地带。该地区是中华大地上较为繁荣的饮食文化区域。黄河中游地区居民以擅于制作面食、喜食面点小吃而著称，并以陕西、山西两省最具代表性。以炸、爆、熘、烩、扒、炖闻名，尤其擅长用酱、五味调和，成为黄河中游地区烹饪的总体特色。

在日常饮食上，黄河中游地区的居民多重主食，主食以面食为主，且花样繁多，有“一面百样吃”之说；副食菜肴多重数量。在黄河中游地区的各区域，因物产、气候、风俗习惯的不同，在饮食文化生活上也表现出明显的差异性。如河南菜调味适中，鲜香清淡，色形典雅；山西菜酸味十足；陕西菜讲究火功，能保持原料的原有色泽，以咸定味，以酸辣见长。伴随着地方风味的形成，名食佳馔大量涌现：如开封的小吃，洛阳的水席，西安的羊肉泡馍、葫芦头，太原的刀削面、头脑，等等。

二、黄河中游地区饮食文化圈的地理环境

（一）河南的地理环境

河南省位于华北平原南部的黄河中下游地区，东连山东、安徽，西邻陕西，北与河北、山西相接，南临湖北，全省总面积为16.7万平方千米。河南省地势呈望北向南、承东启西之势，地势西高东低，北、西、南三面由太行山、伏牛山、桐柏山、大别山沿省界呈半环形分布；中、东部为黄淮海冲积平原；西南部为南阳盆地。平原和盆地、山地、丘陵分别占总面积的55.7%、26.6%、17.7%。河南省大部分地处暖温带，南部跨亚热带，属北亚热带

向暖温带过渡的大陆性季风气候，同时还具有自东向西由平原向丘陵山地气候过渡的特征，具有四季分明、雨热同期、复杂多样和气象灾害频繁的特点。全省由南向北年平均气温为10.5～16.7 ℃，年均降水量407.7～1295.8毫米，年均日照1285.7～2292.9小时，全年无霜期201～285天，适宜多种农作物生长。

（二）陕西的地理环境

陕西省位于中国中部，东隔黄河与山西省相望，北与内蒙古自治区相毗连，西与宁夏回族自治区和甘肃省相邻，南以米仓山、大巴山主脊与四川省、重庆市接界，东南与湖北省、河南省接壤。陕西辖境南北跨纬度7°54′，最大直线距离863千米。陕西省横跨三个气候带，南北气候差异较大。陕南属北亚热带气候，关中及陕北大部属暖温带气候，陕北北部长城沿线属中温带气候。气候总特点春暖干燥，降水较少，气温回升快而不稳定，多风沙天气；夏季炎热多雨，间有伏旱；秋季凉爽，较湿润，气温下降快；冬季寒冷干燥，气温低，雨雪稀少。全省年平均气温9～16 ℃，自南向北、自东向西递减；陕北年平均气温7～12 ℃，关中年平均气温12～14 ℃，陕南年平均气温14～16 ℃。平均年降水量340～1 240毫米。降水南多北少，陕南为湿润区，关中为半湿润区，陕北为半干旱区。

（三）山西的地理环境

山西省位于黄河中游东岸、华北平原西面的黄土高原上。东以太行山为界，与河北为邻；西、南隔黄河与陕西、河南相望；北以外长城为界与内蒙古毗连。山西省地处华北西部的黄土高原东翼。地貌类型复杂多样，有山地、丘陵、高原、盆地、台地等，其中山地、丘陵占80%，高原、盆地、台地等平川河谷占20%。大部分地区海拔在1000米以上，与其东部华北大平原相对比，呈现为强烈的隆起形势。山西省地处中纬度地带的内陆，在气候类型上属于温带大陆性季风气候。由于太阳辐射、季风环流和地理因素影响，山西气候具有四季分明、雨热同步、光照充足、南北气候差异显著、冬夏气温悬殊、昼夜温差大的特点。山西省各地年平均气温介于4.2～14.2 ℃，全省各地年降水量介于358～621毫米，夏季6～8月降水相对集中，约占全年降水量的60%，且省内降水分布受地形影响较大。

三、黄河中游地区饮食文化的起源与发展

黄河是中华民族的母亲河，它发源于青藏高原的巴颜喀拉山，流经青海、四川、甘肃、宁夏、内蒙古、陕西、山西、河南、山东9个省（自治区），最后注入渤海。从内蒙古的河套到河南的孟津为黄河的中游，河南西部、山西和陕西为黄河中游地区。黄河中游地区的饮食文化历史悠久、源远流长，是中国饮食文化的重要组成部分。

（一）黄河中游地区饮食文化的萌芽期

黄河中游地区是华夏文明的发祥地，也是中国饮食文化的摇篮。在旧石器时代，黄

河中游地区的先民使用石块、木料、兽骨制作的粗糙工具，依靠群体的力量，相互协作，以采集野果、根茎和狩猎动物作为食物，过着原始、野蛮、粗陋的生活。旧石器时代晚期，黄河中游地区的先民开始学会人工取火。新石器时代，在黄河中游地区，人们的食源不断扩大，新的烹饪方法日益增多，逐渐奠定了黄河中游地区乃至整个中国饮食文化的基础，黄河中游地区的饮食文化开始萌芽。

（二）黄河中游地区饮食文化的开拓期

夏、商、周三代的统治中心和国都大多在黄河中游地区。政治中心的地位、发达的经济文化，为黄河中游地区饮食文化的发展奠定了坚实的基础。这一时期黄河中游地区饮食文化获得较大发展，首先表现在饮食品种的不断丰富。由于农业和畜牧业获得进一步的发展，遂使人们的食物来源不断扩大。

先秦时期是黄河中游地区饮食文化的初步发展期。这一时期，中华民族形成了以谷物粮食为主、以肉蔬瓜果为辅的独具特色的传统膳食结构。烤炙、水煮、汽蒸、油煎等烹饪方式相继发明，极大地提高了人们的饮食生活水平，奠定了后世中国烹饪方式的基础。席地而坐的分餐制、手食、匕食、箸食等多样化的饮食方式，等级严格的宴席制度等先秦饮食礼俗无不对后世黄河中游地区，乃至整个中国的饮食文化产生巨大影响。

（三）黄河中游地区饮食文化的积累期

秦汉时期，随着农业、手工业、商业的发展，以及对外交往的日益频繁，黄河中游地区的饮食文化不断吸取各民族区域饮食文化的精华，呈现繁荣景象。魏晋南北朝时期是中国封建社会历史上大动荡、大分裂持续时间最长的时期。这一时期，中国社会经济在不断破坏和重建中艰难地向前发展。在黄河中游地区，游牧民族的牧业经济同传统的农业经济相互融合，大量胡食、胡饮与当地汉族饮食相互影响，出现了许多风味各异的名馔佳肴。加之这一时期社会经济、文化的发展，使魏晋南北朝时期的饮食文化较之前的年代有了一些新变化，呈现出一些新的特色。

（四）黄河中游地区饮食文化的成长期

隋唐五代时期，黄河中游地区饮食文化在各个方面都呈现繁荣景象，饮食文化表现出从未有过的多彩风格。在食材上，粮食、肉类、蔬菜、瓜果的生产结构都发生了较大变化。在菜肴烹饪上，菜肴烹饪技术逐渐完善，菜肴烹饪原料日益扩展，开始出现了象形花色菜和食品雕刻。在饮食养生和食疗上，饮食养生学和饮食治疗学日益发展成熟。在饮食习俗上，合食制得到初步确立，节日饮食习俗逐渐丰富，生日、婚假等礼仪食俗得到了发展，公私宴饮名目繁多。

（五）黄河中游地区饮食文化的成熟期

宋元时期是中国各民族联系进一步加强、民族融合进一步深化时期。政治经济形势的变化、时代的发展、各民族之间的相互交流,使宋元时期黄河中游地区的饮食文化呈现出与前代不同的特征。具体表现为:在食材方面,副食原料出现新变化,水产品的消费量增多,引进了一些蔬菜瓜果新品种。在食物加工与烹饪方面,面食品种得到细化,米食品种增加,菜肴加工与烹饪得到较大的发展。在饮食业方面,北宋东京的饮食业盛极一时,代表着宋元时期中国饮食业的最高成就。

(六)黄河中游地区饮食文化的繁荣期

明清、民国时期,黄河中游地区的饮食文化对过去有继承,更有创新与发展。在食材方面,生产能力有所提高,食源更加广泛,既有本土生产的,又有从外国引进的玉米、番茄、马铃薯、辣椒等新作物。在食品加工与烹饪上,面食品种极大丰富,肉类菜肴以鸡、猪、羊原料为主,注意制作腌菜和利用各种豆制品来弥补新鲜蔬菜的不足,各具特色的地方菜肴逐渐形成。在饮食习俗方面,节日饮食习俗多姿多彩,礼仪食俗发展得相当成熟,各种饮食的寓意深刻。

(七)黄河中游地区饮食文化的变革期

改革开放之前,历次政治运动都对人们的饮食文化生活影响较大,黄河中游地区整体上处于物质短缺的时代,在饮食思想上人们也普遍以奢为耻、以俭为荣。改革开放后,黄河中游地区的社会生产力得到了极大的解放,人们告别了物质短缺,稳步由温饱向小康、富裕迈进。膳食结构发生变化,粮食消费量开始下降,肉、蛋、奶、食用油、酒、糖的消费量逐步增长。人们的饮食文化思想也发生了巨大变化,不再将“追求吃喝”视为“资产阶级生活方式”。多姿多彩的黄河中游地区的饮食文化逐渐展现在世人面前。

第二节 黄河中游地区特色饮食文化

一、黄河中游地区的食物资源

(一)谷物类

小麦是黄河中游地区最主要的粮食作物,河南的大部分地区和陕西的关中平原、山西的汾河河谷都适合小麦的种植,特别是河南的黄淮海平原更是小麦的主产区。

黄河中游地区的小米主要产自陕西和山西,比较有名的有米脂小米、沁州小米。黄河中游地区的适宜种植水稻面积较小,主要分布在黄河两岸的灌区和陕南、豫南的亚热带湿润地区。但在黄河中游地区出产不少优质大米品种,如河南的原阳大米、凤台仙大米、辉县香米,陕西的洋县黑米、寸米和香米,山西的晋祠大米等。在黄河中游地区,其他粮食名品还有尉氏青豆、河津花生、开封花生、汝南芝麻等。

（二）果蔬类

黄河中游地区的蔬菜名品众多，如陕西大荔沙苑，山西高平的白萝卜，山西大同、河南淮阳、永城等地的黄花菜，河南封丘的芹菜，河南灵宝的莲藕，河南焦作的怀山药，河南开封、陕西临潼的韭黄，河南扶沟的莴苣，河南焦作的香椿，河南孟州市的蔓菁，山西运城、河南郾城、西华的芦笋等。

黄河中游地区居民喜用葱、姜、蒜、辣椒调味，故作为烹饪辅料的各种调味蔬菜种植面积较广。比较有名的大葱品种有山西晋城的巴公大葱和河南焦作的修武大葱，大蒜有河南中牟的宋城大蒜、陕西关中的白皮大蒜和山西应县的紫皮蒜等，辣椒有陕西的秦椒、河南的永城辣椒、南阳小辣椒和淅川辣椒。

黄河中游地区比较有名的食用菌有河南卢氏的猴头菇、羊肚菌、黑木耳，河南兰考的香菇。

黄河中游大部分地区属于暖温带半湿润地区，盛产苹果、梨、杏、樱桃、山楂、石榴、柿子、葡萄、猕猴桃等水果，比较有名的水果有河南的灵宝苹果、陕西的潼关梨、山西的晋蜜梨、河南的孟津梨、河南的洛阳樱桃、陕西的华县大杏、河南的辉县山楂、河南的河阴石榴、陕西的临潼火晶柿、河南的荥阳柿子、山西的清徐葡萄、河南的民权葡萄、豫西的卢氏猕猴桃、豫西南的西峡猕猴桃等。

（三）畜禽肉

黄河中游地区的牛多为畜肉兼用的黄牛，著名品种有秦川牛和南阳黄牛。此地区牧养的羊品种有陕西同羊、陕北滩羊、关中奶山羊、陕南白山羊、周口槐山羊、豫西脂尾羊等。此外还是猪肉的重要生产基地，比较有名的品种有淮南猪。驴肉也是黄河中游地区的名产之一，如陕西的关中驴、佳米驴和河南的泌阳驴。

黄河中游地区著名的鸡的品种有陕西画鸡、洛阳乌鸡、河南正阳的三黄鸡。鸭的品种比较有名的是淮南麻鸡。名品鸭蛋有唐河鸭蛋、鹤壁缠丝鸭蛋、郸城火虾鸭蛋等。

（四）水产品类

黄河中游地区比较有名的水产品主要分布在河南省，有黄河鲤鱼、淇河鲫鱼、淮南鼋鱼、沈丘鲈鱼、卫源白鳝、罗山黄鳝、伊河鲂鱼等。

二、黄河中游地区的特色饮食

（一）河南特色饮食

河南菜简称豫菜，总的特点是鲜香清淡、四季分明、形色典雅、质味适中，注重实用，可以说与中国菜的南味、北味有所区别，而又兼其所长。河南菜的烹调方法，共有 50 余种。扒、烧、炸、熘、爆、炒、炝别有特色。其中，扒菜更为独到，素有“扒菜不勾芡，汤汁自来黏”的美称。另外，河南爆菜时多用武火热锅凉油，操作迅速，质地脆嫩，汁色乳白。

(1)羊肉烩面，是一种荤、素、汤、菜、面兼而有之的传统风味食品，以味道鲜美、经济实惠，享誉中原。

(2)胡辣汤，是洛阳风味食品系列中的一绝。特点是微辣，食材多样，营养丰富，味道上口，十分适合早点进餐。

(3)长寿鱼，是以黄河鲤鱼为原料的一道名菜，河南省的黄河鲤鱼以肉质鲜嫩而驰名。长寿鱼即是由黄河鲤鱼加上枸杞子共同烹制而成的，咸、甜、酸三味俱全，色泽红亮，极具药用价值。

(4)烩菜，葱姜蒜、花椒干椒热锅冷油一炝锅，粉条、酥肉、豆腐皮、海带、豆芽、五花肉等，以先荤后素的次序下锅，兑上高汤煨煮滚锅。食材多样，营养丰富。

(二)陕西特色饮食

陕西饮食，特别是小吃，美不胜收，借着历史古都的优势，使陕西的小吃博采全国各地小吃之精华，兼收各民族珍馐之风味，汇集内外名饮名食之荟萃，挖掘继承历代宫廷小吃之技艺，因而以品种繁多、花色奇异、民族特色浓厚、地方风味各异、古色古香古韵而著称。特别是改革开放以来，饮食产业随经济飞跃而蓬勃的发展，烹饪技术随科技腾飞而有了长足进步，涌现出数以百计的传统菜、创新菜。以菜、点组宴，创制出不同风格、新意迭出的宴席，如仿唐宴、饺子宴、宫廷宴、蝎子宴、泡馍宴、长安八景宴、陕西风味小吃宴等。以牛羊肉泡馍、腊汁肉夹馍、凉皮为代表的陕西风味小吃，享誉神州，传之海内外。

(1)葫芦鸡，是陕西传统名菜，始于唐代。其制作分清蒸、笼蒸、油炸三道工序。色泽金红，皮酥肉嫩，香烂味醇，筷到骨脱。

(2)烧三鲜，是一道很有陕西特色的招牌菜，也是一道适合冬季食用的家常菜。主要原料有肉丸、鱼肚、烧肉、小青菜、花菇等，荤素搭配，入口滑嫩，老少皆宜。

(3)紫阳蒸盆子，是最早发源于陕西省紫阳县汉王镇，传说始创于汉刘邦时期，先是汉江艄公歇脚欢聚时的烩菜，后来发展为除夕团圆饭上的压轴菜。这道菜原汁原味，汤醇肉香，色香味俱佳。

(4)带把肘子，是一道陕西大荔地方特色的传统名菜。用猪的前腿做成的菜，做工考究，文火烧蒸，色呈枣红，形如蒲团，肥而不腻，瘦而不柴，品嚼味长，别有风味。

(三)山西特色饮食

山西菜品选料精细，切配讲究，以咸为主，酸甜为辅，菜肴具有酥烂、香嫩、重油、重味的特点。山西面食最著名，品种多，吃法别致，风格各异，成品劲道，无不滑利爽口，余味浓长，山西面食可成宴，从头到尾不重样。

(1)过油肉，是山西最著名的传统特色菜肴，原是官府中的一道名菜，后来传到太原一带民间，再逐渐传播至山西其他地区。除了传统的用精选瘦肉经过上浆、拉油，配天然黑木耳、蘑菇、冬笋炒过，现在还有台蘑过油肉。

(2)黄芪煨羊肉，传说康熙年间，平阳县令赴永和体恤民情途经一农舍家，突闻阵阵香味，便问随从是何东西如此香味扑鼻。随从便去查问，得知这是当地放羊农民用当地的黑山羊和自己采制的中药材，利用山泉水炖制而成的羊肉，县令尝后赞不绝口。并将此菜带入平阳，作为招待贵宾的头等菜肴。

(3)高平"十大碗"，共10道菜：水白肉、铬桃肉、碗子肉、川汤肉、肠子汤、豆腐汤、鸡蛋汤、天河丹、软米饭、扁豆汤。一碗一个味道，犹如南北大菜系列，但餐具不用盘而用碗，碗中之菜也可称"汤"，素有"碗汤菜"之说。

(4)鹌鹑茄子，是山西菜肴中名菜之一，色泽金黄，咸鲜适口，软绵醇香，其造型像乌龟壳，誉有长命百岁之意。配肉丝，香而鲜嫩，维生素E的含量为茄果类蔬菜之冠。鹌鹑茄子属晋菜中的"庄菜"，是商贾人家宴请宾客时的庄菜，也是太原传统名菜，营养均衡。

第三节 黄河中游地区饮食习俗

一、河南饮食习俗

(一)"天人合一"的饮食思想

河南地处中原地区，四季分明，地形多样，环境赋予了动植物丰富的生长条件，提供了充足的烹饪食材，造就了河南饮食文化"因食而膳"的传统。河南饮食文化提倡遵循时序，讲究时令，"不吃三月鱼，不打四月鸟"，体现了对大自然的敬畏和关爱，与中国传统的哲学思想"天人合一"。

(二)"调和五位"的饮食风格

河南饮食口味清香淡雅，色香味俱全，口味适中，和众口味之长，汇聚南北特色。"厨圣"伊尹曾评价道："甘而不浓，咸而不减，辛而不烈，淡而不薄，肥而不腻。"至味平和，融合五味，体现了河南饮食文化"中和"之道，正如河南人民淳朴敦厚的性格。

(三)"温和质朴"的养生饮食

中国古有"药食同源"之说，当今社会也有"食疗""食补"的说法。所谓的"医食"文化就是河南饮食文化的其中一部分。"豫菜"中有"黄河大鲤鱼""扒广肚"等菜肴，具有补脾胃、易气血、助消化的功效。作为中国"十大面食"之一的河南烩面，其中的白汤温补脾胃、黄面劲道抗饿、黑木耳活血通络、青菜富有纤维，搭配爽口糖蒜提升营养。

豫菜中有些富含营养的食材,山药、百合、木耳、红枣、枸杞等,荤素搭配,菜汤共食,健康养生。

(四)"淳朴至真"的饮食习俗

河南饮食文化中比较独特的就是豫酒文化了,东汉末年,曹操《短歌行》诗云:"何以解忧,唯有杜康。"说明早在东汉时期,产自河南的杜康酒就已经比较出名了。河南饮食文化中饮酒有两处礼节要遵循:一是"见低为敬",在客人敬酒时要一饮而尽,表示敬意;二是"三爵为限",喝酒要有节制,适量饮酒,饮酒要有礼有节,不失仪态。

二、陕西饮食习俗

"五行菜"是陕菜厨师对古人的智慧传承和发扬。饮食本身只要食材新鲜、烹饪技艺高超、合理搭配营养就是养生。所以伊尹有"五味调和"与"火候论",强调的是技艺和经验。而孔子说"和""礼""雅""不时不食",则是从文化和自然规律方面强调养生。而中国哲学思想中的"五行"学说,则更加深入地影响了中国及周边国家的饮食思维和习俗。

阴阳五行学说是中医的基础理论,也是中国古代的自然辩证理论,是朴素的唯物主义理论。阴阳与五行是不能分开的,五行中有阴阳的理论,阴阳中又包含着五行,这两种理论是贯穿着整个中医学说的。

天有四时五行,生寒暑燥湿风。人有五脏生化五气,生喜怒悲忧恐。五行是中国古代的一种物质观,天有五音"角、徵、宫、商、羽",对应人五脏"心、肝、脾、肺、肾",呼应五行"木、火、土、金、水",与人的五志"怒、喜、思、悲、恐"相连接。古老的五行说与饮食紧密联系可追溯到唐朝,铜川耀州药王山号称陕西的北五台,药王孙思邈曾长期在此生活和撰写药书,是中国历史上著名的医宗圣地。耀州也因此成为药膳和养生菜的源头之一,当地的药王养生宴名满三秦。而陕西名吃葫芦头的起源传说也是由他改良而成的。因此,食养习俗在中国的历史非常悠久,民以食为天,食以养为先。所以说,饮食的调理对人的身体和心理影响很大。

传统陕菜非常讲究养生,如在烹调技法上,以蒸、炖、煮、烤为主,保持食物的完整与营养。所谓"形整而质烂,味淡而不薄"五行菜就是传承了这种技艺和理念,以符合现代人口味的要求而挖掘出的一套菜品。

五行菜与酸甜麻辣咸五味相连,炒、炸、烧、炝、挂汁等烹饪工艺,真正做到香、味、形、养俱佳,是不可多得的陕西代表养生菜品。经过不断研发,五行菜有上百个品种供顾客和厨师选择,成为真正意义上的五行大菜和食疗经典。

三、山西饮食习俗

(一)历史悠久,原料丰富

三晋特产众多,从适应北方水土的小麦、小米、高粱、荞麦、莜麦到各种豆类,从上党党参、雁北黄芪、五台山台蘑、垣曲猴头到大同黄花菜、稷山板栗、柳林红枣、汾阳核桃、平顺花椒等都是全国名产。这些都为晋式的面点、菜肴和小吃提供了丰富的原料。山西素有"面食之乡"的美称,早在汉代,山西就有煮饼、水溲饼、汤饼等面食。西晋文学家束皙在《饼赋》中就有"饼"的形、色、香的描述:"薄而不绽,柔如春绵,白若秋练。气勃郁以扬布,香飞散而远遍。行人垂涎于下风,童仆空而斜眄,擎器者舐唇,立侍者干咽。"

(二)选料广泛,油大色重,喜欢用醋

山西烹饪,由于本土地域环境差异较大,境内南北物产丰富,因此菜肴的选料十分广泛,通过传统加工烹饪菜肴而形成了自己的风味特点。到明清时期,山西菜肴的烹制更是汲取了京、鲁、豫、川等菜系的制作工艺特色,使晋菜进一步发展。特点是以牛羊肉为主的清真菜和明清皇家的宫廷菜,在山西占有相当大的比重。山西"庄菜"近似官府菜,是晋中的商家大贾、钱庄、票号为适应商家往来及奢华生活的需要,专聘各地名厨烹制的特色菜肴,不仅技术精湛,更重营养保健。山西菜技法注重火攻,擅长烧、炒、熘、炸、焖、烤、煨、扒。菜肴油大色重,浓而不腻,火强味厚。这种特点的形成,一则由于山西气候干燥、山路崎岖,油重可增加耐饥度,味重可以使每餐节省菜肴,用餐经济。山西菜肴喜欢用醋,山西菜肴中自然也突出酸咸香辣和酸甜搭配的特色。用醋讲究技法,山西传统风味菜"过油肉""熘腰花"是在烹调过程的前期先放入香醋,一可以去腥保嫩,二可以提鲜增香;而"酸辣肚丝汤""酸甜汁"等菜肴是烹调后期加入老陈醋,目的是避免醋味蒸发,突出酸香咸辣的晋菜特色。

(三)"四帮一派一菜一点"形成体系

山西地域广阔,南北狭长,因地理环境、气候差异较大,民间烹饪技法、民俗、口味各不相同。生活食俗和当地烹饪原料的差异,使山西菜肴形成"四帮一派一菜一点"的地方风味组合,即太原帮、晋南帮、雁北帮、上党帮、台山斋派及清真菜和面点。太原菜以太原为中心,流行于晋中地区,它吸收了京、豫、鲁、川、沪的烹饪之长,逐渐形成地方风味。太原菜分"行菜"与"庄菜",传统的"行菜"是社会饮食行业经营的饭菜,其厨师大多来自"厨师之乡"的寿阳县。晋南菜以临汾、运城为代表,因与豫、陕接壤,其食俗、口味与之接近。菜肴偏重于辣、甜,稍酸,擅长熘、炒、烩、氽及汤汁菜。上党菜以长治、晋城为主,与豫北相接,其食俗、口味与之相近,菜肴擅长熏、卤、烧、焖等技法。晋北菜以大同、朔州、

忻州为主，历史上这里为半农半耕地区，食俗习惯与内蒙古相近，烹调以烧、烤、焖、涮等为主，口味偏重，油厚咸香。

第四节　黄河中游地区饮食模式与健康

一、黄河中游地区饮食模式

（一）河南饮食模式

随着河南省经济的发展，居民营养和膳食结构正在发生转变，传统以谷类食物为主，特点是低脂肪、低能量密度、高碳水化合物和高膳食纤维的膳食结构正逐渐被高能量密度、低膳食纤维的膳食模式所取代。河南省城乡居民整体的营养需求基本得到满足，但城市居民营养失衡和农村地区营养缺乏的问题依然存在。城市居民谷类食物供能比适宜，但脂肪供能比较高；与城市居民蛋白质食物来源中的优质蛋白质比例相比，农村居民的优质蛋白质摄入明显不足，说明营养不足仍然是农村居民膳食的主要问题。

（二）陕西饮食模式

陕西省城乡居民的饮食模式有一定的差别。随着人均收入的逐渐提高，人们的生活质量得到显著改善，膳食中脂肪和高蛋白质的食物越来越多，特别是动物性和蛋奶类食物，城市居民的摄入量远高于农村，而蔬菜和水果的摄入量明显不足，造成居民营养不均衡。陕西省农村居民的经济收入仍然较低，故副食品的消费量很低，尤其是奶及其制品的摄入量明显不足。而城市居民的动物性食物消费较高，脂肪摄入过量。

（三）山西饮食模式

山西省城乡居民的膳食构成以谷类食物为主，其中以面粉为主；蔬菜以浅色蔬菜摄入为主。各种营养素尤其是钙、硒、锌、维生素 A 和维生素 B_2 的摄入不足，优质蛋白质摄入不足。山西省居民的膳食构成日趋多样化，粮谷类消费降低，肉类、奶类、禽蛋、鱼类的消费有所提高。

二、黄河中游地区饮食模式对健康的影响

（一）河南的饮食模式对健康的影响

河南省农村儿童低体质量率和生长迟缓率明显高于城市儿童，这可能由于城乡经济和卫生水平的差异引起。婴幼儿刚出生时生长发育良好，6 个月后低体质量率和生长发

育迟缓率明显上升，并保持在较高水平，农村儿童尤其突出，提示断奶期后是儿童营养不良的高发期，存在喂养不当造成的儿童营养不良。婴幼儿的生长迟缓率高于低体质量率，说明婴幼儿以远期营养不良为主。贫血患病率一定程度上反映了人群中铁缺乏的现状。河南省居民贫血患病率农村高于城市、女性高于男性。河南省成年居民高血压患病率城市高于农村，不同地区和性别的居民高血压患病率均呈现随年龄增长而升高的趋势；糖尿病患病率及空腹血糖受损发生率城市均高于农村，且呈现随年龄增长而升高的趋势；高甘油三酯血症、高胆固醇血症、总胆固醇边缘升高和低高密度脂蛋白胆固醇血症患病率及总血脂异常患病率均为城市高于农村；高甘油三酯血症和总血脂异常患病率男性高于女性，高胆固醇血症、总胆固醇边缘升高和低高密度脂蛋白胆固醇血症患病率女性高于男性。膳食模式的改变无疑将增加相关慢性疾病的发生风险。

（二）陕西的饮食模式对健康的影响

陕西省成年居民超重率和肥胖率高于全国水平，居民的动物性食物和纯能量食物摄入的增加可能是导致超重和肥胖的主要原因，并且女性肥胖率高于男性。因此，提高女性人群对肥胖危害的认识，提高女性的合理膳食意识，对于超重和肥胖的防控工作起着至关重要的作用。陕西省居民高血压患病人群的年龄主要集中在 45 岁以后，居民的食用盐摄入量高于中国居民膳食指南推荐的参考摄入量，可能是导致高血压的主要原因。

（三）山西的饮食模式对健康的影响

山西省成人、儿童和青少年超重与肥胖比例均高于全国平均水平。由于能量摄入与能量支出的不平衡，导致超重和肥胖的问题。山西省慢性病患病率较高，例如高血压、糖尿病等。居民膳食结构发生变化，各类食物摄入量仍不平衡，蔬菜水果摄入不足，食盐、食用油摄入大大超过推荐摄入量，此外身体活动不足等因素是慢性病发生、发展的主要因素。

小结

黄河是中华民族的母亲河也是华夏文明的摇篮，黄河的源头位于青藏高原巴颜喀拉山北麓的约古宗列盆地，从青藏高原出发，流经青海、四川、甘肃、宁夏、内蒙古、山西、陕西、河南、山东等九省（区），最后注入渤海。黄河中段流经中国的黄土高原，一路下来河水中携带了大量富含养分的泥沙，黄河每年都会携带约 16 亿吨的泥沙，沉积在途经的土地上，从而使沿途的土地非常适合种植。山西、陕西两省和河南西部为黄河中游地区。黄河中游地区的饮食文化历史悠久，是中国饮食文化的重要组成部分。1949 年新中国成立后，黄河中游地区的饮食文化得以很好地传承和发扬。尤其在1979年改革开放后，黄河中游地区的饮食文化更是揭开了崭新的篇章，城乡居民的饮食生活得到了很大的改善，在“普遍解决了吃得饱的基本问题”的基础上，向着吃得更好、吃得更健康的方向大踏步前进。但是在黄河中游地区内部，仍然还存在一些饮食结构不太合理的情况，尤其是城市和乡村之间的饮食情况还存在一定的差距。这一问题主要突出地表现在乡村居民的饮食结构方面，其中肉类、鱼类、蛋、奶等富含较高蛋白质的食物所占的比重仍达不到膳食参考摄入量，是相对较为突出的问题。在我国社会主义现代化的建设和发展进程中，居民饮食的健康发展是我们不断追求的目标，居民饮食达到合理营养、平衡膳食一直是我们不断努力的目标，而当前缩小城市和乡村之间的差距，仍是黄河中游地区饮食文化的主要努力方向。

参考文献

[1]赵荣光. 中国饮食文化史[M]. 上海：上海人民出版社，2014.

[2]柳阳光. 河南饮食文化在“食说新语”文创品牌上的视觉设计应用研究[D]. 南昌：南昌大学，2020.

[3]张雷，张书芳，胡东生，等. 河南省居民营养与健康状况调查[J]. 郑州大学学报（医学版），2010(1)：124-129.

[4]林旭阳. 陕西饮食文化特色浅析[J]. 食品安全导刊，2014(33)：41-43.

[5]张颖，徐增康，郁惠莲，等. 陕西省城乡居民膳食营养状况对比分析[J]. 公共卫生与预防医学，2009(3)：20-23.

[6]张颖，徐增康，郁惠莲，等. 陕西省居民肥胖和高血压现状调查[J]. 公共卫生与预防医学，2009(4)：17-20.

[7]吴彩娥，任石涛. 山西居民饮食特点与未来[J]. 食品科技，2000(2)：9-13.

[8]郭丽霞，杨峰，庄虹，等. 山西省城乡居民膳食构成分析[J]. 山西医药杂志，1997(5)：411-412.

[9]王冰洁，霍军生，黄建，等. 山西省出生缺陷高发地区微量营养素摄入量的总膳食研究[J]. 卫生研究，2008(6)：701-706.

第四章　黄河下游地区饮食文化与健康

第一节　黄河下游地区饮食文化历史

一、黄河下游地区饮食文化圈

中国饮食文化视野下的黄河下游地区，大致包括今山东地区以及晋、冀、豫、皖、苏的部分地区，主要依托现今的山东省。古以太行山以东地区为山东，春秋时期这里曾是齐国和鲁国的所在地，故又称齐鲁。这一地区属于齐鲁文化圈，有着丰富的历史文化积淀，因而这一区域的饮食有着浓厚的文化韵味。作为中国传统四大菜系之一的鲁菜便是黄河下游地区饮食文化圈的代表菜系。这里绝大部分地区倚重农业，沿海地区仰赖鱼盐。山东半岛食料广泛、水路杂陈、五谷蔬果及鱼盐海味等均很丰富，为鲁菜的形成和发展奠定了基础。在这里居民以五谷杂粮和寻常菜蔬为主副食，每饭必具葱蒜，具有典型的山东饮食特色。

二、黄河下游地区饮食文化圈的地理环境

从地理环境上看，本地区主要为黄河下游冲积平原，其中部和东部地区分布着山地、丘陵、盆地以及部分岛屿。山东省作为中国饮食文化视野下黄河下游地区的主要省份，坐落于中国东部沿海地区，东临渤海、黄海，与朝鲜半岛、日本列岛隔海相望，西北与河北省接壤，西南与河南省交界，南与河南省、江苏省毗邻。山东半岛与辽东半岛相对，环抱着渤海湾。山东的气候属暖温带季风气候，降水集中，雨热同季，春秋短暂，冬夏较长。山东省气温地区差异东西大于南北，年平均气温 11 ~ 14 ℃。山东省地形以平原丘陵为主，其中部为隆起的山地，东部和南部为和缓起伏的丘陵，北部和西北部为平坦的黄河冲积平原，是华北大平原的一部分。其中，平原、盆地约占全省总面积的 63%；山地、丘陵约占 34%；河流、湖泊约占 3%。山东省共辖 16 个地级市（其中两个副省级市），分别是济

南市、青岛市、淄博市、枣庄市、东营市、烟台市、潍坊市、济宁市、泰安市、威海市、日照市、莱芜市、滨州市、德州市、聊城市、临沂市、菏泽市。

从人文环境上看，山东古称齐鲁，其文化背景可分为鲁文化区和齐文化区，是中华民族群构时期的策源地之一。史前期的仰韶文化、大汶口文化、龙山文化及齐家文化的沉积，夏、商、周三代的兴盛与文化的纵横积淀，齐鲁之风渐渐融合，形成了重味、讲和、守正的传统山东饮食风格，山东饮食文化区获得了显著发展，并因此成为众多区域文化中影响最大的饮食文化区。山东省因其独特的地理优势，这里不仅有陆地所有的五谷蔬果、水陆杂陈，也有内陆极其匮乏的鱼盐及山珍海味。丰富的原料物产、发达的城市工商业及深厚的历史文化底蕴，更兼及通达辐辏的交通往来，使得以齐鲁文化为重心的黄河下游广大地区成为重要的民族文化和饮食文化的发达地区。以至“邹鲁之风”成为中国各区域民俗的参照物。山东又是孔孟之乡，儒学的发源地，盛行以孔子为代表的儒家思想，这几乎支配了整个封建社会，并对中国的传统文化产生了深远影响。孔夫子的中庸之道，赋予了山东饮食“和”的最高境界。与天和、与地和、与人和，天、地、人、食合一。其饮食本身也达到了敦厚平和、大味必淡的至味境界。

三、黄河下游地区饮食文化的起源与发展

黄河下游地区是中华文化的核心区域之一，其饮食文化史是中国饮食文化史的重要组成部分。悠久的历史和灿烂的古代文明奠定了黄河下游地区饮食文化的基础，决定了其具有多样性的饮食文化特征。诸如以仰韶文化、大汶口文化、龙山文化等文明曙光为代表的原始饮食文化；以齐地与鲁地划分的齐鲁饮食文化，以及鲁菜烹饪文化等。这些饮食文化的丰富性和影响力，决定了黄河下游地区饮食文化在中国饮食文化发展史中具有十分重要的地位。

根据考古研究，黄河下游地区早在40万年前就有人类活动，出土了许多陶、石、骨制农具、工具和食具，黄河下游地区饮食文化由此开端。先秦时期，该地区饮食文化逐渐脱离了原始风貌，具有了阶级性、层次性、地域性的特征。特别是春秋战国时期，在齐鲁大地上，孔孟食道与中国饮食礼俗的初创对本地区的影响十分重大，奠定了黄河下游地区饮食文化的初步构架，后世鲁菜的形成也与此息息相关。

秦汉魏晋南北朝时期是黄河下游地区饮食文化的发展时期，亦是与其他地区饮食文化的大交流时期，体现了多民族融合的饮食文化特征。“食肉饮酪”的胡族饮食文化和“饭稻羹鱼”的南方饮食文化都对黄河下游地区饮食方式和习俗的变迁产生过重大影响。

隋唐五代时期，黄河下游地区饮食文化胡汉融合的趋势达到顶峰，发展完善了中华饮食文化。这一时期，黄河下游地区的饮食结构从以小米为主食逐渐向以小麦为主食转化。农业的发展让我们的关注点从田野进一步转移到餐桌的变化上来。这一历史现象，

补充了鲁菜的饮食内容，推进了鲁菜的多样性，为北宋市井饮食文化的繁荣奠定了基础。

北宋时期，城市商业经济发展迅速，市井饮食文化特征明显。靖康之变后，女真族南下；蒙古族灭金后，进驻黄河下游地区。这两次历史事件推动了中国历史上的第二次民族大融合。东北地区少数民族的饮食文化与漠北蒙古族的饮食文化对该区域产生了重要影响，体现了农耕文明与游牧文明的结合。

明代，随着新的农作物进入中国，黄河下游地区的饮食结构产生了重大的变化，对玉米广泛种植的影响最大；另外，明朝末期的黄河下游地区灾害频仍，救荒政策下的救荒饮食是这一时期该地区庶民饮食文化的主要内容。清代黄河下游地区的饮食文化逐步成熟，如鲁菜的形成、孔府宴的出现、大运河两岸饮食市场的繁荣，以及诸如番薯等外来农作物的引进等。特别是山东曲阜衍圣公府独有的饮食文化之形成，代表了黄河下游地区饮食文化的最高文化象征，其宏大的食事规模与永不间歇性是古今中外历史上绝无仅有的，形成了孔氏家族长久、典型、辉煌的饮食文化传统和饮食生活私家风格突出的文化特征。

近代以来，黄河下游地区的饮食文化在成熟发展中嬗变，有其历史继承性和创新性、同一性兼有地域性的特点，逐步形成了现代黄河下游地区的饮食文化基本风貌，构建了当今社会较为完整的饮食风俗。

第二节　黄河下游地区特色饮食文化

一、黄河下游地区的食物资源

(一)谷物类

山东地区，历史上就是开发较早、较好的农业地区，特别是山东平原大部分地区，农田开发已很普遍，水利设施也较齐全，就使得山东大部分地区的种植业非常发达，成为本地区的主要经济来源和食物来源。其主要农作物有小麦、玉米、大麦、大豆、高粱、水稻、芝麻、花生、红薯等；正是这些农作物的大量种植，造就了山东以馒头、煎饼等面食为主食的饮食习惯。

(二)果蔬类

山东的蔬菜种植历史悠久、种类繁多、品质优良，号称“世界三大菜园之一”。主要蔬菜有大白菜、萝卜、土豆、薹菜、莴苣、圆葱、香椿、芹菜、小白菜、蔓菁、小茴香、扁豆、金针菇、芋头、豌豆、蚕豆、豇豆、扁豆、菜豆、刀豆、地环、冬瓜、黄瓜、南瓜、丝瓜、葫芦、姜、葱、蒜等;主要水果有苹果、桑葚、西瓜、杏子、栗子、李子、山楂、梨、葡萄、核桃、甜瓜、脆瓜、香瓜等;章丘大葱、金乡大蒜、苍山大蒜、莱芜生姜、胶州白菜、潍坊萝卜、曹县芦笋、寿光韭菜等,蜚声海内外。山东的水果产量极高,品质极佳,如烟台苹果、莱阳梨、阳信梨、乐陵小枣、德州西瓜、肥城桃、青州蜜桃、大泽山葡萄、曹州木瓜等,皆是果中上品。

(三)畜禽肉类

山东省的畜禽主要有猪、牛、羊、驴、马、骡、兔、鸡、鸭、鹅等。畜产品一般是猪肉为第一大宗,牛、羊肉次之;禽类中鸡肉为主,其次为鸭肉、鹅肉、鹌鹑肉、珍珠鸡肉等,有少量供应。因猪和鸡在家庭中宜饲养,故其为主,牛、羊需要部分放牧,故次之;鸭、鹅需有部分水源,也受到饲养条件的限制,故再次之。

(四)水产品类

内陆地区水产品较少,沿海地区水产品资源丰富。海洋及海河滩涂地区,远洋捕捞和滩涂养殖,是海产品的主要来源。山东省水产品产量在全国名列前茅,沿海盛产鱼、虾、贝、藻等60多种海产品,鱼、虾、贝有小黄鱼、带鱼、黄姑鱼、白姑鱼、叫姑鱼、鳕鱼、红头鱼、鲳鱼、鲆、鲽、鲷、鳐、鳗、鲬、青鱼、鲐、鲅、鳓、梭鱼、银鱼、海龟、海蛇、对虾、毛虾、鹰爪虾、梭子蟹、文蛤、毛蚶、四角蛤、青蛤、杂色蛤、贻贝、扇贝、牡蛎、鲍鱼、海参等40多种,藻类有浒苔、石莼、礁膜、紫菜、石花菜、江蓠、海萝、海带、裙带菜、海蒿子、羊栖菜、海禾水子、鹿角菜等20多种。淡水鱼类资源主要有鲫鱼、鲤鱼、草鱼、乌鳢、毛蟹、秀丽白虾、沼虾、甲鱼、鳙鱼、鲢鱼、鲴鱼、鲂鱼、鳊鱼、非洲鲫鱼、翘嘴红鱼白、鲇鱼、黄鳝、泥鳅、鳗鲡、赤眼鳟、鳑鲏鱼、麦穗鱼等70多种。

(五)山区的食物资源

山东的山区食物资源最为典型的是菌菇野味。山东地区供给人们食用的山珍野味主要依靠人工养殖。主要食用菌类有伞盖蘑、木耳、平菇、香菇、黑木耳、银耳、猴头菇、鸡腿菇、金针菇、口蘑等;蚂蚱、金蝉、蚕蛹也是人们餐桌的美食。其他常见的山区野味还有山蝎、野兔、山鸡、泰山鹿角菜、山娥子蘑菇、獾、石蛙、野山羊、狍子、狐狸、山鼠、山蕨菜、香椿、山葱、山韭菜等,除野菜外,其他山珍现在已不多见,人们也不再食用。

二、黄河下游地区的特色饮食

黄河下游地区特色饮食以主食的不同大致可以划分为两个区:胶济铁路以南和从济南南下的津浦铁路以东以食用煎饼为主;其余地区大都以食用玉米饼子为主。煎饼是用五谷杂粮制成的。上乘的煎饼,用七分小米、三分黄豆磨浆制成。此外,各色粮食,包括鲜红薯纽、青玉米粒等几乎无不可作煎饼的原料。煎饼不易变质,农家主妇常于得闲时摊制很多,折叠保存,食用时取出卷葱抹酱,相佐小菜,加上热水一壶即可成餐,实为山东人饮食简朴的典型。由于山东盛产小麦,除煎饼之外,山东人还以馒头、花卷等面食为主食。

三、黄河下游地区的特色菜系——鲁菜

山东饮食,整体说来属于北方类型,地近京津,受京津影响较深刻。沿海和海岛渔区、山区、平原、湖区、城市、古镇又因自然环境不同,生产情况不同,传统文化不同,呈现出不同的饮食习惯,从而使山东饮食风俗深深地烙上了地域的印痕,形成与发展了自己独特的菜系——鲁菜。鲁菜,也称山东菜系,是我国四大菜系之首。早在春秋时期已久负盛名,是北方菜的代表。元朝时鲁菜始入宫廷,成为御膳的主体。其特点是色形讲究,醇厚不腻,清香鲜美,酥脆质嫩。山东省因其得天独厚的物质条件,加上两千多年来浸润着儒家学派"食不厌精,脍不厌细"的精神追求,鲁菜系终分为济南菜、胶东菜和孔府菜三个流派。

(一)鲁菜的发展史

山东是华夏古文化的发祥地之一,也是我国饮食文化发展最早的地域。山东菜简称鲁菜,有北方代表菜之称,也是黄河流域烹饪文化的代表,是中国著名的八大菜系之一。鲁菜的形成与发展与当地的物产环境、文化历史、经济条件以及风尚习俗紧密相关,其历史源远流长。在北辛文化、大汶口文化、龙山文化等遗址出土的大量陶器中,不乏体现一定烹饪水平的实物例证。公元前 11 世纪,历史上的齐鲁两国经济发达,钟鸣鼎食,曾以饮馔精美而著称于诸侯。鲁菜的孕育可追溯到春秋战国时期。秦汉以降数百年间,齐鲁的烹饪水平有了很大的发展,不管是从选料、加工、切配,还是从调味、制汤、加热等方面来看,工艺水准都已趋于成熟。明清时期是鲁菜发展的辉煌阶段,特别是鲁菜传入宫廷以来,成为御膳的重要组成部分,并且在黄河流域迅速传播。当今鲁菜因烹调方法多样、刀工精细、注重火候、讲究调味、精于制汤而名列中国八大菜系之首。

(二)鲁菜的特点

鲁菜是北方菜的代表,在我国北方特别是冀豫京津及东北地区影响尤为深远,是我国烹饪百花园中一枝绚丽的奇葩,在国内外享有很高的声誉。经过代代相传,鲁菜积累了一整套烹调技法,概括起来说,主要有以下几个特点:

1. 取料广泛,选料考究,农林牧副渔各业产品无所不取

山东无论是粮食蔬菜,还是各种肉类海鲜均一应俱全,原料广泛,农林牧副渔各业产品均可为鲁菜的食材,这为鲁菜的发扬奠定了基础。孔子曾说"食不厌精,脍不厌细"。古时,鲁菜对于所选用来烹饪佳肴的食材用料极为严格考究,制作时的各个环节都有着严密的分工,各司其职。时至今日,鲁菜的选材、制作仍然保持着这种高要求。

2. 烹调方法全面，工于火候，尤以爆、炒、蒸、炸、焖、熘、扒见长

鲁菜的突出烹调方法为爆、炒、蒸、炸、焖、熘、扒，尤其以爆、扒为世人所称道，其烹饪方法充分体现了鲁菜在用火上的功夫。因此，民间流传着“食在中国，火在山东”的说法。其中，最具代表性的鲁菜有炸蛎黄、红烧海螺、干蒸加吉鱼、德州扒鸡、焙肉、盐爆肚丝、脆皮烤鸭、九转肥肠、脱骨烧鸡、烤大虾、锅烧肘子、清汤燕窝、奶汤银肺、锅烧黄河鲤鱼等。

3. 善以葱蒜调味，食品以鲜咸为本

鲜咸为主，突出本味，原料质地优良，以盐提鲜，以汤壮鲜，调味讲求咸鲜纯正。大葱为山东特产，多数菜肴要用葱姜蒜来增香提味，炒、熘、爆、扒、烧等方法都要用葱，尤其是葱烧类的菜肴，更是以拥有浓郁的葱香为佳，如葱烧海参、葱烧蹄筋；喂馅、爆锅、凉拌都少不了葱姜蒜。海鲜类量多质优，异腥味较轻，鲜活者讲究原汁原味，虾、蟹、贝、蛤，多用姜醋佐食；燕窝、鱼翅、海参、干鲍、鱼皮、鱼骨等高档原料，质优味寡，必用高汤提鲜。

4. 荤素搭配、汤菜搭配，善于以汤调味，特别讲究菜的色、香、味、形。

从健康的角度讲，鲁菜讲究色、香、味、形等荤素搭配，如九转大肠、寿字鸭羹、木须肉、海鲜豆腐、辣椒炒肉、葱烧海鲜、宫保鸡丁等。此外，鲁菜以汤为百鲜之源，无论是炒、溜、扒、烧都以味汤提味增鲜。素来讲究“清汤”“奶汤”的调制，清浊分明、取其清鲜。

（三）鲁菜的流派

鲁菜还形成了具有地方特色的风味流派，包括德州、泰安在内的济南菜，包括青岛在内，以福山帮为代表的胶东菜，以及孔府菜。

1. 济南菜

济南风味是鲁菜的主体，在山东境内影响极大。济南菜以汤菜最为著名，俗话有“唱戏的腔，厨师的汤”。其清汤、奶汤制法在《齐民要术》中都有记载，济南菜注重爆、炒、烧、炸、烤、氽等烹调方法。济南菜讲究实惠，风格浓重、浑厚，清香、鲜嫩。济南菜又分为“历下派”“淄潍派”和“泰素派”等。

“历下派”又称为济南“本帮派”，汤菜特别讲究清鲜爽口，鸡鸭菜肴注重用甜面酱调味，以酱香浓郁见长，其变化型有酱香、酱汁、葱酱、糖酱等，代表菜肴较多，其中名肴有“清汤什锦”“奶汤蒲菜”“糖浆鸡块”“酱焖嘎鱼”。济南爆菜历史悠久，清代文士袁牧曾描述到“滚油爆炒，加佐料起锅，以极脆为佳，此北人法也”，油爆双脆、爆肚仁、爆鸡丁均是著名爆菜。清末名臣丁宝桢任山东巡抚时，用济南名厨周进臣、刘桂祥为家厨，所制“爆炒鸡丁”深合他的口味，经常用以飨客，世称美味，名之为“宫保鸡丁”（因丁曾被赐“宫保”，后丁调任四川总督，将此菜引入巴蜀）。济南的“糖醋黄河鲤鱼”被誉为齐鲁名馔。九转大肠是济南的代表菜肴。相传，清光绪年间有一杜姓巨商，在济南开办“九华楼”酒店。此人特别喜欢“九”字，干什么都要取“九”字，九转本是道家术语，表示经过反

复炼烧之意。九华楼所制的“烧大肠”极为讲究，其功夫犹如道家炼丹之术，故取名为“九转大肠”。

泰安菜在鲁菜中称为“泰素派”，以制作素菜和寺庙菜肴为主。豆腐、白菜、泉水被誉为“三美”，是泰安菜制作的三宝。代表性的菜肴有“锅溻豆腐”“软烧豆腐”“三美豆腐”“炸豆腐丸子”“炸薄荷”“烧二冬”等。

潍坊、淄博菜在鲁菜中称为“淄潍派”，原料多用肉、禽、蛋，长于烧、炸、拔丝等技法，多使用酱油、豆豉，口味偏重鲜咸。代表性的菜肴有“怀胎鲤鱼”“拔丝红薯”“拔丝山药”“芝麻肘子”“博山豆腐箱”等。拔丝菜是鲁菜的一大特点，蒲松龄在《日用俗字饮食章》中就有“而今北地兴揠果，无物不可用糖粘”之言。

2. 胶东菜

胶东菜最早在鲁菜中称为“福山帮”。胶东包括烟台、青岛、威海三地，属古齐国属地。胶东半岛平原丘陵交错，气候温和，良田沃野，物产富饶，尤其拥有广阔的海岸线，海产品丰富。胶东烟台地区白石村遗址发掘证明，远在六七千年前，我们的古代先民已在海滨聚居，繁衍生息。捕渔业在胶东由于有优越的条件而由来已久。胶东 1 300 公里长的海岸线上盛产名贵的海参、扇贝、鲍鱼、海螺、大对虾、加吉鱼等，这就决定了胶东烹饪以海味原料为主的特点。胶东风味流派的形成，大约在明清时代，以清末最盛。由于原料独特，加上技术精湛，因而构成了胶东菜的风味特色，以清鲜、脆嫩、原汤原味见长，烹调技法以炸、熘、爆、炒、蒸、煎、扒为主。

胶东菜讲究用料，刀工精细，口味清爽脆嫩，保持菜肴的原汁原味，长于海鲜制作，尤以烹制小海鲜见长。清末以来，胶东菜又形成了以京、津为代表的“京津胶东菜”，以烟台福山为代表的“本帮胶东菜”，以青岛为代表的“改良胶东菜”。其中本帮胶东菜的名菜有“糟熘鱼片”“熘虾片”“炸蛎黄”“清蒸加吉鱼”“葱烧海参”“浮油鸡片”“油爆乌鱼花”“红烧大蛤”“油爆海螺片”“芙蓉干贝”等。相传，明代兵部尚书郭忠皋回福山探亲，将一名福山名厨带进京城（南京），名厨名震京城，成为皇帝的御厨。御厨告老还乡后数年，皇帝思念福山的“糟熘鱼片”，派半副銮驾往福山传召老名厨进宫。后来名厨的家乡被人称为“銮驾庄”。青岛改良派广泛吸收西餐技艺，采用果酱、面包等原料制作菜肴，代表菜有“烤加吉鱼”“茄汁菊花鱼”“炸虾托”“咖喱鸡块”“汆西施舌”“油爆双花”“龙凤双腿”等，其中“汆西施舌”淡爽清新、脆嫩。

3. 孔府菜

孔府菜是中国传统菜系之一，是中国官府菜的代表，源于山东曲阜孔庙，是孔子家族的家庭菜肴。孔府菜以烹制技巧高超，色、香、味俱佳，营养丰富而著称，被誉为“鲁菜之冠”。孔夫子是个美食家，不仅“食不厌精，脍不厌细”，还有一系列“不食”的主张，如“鱼馁而肉败不食，色恶不食，臭恶不食，失饪不食，不时不食，割不正不食，不得其酱不食……”。这吃菜的讲究随着孔门日盛而越发细致丰富。明清时期，鲁菜大量进入宫廷，成为御膳珍品。乾隆皇帝为了标榜尊贤之心，曾八次驾临孔府，并将女儿下嫁给孔子第72代孙孔宪培，嫁妆里就有一套“满汉宴银质点铜锡仿古象形水火餐具”，这更促使鲁菜系中的奇葩“孔府菜”向高、精、尖方向发展。

孔府菜作为国内唯一历代不倒的贵族府第的菜品，其刀工细腻，用料精致，重于火候，工艺严格，风味清淡鲜嫩，软烂香醇，原汁原味，华贵多姿，讲究“色、香、味、形、器、意、疗”。其中的“器”指的是美食需要美器盛装。孔府宴的器皿，造型精美，工艺考究，材质有瓷、金、银、铜、锡，形状更是有方形、圆形、元宝形、八卦形、云彩样，盛鱼的是鱼的形状，盛鸭的是鸭的形状，极尽想象之能事。孔府烹饪，基本上分为两大类：一类是宴会饮食；一类是日常家餐。宴席菜和家常菜虽然有时互相通用，但烹饪是有区别的。代表菜有“诗礼银杏”“一卵孵双凤”“八仙过海闹罗汉”“孔府一品锅”“神仙鸭子”“带子上朝”“怀抱鲤”“花篮桂鱼”“玉带虾仁”“油发豆莛”“红扒鱼翅”“白扒通天翅”。

第三节　黄河下游地区饮食习俗

一、注重食物粗细搭配

自古以来，黄河下游山东地区的粮食生产和消费就以“五谷”为主。汉代确立以农为本的基本国策，农业生产有了显著的发展，在黄河流域，粟（谷子）占主导地位，麦作被进一步推广，而大豆则逐步向副食方向转化。唐代，传统的主粮结构发生了变化，稻米逐渐取代了粟在粮食作物中的首席地位，而麦类也在迅速追赶。明清以后，随着外来农作物的传入，山东人的主食发生了重要的变化，以粟麦为代表的传统“五谷”依然是上层社会的日常用食，下层劳动人民的主食却变成了外来的玉米、红薯等“粗粮”，它们也在黄河下游得到推广，这为山东人民饮食生活的多样性发展提供了充足的原料。粗粮是相对于精米白面等细粮而言的，是指精细大米、白面以外的粮食，主要包括谷类的玉米、紫米、高粱、燕麦、荞麦、麦麸，干豆类的黄豆、青豆、赤豆、绿豆等，以及块茎类的红薯、山药、马铃薯等。随着人民生活水平的提高，日常主食逐步细粮化，大米、白面成为百姓餐桌上的基本主食。但伴随而来的心血管病、糖尿病、肥胖症等疾病也日益增加。随着人们保健意识的增强，粗粮又逐渐回到了人们的饮食生活中，甚至成为新的美食，这种现象在黄河下游地区也比较突出。

黄河下游地区的主要粗粮农作物有玉米、红薯等。它们在生长时极少使用农药、化肥，因此成为具有特殊食疗食补作用的天然绿色食品。有研究发现粗粮营养价值很高，具有多种健康功效,其中粗粮加工过程简单,保存了许多细粮中没有的营养成分,大部分粗粮蛋白质含量相对偏少,淀粉、膳食纤维、矿物质以及 B 族维生素含量丰富。由于其富含以上的营养成分而具有以下的健康功效:膳食纤维不仅可以促进肠道蠕动,预防便秘;还可以控制血糖、改善心血管功能,这是因为膳食纤维能够增加食物在胃里的停留时间,延迟饭后葡萄糖吸收的速度,从而降低高血压、糖尿病、肥胖症和心脑血管疾病的风险。除此之外,粗粮中的不可溶性纤维素与可溶性纤维素协同工作,可降低血液中低密度胆固醇和甘油三酯的浓度,并且富含矿物质,如含有大量镁元素的玉米,可加强肠壁蠕动,促进机体废物的排泄,有助于减肥。富含大量的维生素可以降低相关维生素缺乏所造成的相关疾病的发病率。但需要注意的是粗粮的过度食用可能会影响其他营养成分的消化与吸收,因此粗粮的食用应当适量。

黄河下游地区粗粮食物中最具代表性的便是以玉米、黄豆和小米等粗粮制作的煎饼。饼的起源很早,春秋时期可能就已经产生,史料记载最早可追溯至战国,但是煎饼的起源文学史料并无记载,据传为春秋时期齐国易牙为军队行军打仗而发明的一种便于携带,储存和快速食用的军粮。由此可见煎饼的产生为战争需要,此种说法也较为符合煎饼的特点,但传说毕竟不是史实。南北朝时期,煎饼已有史料可考证,并且在长江以北已分布普遍,说明煎饼的产生要先于汉代。至明清时期,煎饼已经成为鲁西南等地区主食。清代著名文学大家、山东淄川人氏蒲松龄,于《煎饼赋》中载:“煎饼之裨于民生,非浅鲜也”,“独煎饼则合米豆为之,齐人以代面食”。详细介绍了当时煎饼的分类、制作方法、制作工具、制作原料等。

随着时代的变迁和收成的丰歉,以及地域的饮食习惯,各地还创造出了一些特色煎饼和新品种煎饼。如以六七成生小米和三四成煮熟的小米混合,发酵后磨糊摊成的淄博酸煎饼。特殊时期,以红薯干碾碎磨糊,或直接将红薯干磨粉后,加水合成面团,在热鏊子上滚来滚去,滚成既充饥又带甜味的红薯煎饼。麦熟时节,各地摊的柔韧筋道的新麦子煎饼,还有泰安的刮煎饼、临沂的翅子煎饼、青州的柿子煎饼、孔府的枣煎饼、济南的糖酥煎饼等。山东煎饼的食用方法也有许多种:一是以煎饼为主食,抹上酱,夹以大葱,卷而食之,这是山东民间的传统吃法;二是用肉汤泡而食之,葱姜爆锅后,加水、肉末、调味品,开锅后把煎饼撕碎放在碗中浇汤食之;三是用煎饼卷油条吃,这通常是待客的吃法。山东临沂作为革命老区,煎饼在红色文化中也有突出特点,这种特点与其区域文化相融合,使煎饼作为物质载体呈现出当地的区域文化特色。煎饼具有既能够作为食物,满足人们的生活需求,还能作为一种文化习俗为人们所流传。山东地区对煎饼的喜爱,使得在原来主食细粮化的基础上增加了粗粮食物的摄入,体现了粗细搭配的饮食理念。除此之外,黄河下游地区还用粗细粮混合制作花卷、玉米面条、荞麦馒头、小米面馒头等,与只用精细米面制作的面食相比,既增加了粗粮的摄入,又保留了精细米面的口感,发挥粗粮的健康功效。这种注重食物粗细搭配的饮食习俗反映了黄河下游地区人民对健康饮食的追求。

二、喜食葱蒜，追求健康

所谓一方水土养一方人，人的味觉习惯往往根植于土地，承袭于血脉。要分析山东人喜欢葱和蒜的原因，还要从山东历史和地理因素讲起。山东人爱吃大葱和大蒜的习惯与本地盛产这种食物有关。在农业社会，自给自足的农家人自然是田地盛产什么则多吃什么，这样的饮食习惯，经由一代代家庭餐桌上的菜肴传承下来，形成了片区内较为稳定的味觉系统。此外，一个地区的饮食习惯通常和地质气候有关。山东地处北温带，冬季寒冷而漫长，无霜期短，到了冬天，可供食用的蔬菜种类更少。大葱和蒜凭借着它极强的生命力和繁殖力以及易储存性，能够四季维持充足的供应。此外，北方天气干燥，易出汗，体内电解质损失多，人常会感觉“口无味，体无力”，因此菜肴多味浓且咸。在重口味的饮食习惯下，北方人生吃葱蒜也远比南方人更常见，也更能接受。山东的一些地方都会有民谚“吃肉不吃蒜，滋味减一半”、“大葱蘸酱，越吃越壮”等说法，大蒜和大葱成了山东地区日常生活中不可缺少的食材。

大葱的历史很久远，大葱的原产地在中国西部以及相邻的中亚地区，算得上华夏大地最早栽培的蔬菜之一。《管子》有记载：“桓公五年，北伐山戎，得冬葱与戎椒，布之天下。”齐桓公五年，即公元前681年，这是目前认为山东地区种植大葱最早的时期，迄今为止已经有三千多年的历史。山东的章丘大葱是全国农产品地理标志之一，优质的章丘大葱不但有着高、长、脆、甜的优点，而且章丘的大葱甚至可以长到半米多长，并且口感较好，有着脆嫩少辛辣的特点。山东的大葱不仅品质优，种植数量也在全国名列前茅。大葱不仅是山东人普遍而又基础的调味品，在有些山东人的饮食结构中，还是一道基础菜品。大葱蘸酱卷煎饼是很多山东人爱吃的一种食物，不过，山东的葱之所以能直接单独吃，是因为它不同于其他地方的小火葱，葱白粗且长，足有擀面杖大小，一口下去辣味稍淡，微露清甜，脆嫩可口。多数山东菜肴也要用葱来增香提味，炒、熘、爆、扒、烧等方法都要用葱，尤其是葱烧类的菜肴，更是以拥有浓郁的葱香为佳，如葱烧海参、葱烧蹄筋都是经典的鲁菜。而传说中的大葱蘸大酱如此深得人心，不仅在于山东大葱特级的品质，也得益于葱香与山东大酱经发酵而得的咸鲜之味进行了完美的结合，不仅能刺激食欲，还可以助消化。

晋人张华在《博物志》中记载：“张骞使西域得大蒜。”早在西汉年间，张骞已将大蒜从西域带回中国。东汉章帝时（公元76—88年），甘肃人李恂任兖州刺史将大蒜带到住所种植，后又分赠下属、家眷，相传相种，繁衍滋生，渐渐地从兖州发展至周围各郡、县，并扩展到山东各地，形成产区，并产生了苍山大蒜、金乡大蒜等名产。大蒜也是山东最普遍的食材之一，山东大蒜不光大，还不同于其他地区蒜的那种辛辣，而是鲜辣，不会难以下口。在山东人的餐桌上，大蒜是最普通、最常见的食物，吃法众多。除了生吃蒜瓣，烧烤摊上烤大蒜也比较常见，寒冬腊月腌腊八蒜，吃水饺蘸蒜泥，几乎餐桌上的所有凉菜如凉拌黄瓜、猪耳朵肉、海蜇、菠菜、白菜等都可以用生蒜泥来调制。鲁菜为八大菜系之首，爆锅（亦称炝锅）是烹制鲁菜的基本工序，大蒜则是爆锅的必备，蒜是鲁菜必需的调味品。没有蒜爆锅，再高明的厨师也难以烹制出美味的鲁菜。在山东，还有许多鲁菜直接与大蒜有关。蒜蓉海肠、蒜香烤扇贝、蒜蓉茼蒿、蒜烧黄鱼、蒜香排骨、蒜泥茄子等不下数十种。烹饪界有言："鲁菜一万单八百，大蒜独占小九千。"小小的蒜瓣儿被山东人吃出了百般花样，可见山东人对大蒜的喜爱。

大葱和大蒜作为典型的葱属植物含有多种生物活性成分，主要包括挥发油中的含硫化合物，这类化合物是其刺激性葱辣气味的主要来源，还有黄酮类化合物，是葱属植物中的一种重要的生物活性物质，葱属黄酮以槲皮素、山柰酚与葡萄糖组成的糖苷为主，除此之外还有甾体、膳食纤维和多糖等成分。葱属植物除用作调味食品外，发挥药理作用的历史也非常悠久，400 多年前，中药中就开始使用大蒜治疗头痛、虫咬、霍乱、痢疾，使用大葱治疗伤寒、头痛、腹痛腹泻和习惯性流产等。

近年来，又有许多研究葱属植物生物活性物质的各种健康功效——抗肿瘤：日常饮食中常摄入大蒜、大葱能减少胃、食道、前列腺、乳腺、肺、皮肤、肝、脑等器官发生肉瘤或者恶性肿瘤的风险，如有研究发现爱吃葱蒜的地方胃癌发病率低，这一说法也得到了专家的肯定。大蒜提取物能降低致癌物亚硝酸盐含量，而大葱富含硫化丙烯，可抑制胃肠道细菌把亚硝酸盐转为亚硝胺，阻断致癌过程。胃肠肿瘤的发病率有一定的地区差异，是有一定的统计学支撑。1970 年至 1974 年全国胃癌普查表明，大蒜产区兰陵县的胃癌发病率为总人口的 3.4/10 万，是长江以北 10 万人口以上县、市中胃癌发病率最低的一个县，这与当地百姓常年食用大蒜有着直接的关系。

科学研究表明，葱属植物具有多种生理功能。①抗氧化：葱属植物中黄酮、类黄酮物质能够清除活性氧自由基或者增强细胞抗氧化酶，如超氧化物歧化酶、过氧化氢酶、谷胱甘肽过氧化物酶等的活性，因而具有抗氧化、抗衰老、抗运动疲劳等多种生物功能；②抗炎：葱属植物中的含硫化合物、黄酮类化合物等都有一定的抗炎作用；③杀菌：药食同源物大蒜自古就被用作天然杀菌剂，有"天然抗生素"之称；④降血脂和降血糖：葱属植物提取物含有的 β-谷甾醇、黄酮类物质，分别具有降血脂和降血糖的功效；⑤免疫调节：葱属植物中的挥发油、黄酮、多糖等具有免疫调节作用。由此可以看出，山东地区人民喜欢食用大葱大蒜的饮食习俗不仅表现出其饮食的特色，也表现出他们对葱蒜的健康益处的追求。

第四节　黄河下游地区饮食模式与健康

食物营养结构的组成，是指居民饮食结构中主要食物种类和比例的结构性。它与地区生产、流通状况、当地人口的营养与消费习惯、地方食俗风尚、多年饮食习惯有关。黄河下游地区长期保持着以小麦及面食为主、以蔬菜及肉食为辅的基本饮食结构。随着人们膳食水平的提高，禽、蛋、豆制品及青菜、水果等副食的消费水平均有明显提高。许多市民的日常饮食生活开始从“温饱型”向“营养型”转化，人们的口味也由过去的偏咸鲜、厚重粗犷，逐渐变为鲜美适中、精细丰富。

由于不同的地理环境，人们在日常生活中有着不同的饮食模式。山东省作为农业大省，在农作物种植上以冬小麦、玉米为主，山地则多种植高粱、谷子。2022 年《中国统计年鉴》关于 2021 年中国全国和各地区居民人均主要食品消费量的结果显示：山东地区的人均粮食（谷类）的消费量为 133.9 kg（123.0 kg），低于全国平均水平 144.6 kg（131.4 kg）。山东人日常以白面为食，粮食的精细加工往往导致人群膳食纤维的缺乏，现今膳食纤维在防治结肠癌、冠心病、糖尿病、肥胖症及便秘等疾病中的作用已得到广泛认可。

谷薯类食物能提供的主要营养素大多数是膳食纤维，谷薯类食物有很多种，在生活当中较为常见到的有稻米、小麦以及黑米等，这些食物里面的膳食纤维比较多，而膳食纤维摄入到体内后可以刺激肠胃蠕动，帮助肠道内的毒素和垃圾向体外排出，一定程度上可预防便秘；谷薯类食物里面还包括马铃薯和甘薯，这些食物里面的碳水化合物比较多，摄入到体内后会转化成糖分，而糖分是人体的重要能源之一，适量吃些谷薯类食物，能补充能量；谷薯类食物中还含有 B 族维生素、矿物质、蛋白质等营养素，适当吃谷薯类食物可以为机体补充部分营养。

如今，山东越来越多的人开始注重主食的粗细搭配以获得更加全面的营养物质，如各种粥类八宝粥、腊八粥、济宁糊粥等。在白米等精细食材的基础上，适当搭配一些糙米类、杂粮类等谷物，这样粗细搭配不仅可以调节口味，还可以摄取更丰富的营养物质。

山东居民膳食中蔬菜、水果消费量与膳食宝塔的推荐量相比稍有不足。大量研究表明，蔬菜水果的摄入量与心血管疾病发病率和死亡率呈负相关。蔬菜水果摄入不足会导致人群中膳食纤维、多种维生素、矿物质和生物活性物质缺乏，从而引发多种疾病，如结肠癌、肥胖、便秘、糖尿病和心血管疾病等。山东地区居民喜食薯类蔬菜，从而使绿叶类蔬菜的摄入量减少。薯类蔬菜不仅会增加人体膳食总能量的摄入，而且由于薯类蔬菜中不足的膳食纤维、维生素和微量元素，长期摄入会引起营养素缺乏，从而会表现出相应的营养素缺乏的症状。

山东地区海岸线绵长，海水养殖发展较快，捕鱼业发达，在日常饮食中离不开各种时令海鲜。研究发现，长寿之乡往往临近海边，海鲜与长寿或许存在着千丝万缕的联系。海鲜的热量很低，营养价值极高，同时富含对人体有益的不饱和脂肪酸，能够调节心脏功能，减少血液中胆固醇含量，可以有效地降低高血压、血管硬化等疾病的发生。另外，海鲜中丰富的蛋白质还可以强身健脑、防癌抗病。肉蛋奶类食品适当增加有益于机体健康，一旦长期超过限定值，居民中超重肥胖、高血压、高血脂和心血管等疾病的发生率就可能升高。为减少“文明病”的发生，营养专家应根据人体的营养需要，提出合理的膳食结构模式和若干膳食指导原则来正确调整膳食结构。

山东是孔孟之乡，奉好客之道。山东人擅长饮酒，在待客之道上，产生了一套完整的酒桌文化。适量饮酒可增加人体血液循环，刺激人体中枢神经，起到消除疲劳、缓解紧张情绪的作用。此外，还可以改善睡眠质量、提高人体免疫力、增进食欲、改善胃寒肢冷等。此外，山东人性情豪放，口味偏重。营养学界和保健医学界普遍认为，盐的食用量与高血压和由它所引起的脑出血、冠心病有很大的关联。高盐饮食影响着山东省居民的健康，相关部门需加强减盐干预工作。

小结

黄河下游地区是指以黄河下游冲积平原为主的地区，属东亚暖带季风气候区，夏热多雨，冬冷干燥，季节变化明显。其饮食文化是中国饮食文化的重要构成，是中华传统饮食文化与饮食行为的重要载体，而发端于本地区的孔孟食道是支撑中华民族饮食文化的核心理念。该地区动植物资源、盐业、矿产资源丰富，拥有丰富的食物原料。丰富的食材让人们研发出了各种特色菜品，其中以鲁菜最具代表性，鲁菜发展历史悠久，具有取料广泛、选料讲究、烹调方法全面、刀工精细、工于火候等特点。

黄河下游地区是玉米、红薯等粗粮的主要产区，粗粮中含有大量的营养成分，包括维生素、矿物质以及膳食纤维，具有降低血脂以及血糖，预防结肠癌，降低高血压、糖尿病、肥胖症和心脑血管疾病的风险等健康功效。同时黄河下游地区也是大葱及大蒜的盛产区，大葱、大蒜具有抗肿瘤、抗氧化、抗炎症、降血脂以及提高免疫力等功效。然而，黄河下游地区长时间保持着以小麦及面食为主、以蔬菜及肉食为辅的基本饮食结构，谷薯、蔬菜和水果摄入量较低，食盐摄入量偏高，影响了居民健康，因此应当加强减盐干预工作。

参考文献

[1]刘德龙,李志刚,赵建民.鲁菜文化的历史源流[J].民俗研究,2006(4):244-257.
[2]赵荣光,姚伟钧.中国饮食文化史 黄河下游卷[M].北京:中国轻工业出版社,2013.
[3]梁国楹,王瑞.齐鲁饮食文化[M].济南:山东文艺出版社,2004.
[4]刘维锋.古代齐鲁地区饮食文化研究:以先秦至汉唐时期为主[D].济南:山东师范大学,2010.
[5]朱云峰,徐翠翠,金少瑾,等.葱属植物中的生物活性物质及功效研究进展[J].食品工业科技,2019,40(13):270-276+282.
[6]张吉玉,张丙银,唐俊利,等.山东省居民高盐饮食对死亡和期望寿命的影响[J].中华流行病学杂志,2021,42(3):527-530.
[7]国家统计局.中国统计年鉴 2022[M].北京:中国统计出版社,2022.

第五章 长江上游地区饮食文化与健康

第一节 长江上游地区饮食文化历史

一、长江上游地区饮食文化圈

长江上游饮食文化圈主要指的是云南、贵州、四川地区，长江中这一段也被称为川江。这里是生物丰厚的生态区域，气候湿润，部分山林偏潮湿，所以该地区的居民喜好辛辣刺激之物，以麻辣、重辣为主。该流域的汉族饮食文化受“川味”影响较深，形成的菜系主要是四大菜系之一的“川菜”。此外，中国有一半以上的少数民族都分布于此，各地区的美食集聚，烹饪技术互相渗透、取长补短，丰富了川菜的风味。另外，川菜的形成与发展，还与巴蜀文化善于消化融合各地各民族文化有关，以汇纳百川的态度不断接受外来移民和外地文化。所以，川菜历来以多、广、厚著称，有“一菜一格，百菜百味”之美誉。

二、长江上游地区饮食文化圈的地理环境

（一）四川的地理环境

得益于四川盆地温暖潮湿的气候，这里的物产丰饶，自古就是很富庶的地区之一，在《战国策》中四川就有“天府之国”的称号。四川盆地及周围山地属于中亚热带湿润气候区，又兼有海洋性气候特征，气温日差小而年差大，冬暖夏热，无霜期长，云密而日照少。四川盆地温暖的气候适宜于农作物的生长。不仅如此，四川盆地土壤还十分肥沃，这里的土壤多由紫红色的砂岩和页岩组成，这种泥土营养丰富，生长在这种土壤的作物不仅产量高，而且质量也特别好。四川盆地丰富的降雨量也是其农业发达的原因之一，这里年降雨量常为 1000 ~ 1300 毫米，是中国多雨区之一，因此这里一年四季蔬菜长青，六畜兴旺，水产丰富。《后汉书 · 公孙述列传》云：“蜀地沃野千里，土壤膏腴，果实所生，无谷

而饱。"《华阳国志》亦云:"蜀沃野千里,号为'陆海',旱则引水浸润,雨则杜塞水门,故记曰:水旱从人,不知饥馑,时无荒年,天下谓之'天府'也。"以上自然环境特点造就了"天府之国",也滋养了四川饮食文化和川菜。

(二)云南的地理环境

云南饮食文化深受自然环境的影响。云南位于我国西南部,地处青藏高原南延部分,山地占云南省面积的大部分,总占地面积达到了80%以上,高原也占到了10%,盆地仅占了不到10%。全省地形大致以大理、剑川间至元江谷地一线划分为东西两个部分,东部主要是云南高原,西南部主要是开阔的河谷地带。比较出名的湖泊有滇池、洱海和抚仙湖等。面积在1平方千米以上的盆地大部分在云南中部,这些盆地年温差小、降水量适中,是云南省重要的产粮区,也是饮食文化形成主要地区。

(三)贵州的地理环境

贵州地处云贵高原,气候温暖湿润,属于亚热带湿润季风气候,气温变化小,冬暖夏凉,气候宜人。这里降水较多,雨季明显。得天独厚的气候条件为贵州人民提供了各种动植物生长繁殖的适宜条件,这些大自然的慷慨馈赠不仅给各族人民提供了生存的必要条件,还造就了贵州独特的饮食文化。贵州是一个多民族聚居的民族大省,世代定居于此的有汉族、苗族、布依族、侗族、土家族、彝族等18个民族。贵州省高原山地居多,素来有"八山一水一分田"的说法,是全国唯一一个没有平原支撑的省份。巨大的山地面积给了贵州丰富的自然资源,有700多种可以食用的植物。贵州独特的地理环境造就了这里独特的饮食文化。

三、长江上游地区饮食文化的起源与发展

(一)长江上游地区饮食文化的萌芽期

长江上游地区饮食文化发展起步较早,西周至春秋时期四川地区存在着巴国与蜀国,在此形成了巴蜀文明。当时蜀族主要在成都平原生活,率先把成都建成了四川最富庶的地区。巴族原在江汉一带,受周室分封而建巴国,后来到春秋中期进入川东地区活动。巴、蜀相邻而居。到后来秦国兼并巴蜀,使四川盆地经济空前兴盛。

秦汉时四川盆地就是全国的产粮大区。两汉400余年间,四川得到稳定发展,社会经济提高到新的水平。《后汉书·公孙述传》中称蜀地"沃野千里,土壤膏腴,果实所生,无谷而饱"。而后由于四川盆地远离中原地区的战争纷乱,一直保持着较为稳定的发展态势,同时,有大量躲避战乱的其他地区人口移居四川,在吸收这些外来饮食文化之后,使得四川饮食文化的发展更加繁荣。

最晚在商代,云南就已经进入了青铜时代,先进的炊具促使了饮食文化的快速发展。

在两汉四百余年间，由于四川移民的到来，以及云、贵的发展速度加快，使这一时期云、贵地区饮食文化发展受到四川饮食文化的巨大影响。

（二）长江上游地区饮食文化的成长期

在之后的两晋南北朝时期，四川地区饮食文化继续保持繁荣发展。到了唐和北宋时期，四川的饮食文化发展到达了一个高潮。四川饮食文化十分繁荣，游宴与船宴盛行，酒税收入成为国家财政的重要来源。农业、制盐、酿酒、制糖业等有明显的进步。到了南宋后期，四川经济遭到战争的破坏，战乱带来的人口锐减，使社会生产力下降，饮食文化发展也陷于停滞。这也导致了后来元明清的“湖广填四川”运动，为四川饮食文化的发展注入了新的活力。

唐宋时期，云、贵地区被南诏国、大理国等地方政权统治，经济文化得到长足发展，饮食文化水平也随之提高，表现出以本地饮食为主又兼以受四川饮食影响的特征。到南宋末期，忽必烈在云、贵建立云南行省，明、清时期又继续在此设省，宣告云、贵长期受四川行政管辖的时代结束，来自江西、湖广的移民开始占外来人口的主流，为云贵的饮食文化加入了除四川之外新的因素。云贵地区也在后来的发展与融合中形成了自己的饮食文化。

（三）长江上游地区饮食文化的成熟期

改革开放至今，四川经济重新繁荣，在西南形成了以川菜为核心的长江上游饮食文化圈，在全国享有重要地位。

改革开放之后，云南、贵州地区的经济得到长足发展，飞机、高铁等便利交通的发展为云南和贵州带来了络绎不绝的游人旅客，使云南、贵州的特色美食被越来越多的人尝到，并且随着互联网的飞速发展，广大人民群众开始了解云南、贵州饮食文化，至此云南、贵州的饮食文化开始慢慢发扬光大。

云、贵、川是我国一个巨大的多民族聚居区，此地不只发展出以川菜为代表的菜系，更有许多具有民族特色的饮食。随着改革开放的推进，云、贵、川的经济水平飞速提高，长江上游地区的饮食文化一定能继往开来，创造出更多被人民大众喜爱的饮食文化。

第二节 长江上游地区特色饮食文化

一、长江上游地区的食物资源

（一）谷物类

水稻、小麦、玉米、红苕、马铃薯、大豆等是长江上游种植较多的食物。长江上游地区气候湿润,降水充沛,以水稻的种植优势最为突出。其中四川水稻常年种植面积3000万亩左右,小麦、玉米种植面积均在2000万亩左右,红苕、马铃薯种植面积均在1000万亩以上,大豆400万亩以上。在云南,五谷作物种植玉米为主、燕麦、青稞、苦荞为辅。在贵州,粮食作物种植以稻谷、小麦、玉米、大豆、薯类和马铃薯为主。

(二)果蔬类

长江上游适宜蔬菜水果的种植,除了青菜、萝卜、白菜等常规蔬菜和苹果、桃子和梨等常规水果的种植之外。在云南还有鹰嘴蜜桃、丑苹果、禄子石榴、鸡嗦果和山竹子等特色水果的种植。在贵州则广泛食用折耳根、藿香、血皮菜和冲菜等蔬菜,在特色水果方面有猕猴桃和雪莲果。在四川人们喜爱食用羊角菜、儿菜、奶奶菜、青头萝卜、苕菜和厚皮菜,这里的特色水果有龙泉驿水蜜桃、眉山脐橙和苍溪雪梨等。

(三)水产品类

四川的水产以鱼类为主,名特水产有江团鱼、四川黑鱼、大口鲈鱼、鲈鱼和桂花鱼等,除了鱼类之外,黄鳝、泥鳅、罗氏沼虾和青虾也是四川的名特优水产。云南的淡水鱼种类数是全国第一,这里的特色鱼类有上树鱼、保山四须鲃、云纹鳗鲡、攀鲈和弓鱼。贵州水产鱼类有长吻鮠、罗非鱼、黄金鲩鱼等,除此之外还有淡水鳌虾、生蚝和泥鳅等水产品。

(四)禽肉类

长江上游地区禽肉资源丰富,鸡肉、鸭肉、鹅肉等一应俱全,另外还有鸽子、鹌鹑、火鸡、鹧鸪和鹧鸪等都是受长江上游地区人民喜爱吃的禽肉类。

二、长江上游地区的特色饮食

云南、贵州、四川地区地处西南,在饮食口味有着相似的口味,其中最广为人知的就是我国的八大菜系之一的川菜。川菜系具有取材广泛、调味多样、菜式适应性强三个特征。由筵席菜、大众便餐菜、家常菜、三蒸九扣菜、风味小吃五个大类组成一个完整的风味体系。在国际上享有“食在中国,味在四川”的美誉;其中最负盛名的菜肴有:干烧岩鲤、干烧桂鱼、鱼香肉丝、廖排骨、怪味鸡、宫保鸡丁、五香卤排骨、粉蒸牛肉、麻婆豆腐、毛肚火锅、干煸牛肉丝、灯影牛肉、担担面、赖汤圆、龙抄手等;川菜中六大名菜是:鱼香肉丝、宫保鸡丁、夫妻肺片、麻婆豆腐、回锅肉、东坡肘子。

(一)云南特色饮食

(1)汽锅鸡。汽锅鸡曾被东南亚国家评为“云南第一大名菜”,早在2000多年前就在滇南民间流传。建水出产一种别致的土陶蒸锅,叫“汽锅”,是专门用来蒸食物的。该汽锅烹制方法做出的鸡肉细嫩、汤汁鲜美、原汁原味、富于营养,在国内外均享盛誉。

(2)鲜花饼。鲜花饼亦是具有云南特色的经典点心代表。它是以面粉、玫瑰、玉兰、菊花等为主要原料的小吃。鲜花饼具有花香沁心、甜而不腻的特点,非常受大家喜爱。每年4月鲜花饼上市的时候,排队买鲜花饼的人络绎不绝。但是由于食用玫瑰花的花期有限,而这种饼只用食用玫瑰花的花瓣,所以鲜花饼颇为珍贵。

(3)青芒果蘸辣椒。云南盛产芒果,未成熟的青芒果被称为情人果,是集"色""香""味"和"营养"为一身的果中佳品,被誉为"热带水果之王"。在滇南、滇西南一带盛行,人们热衷于食用未成熟的青芒果蘸辣椒面吃,这种食用习惯自古有之,俨然成为云南的特色美食。

(4)丽江吹肝。吹肝是滇西北少数民族喜爱的一种食物。新鲜猪肝用气管插入使劲吹气,直到猪肝膨胀成满气状态,然后以辣椒、花椒、鹤庆乾酒、盐等调料腌制。做好的吹肝高高挂在房梁上风干,要吃时拿下来切片凉拌食用。

(5)白油鸡枞。鸡枞是野生食用菌之王,主要出产于云南山区,其肉质肥厚,质细丝白,脆嫩爽口,清香鲜美,营养丰富。油炸鸡枞,选用适宜高温油炸的普洱茶籽油与鸡枞一起烹饪,可以作为咸菜配碗白饭,也可以作为配料拌凉菜。

(二)贵州特色饮食

(1)凯里酸汤鱼。酸汤类菜肴,在黔东南自治州各县市、各民族都很盛行,尤以凯里市区最为典型。凯里酸汤鱼属于贵州"黔家特色菜",该菜品的制作原料主要有酸汤、鱼、葱等,制作酸汤的原材料必须选用贵州当地所产的小番茄和辣椒,每一道工序都精心打磨。这道特色菜肉质鲜美、入口酸爽,辣劲十足,让人胃口大开。

(2)糟辣椒和糟辣脆皮鱼。不仅仅四川火锅的麻辣出名,其实贵州的酸辣也是远近闻名,而这味道之所以被那么多人记住,应该要归功于一款糟辣椒。它属于一种酸辣味的辣椒,是贵州非常有代表性的一种调料,也非常符合他们嗜酸的饮食习惯。糟辣椒清香脆嫩,其味鲜咸,经久不易变味,能促进食欲,生熟荤菜都可食用,颇具独特的地方风味。

以糟辣椒作为基料的糟辣椒脆皮鱼就是一种家常菜,也是当地人家常热爱的一到菜。尤其在贵阳,当地人居家请客及大小宴会,常把这道菜作为款待客人的佳肴。糟辣脆皮鱼壳脆肉细、鲜香可口,略带有酸、甜、咸、微辣,其味无穷。

(3)泡椒板筋。泡椒板筋是一道非常典型的黔菜,具有咸鲜、微辣的味型特点。泡椒板筋必须选用新鲜大猪通脊肉内筋(当地又称背柳肉)为主料,在烹饪前进行腌制,配以酸、辣适中的泡椒作为辅料。这道菜色泽红亮,酸辣爽口,滑脆鲜嫩,泡椒软中带脆,并且菜肴还是清质亮油,装盘后有形、有色、有味,此为贵阳独有选料方法烹制的特色菜肴。

(三)四川特色饮食

(1)四川火锅。四川火锅,以麻、辣、鲜、香著称。作为一种美食,火锅已成为四川和重庆两地的代表美食。四川火锅的出现,大约在清代道光年间(1821—1851年)。经过多方考证,四川火锅真正的发源地是长江之滨——酒城泸州的小米滩(现高坝二五厂)。炊具仅一瓦罐,罐中盛水(汤),加以各种蔬菜,再添加辣椒、花椒祛湿(因为有“菜当三分粮,辣椒当衣裳”之说)。

(2)陈麻婆豆腐。陈麻婆豆腐是四川传统名菜,属川菜、“麻辣味型”。由国家命名的一家“中华老字号”老牌名店。麻婆豆腐以麻、辣、烫、鲜、香、酥、嫩、完整为特点,将川菜的“麻辣味型”展现得淋漓尽致。

(3)夫妻肺片。夫妻肺片是一道四川成都名菜,通常以牛头皮、牛心、牛舌、牛肚、牛肉为主料,进行卤制,而后切片,再配以辣椒油、花椒面等辅料制成红油浇在上面。其制作精细,色泽美观,质嫩味鲜,麻辣浓香,非常适口。

(4)通川灯影牛肉。通川灯影牛肉具有色泽红亮、麻辣干香、片薄透明、味鲜适口、回味甘美的特点。其肉片之薄,薄到在灯光下可透出物象,如同皮影戏中的幕布,故称灯影牛肉。牛肉高蛋白低脂肪,含有人体所需的多种矿物质和氨基酸,营养成分高。20 世纪 80 年代,通川灯影牛肉曾被指定为人民大会堂和钓鱼台国宾馆国宴用品。

(5)沙棘汁。在阿坝州小金县,四姑娘山一带盛产维生素之王——沙棘。沙棘汁由沙棘(俗名醋柳、酸溜溜)榨汁所得。起源于地质运动的冰期和间冰期,经过亿万年严酷的自然选择,沙棘以其超凡的生命力傲立于世,被誉为植物中的“生命之王”。外地人喝这种饮料,一口下去,酸涩难耐,但是在当地人的眼里,沙棘汁酸酸凉凉的,是一款消暑解渴的饮料。

(6)珍晶果。四川特色饮品珍晶果是稠状的饮品,里面是黑色的小颗粒奇亚籽,倒在玻璃杯里,就像一个个“眼睛”一样,让外地人望而却步,但口感却很是特别清爽、甘醇。奇亚籽富含人体必需的脂肪酸 α-亚麻酸,多种抗氧化活性成分,是天然 ω-3 脂肪酸的来源,并含有丰富的膳食纤维、蛋白质、维生素、矿物质等。

第三节　长江上游地区饮食习俗

一、四川饮食习俗

四川自古以来就有“天府之国”的美称,民风绚丽多姿,幽默的方言,独特的茶馆,可口的川菜和小吃,丰富的各种节庆,成了独特而丰富的地域性民族风情。川菜是我国著名的四大菜系之一,取材广泛,调味复杂多变,菜式多样,口味清鲜,醇浓并重,讲究“三香三椒三料,七滋八味九杂”。三香指葱、姜、蒜,三椒指辣椒、胡椒、花椒,三料指醋、郫县豆瓣、醪糟,七滋是指酸、甜、苦、辣、麻、香、咸,八味是指鱼香、麻辣、酸辣、干烧、辣子、红油、怪味、椒麻，九杂是指用料之杂。川菜的味道以麻辣著称，辣椒与其他辣味料合用或分别使用，就出现了干香辣（用干辣椒）、酥香辣（糊辣壳）、油香辣（胡椒）、芳香辣（葱姜蒜）、甜香辣（配圆葱或蒜头）、酱香辣（郫县豆瓣或元红豆瓣）等 10 种不同辣味。四川常用的 23 种味型，与麻辣相关的达 13 种。

四川之所以爱吃辣椒，一方面是当地气候较为潮湿，容易湿气入体。辣椒的食用会使人产生热的感觉，加速血液循环，全身冒汗，身上的寒气湿气就被驱赶出体内。这就是从医学角度来说的辣椒具有温中下气、开胃消食、散寒除湿的作用。《本草纲目拾遗》中有记载："辣茄性热而散，亦可祛水湿。"另一方面因为古时的四川交通极为不便，缺油少盐，饭菜难以下咽，为解决这难题，只得用酸与辣来调味，长此以往，经常食用辣椒，能吃辣椒，爱吃辣椒也就成其为一种特殊且不可或缺的饮食习惯。在食物中添加辣椒，不仅可以替代盐来调味，还可以起到防治疾病的作用，这样一举两得的事在人们中大肆流传就不足为奇了。

四川饮食文化有着辛香重口味的特色，主要源于长江上游地区的多山峡谷、日照时间短和湿度大等自然环境。花椒、姜、薤等刺激性调料是巴蜀饮食文化中常用的调味品，而胡椒、辣椒使川菜的味道更为浓郁，被人们广泛喜爱。此外，四川历史上各地各民族人民共同生活，不断消化融合各地各民族文化的特点也促成了四川地区特有的菜肴风味。四川的辣形成了独特的川菜体系，伴随着川菜的广泛流传，四川的辣文化也随之广泛流传，其中蕴含着食用味觉、中医药理和深厚的文化内涵。

二、贵州饮食习俗

贵州是个多民族地区，这里山清水秀，多民族居住创造出璀璨的文化，贵州的美食也是闻名海内外。贵州人非常爱食酸、食辣。有民谣唱"三天不吃酸，走路打蹿蹿"，意思是贵州人三天没吃到酸的食物就会浑身乏力、走路飘忽不定。这民谣也许有夸张的成分，但是也足以显得酸味在贵州人生活里举足轻重的地位，其实这主要与以前当地缺盐有关。贵州地处云贵高原深处，道路险阻，食盐十分不易得，有"斗米换斤盐，斤盐吃半年"的说法。于是，当地人就想其他办法替代食盐，其中酸食就是一大发现，利用发酵得到形式多种的酸菜和酸汤调味，还能为食物增鲜，增进食欲，改变菜肴的寡淡无味。另外，贵州居民在长期嗜辣的实践中，创造了琳琅满目的辣椒菜肴和制品，主要有干辣椒、糍粑辣椒、红油及辣椒、糟辣椒、阴辣椒、胖辣椒，通过大量使用辣椒调味，达到增加食用的味道。这两种调味方式出现之后并不是孤立存在和使用的，二者相互作用的复合酸辣口味非常受欢迎。

贵州气候潮湿，蔬菜和肉类都不易保存，而在缺盐的贵州使用大量的食盐来腌制咸菜显然不太现实，于是制作酸菜成为保存蔬菜的主要方式。贵州的大部分山区不合适水稻、小麦等细粮种植,这里的主食很大一部分由糯米和玉米组成,这两种主食比较难以消化,而酸味食物恰好能够起到开胃助消化的作用。腌制的蔬菜经过益生菌消化,变得更加容易吸收,而且蔬菜的口感变得脆爽。同时,乳酸菌在发酵过程中会产生乳酸、生细菌素和细菌多糖等物质,食用后有利于肠道菌群的平衡。

除了酸菜之外,贵州人还喜爱酸汤,酸汤可以分为菜类酸、鱼类酸、肉类酸、米类酸等,均完全靠生物自然发酵而成。酸汤原材料本身就营养十足,经过发酵之后的酸汤富含乳酸、乙酸和柠檬酸等有机酸,还有人体需要的钙、磷、铁等微量元素,人食用之后健胃提神、清热解毒,对健康大有裨益。

此外,由于贵州地处云贵高原、土地肥沃、气候温和、污染极少、远离都市、依山傍水,因此,山珍野味、河鲜野蔬成了贵州民族菜发展得天独厚的优质资源,使得贵州的饮食文化更加多元化。贵州人吃辣和酸还能起到祛湿防病的作用。云贵一带"天无三日晴"、潮湿多雾,水碱含量高,很容易出现风湿、关节炎等病症。通过常食酸味辣味,生津祛湿,让身体微微出汗,以维持体内平衡。所以,贵州人喜爱食酸不仅仅是受限于地理环境和气候条件,更是贵州人民健康的选择。

三、云南饮食习俗

云南是一个多民族聚居的省份,其饮食习俗具有多样性和复杂性,受民族文化和地域环境影响,云南至今还没有形成统一的饮食风格。"滇菜"即云南菜,是中国菜体系中民族特色最为突出的一个地方性菜系,具有云南 25 个少数民族烹饪文化的独特个性,又有汉民族烹饪文化的显著特征,是云南少数民族饮食文化与汉民族饮食文化相互融合的产物。云南的汉族饮食受川菜的影响,基本风格与川菜相似,在口味上大多讲究麻辣辛香,在制作方式上也是猛火快炒。

云南的生物资源丰富,在云南有"春食花,夏食菌,秋食果,冬食菜"的说法,这是云南多元饮食习俗的充实写照。

(1)春食花。春天是百花齐放的季节,云南温暖的气候使得这里的鲜花资源充沛,鲜花饼以面为衣,以花为馅,使得鲜花饼既有面饼的麦香又兼有鲜花的清香,一经推广就大受追捧,是云南的特产之一。鲜花饼不仅拥有沁人的香气和可口的味道,由鲜花制成的馅料也饱含多种人体维生素和微量元素,不仅如此,还含有花青素等抗氧化剂,食用鲜花饼可谓是食欲与健康的双重享受。

(2)夏食菌。云南人爱吃菌类,但由于会有中毒风险,以至于到每年菌的盛产季节——夏季,官方都要花大力气来宣传如何正确食菌,避免误食中毒。云南的气候特点可以说是菌类生长的摇篮,丰富的菌类资源辅以云南人喜食生鲜的饮食习俗特点,使云南人形成了爱吃菌类的饮食习俗。云南人食菌基本不会对它施以繁复的加工工序,尽量食其原汁原味。以鸡枞菌为例，此菌性平味甘，食之可以补肠益胃，消化不良的人群可以食用鸡枞菌来改善。鸡枞菌还含有维生素 B_2、锌和硒等对人体有益的物质，对人体健康有所助益。

（3）秋食果。秋天的云南是果香四溢的，地处亚热带的云南盛产各种瓜果，在云南到了秋天可以说不吃水果也难。云南盛产香蕉、芒果、苹果、石榴、葡萄、木瓜、波罗蜜、杨梅等瓜果，可以说是不胜枚举。现代膳食指南中推荐每人每天要摄入 200 ~ 350 克水果，可知每天食用水果对人体健康的意义多么重大。

（4）冬食菜。冬食菜的云南乍一看与其他三个季节相比仿佛有些黯然失色。其实不然，这里的菜更多指代云南的野菜，也是在冬天这样一个季节云南丰富的野菜资源才有机会崭露头角。臭菜、水蕨菜、刺五加、草芽、沙松菜、香椿、灰条菜等，都是云南人的盘中餐，这里面笔者最熟悉的居然是没怎么吃过的香椿，可见这些菜有多么“野”了。野菜富含多种维生素、氨基酸，还有大量的纤维素，对于不常运动且日常食用精米精面的人群来说吃野菜有重大的意义，那就是活动肠道促进排便的作用。

云南的饮食文化则以主食丰富多样、菜品急火快炒、香麻热辣和采摘各种野菜、昆虫、花卉和苔藓等食材而闻名。人们广泛地烹煮各种野菜和各类菌类，得益于优美的生态环境而可以尽情享受多种特产。得天独厚的生物资源造就了云南人喜爱食用生鲜的饮食习俗，也向人民展示了一个“鲜美”的云南。

第四节　长江上游地区饮食模式与健康

一、四川饮食模式与健康

四川省居民食物摄入以植物性食物为主，动物性食物为辅。但近年来的统计调查发现，该省居民平均每人每日标准摄入的肉类在不断增加，另外大豆及坚果类、蔬菜类、蛋类及食用油类摄入量也有所增加，而每标准人日摄入的谷薯类、水果类、乳类、水产品类及盐较十年前有所下降，其中谷薯类下降最多，其次为水果类。谷薯类摄入量基本符合膳食宝塔推荐摄入量低限，大豆及坚果类、蔬菜类、水果类、蛋类、乳类、水产类摄入量均低于膳食宝塔推荐量。而禽畜肉类、油脂类和盐摄入量，均超出膳食宝塔推荐范围上限，尤其是禽肉类。四川省居民能量摄入也低于中国居民膳食营养素参考摄入量。从营养素摄入来看，居民的蛋白质、维生素 C、维生素 B_1、维生素 B_2 摄入量均呈下降趋势。

根据对中国饮食习惯地图的解读，辣味食物的主要需求区域是四川，不过华北和华中也有一些地区偏好辣味。相关研究显示，辣椒素摄入水平与较低的空腹血糖值、餐后血糖值以及维持正常的胰岛素水平有关。因此，研究人员推测辛辣食物在一定程度上可以改善葡萄糖代谢。

我国多省居民的主要膳食模式为稻米猪肉模式，而四川居民膳食具有独特的地区特点，居民常进食腊肉香肠等加工肉类、咸菜类食物（泡菜、榨菜等）和动物油，该地域的饮食习惯对膳食模式存在较大影响。但是，最新的世界卫生组织癌症研究机构公布的致癌物质清单中，腊肉香肠等加工肉类和咸菜等都属于高风险致癌食品，可导致结直肠癌发病风险增加到65%。因此，四川居民应尽量少摄入或不主动摄入腌制品和加工肉类，养成更加健康的饮食习惯。

根据《2018年四川省人群健康状况及重点疾病报告》，全省人均期望寿命为77.1岁（比2013年增加了1.45岁），其中男性74.34岁、女性80.34岁。四川省成年人摄入猪肉和牛肉等红肉的量较多，油盐偏重，蔬菜水果摄入偏少，这些饮食习惯与四川“尚滋味，好辛香”饮食文化关系密切。在四川，每10个成年人中就有3人红肉摄入量超过推荐值，有5人每日蔬菜水果摄入不足，有近8人每日摄入烹调油，有5人摄入食盐过量。每10个成年人中有4人超重，1人达到肥胖的标准，接近3个人中心性肥胖。

慢性非传染病是四川省主要的健康问题。在受过量饮酒、吸烟、不合理膳食、缺乏体育锻炼的影响下，四川省100名18岁以上的成年人中，有近三分之一患高血压，这可能与这里较高的油盐摄入量相关联。此外，还有近十分之一的成年人患有糖尿病。肺癌、肝癌和食管癌是四川恶性肿瘤的前三位，其中肝癌的危险因素之一是过量饮酒。在四川，每10个成年人中有近5人在近一年有过饮酒，其中男性比女性更容易饮酒。而食管癌则可能与四川人爱吃热辣食物的饮食习惯有关系。

二、云南饮食模式与健康

云南城乡居民的能量摄入量达到推荐摄入量的（recommended nutrient intake，RNI）90%以上，农村地区高于城市。蛋白质的平均摄入量达到了RNI的90.5%。大城市居民脂肪摄入量较中小城市、普通农村和贫困农村高，而碳水化合物摄入量则呈逐渐增加的趋势。除维生素E和铁的摄入量超过标准外，硫胺素、核黄素、抗坏血酸和锌的摄入量低于推荐标准，视黄醇当量和钙的摄入量仅分别为RNI的47.7%和33.8%，且农村明显低于城市。

云南城乡居民谷薯类、肉类、油脂3类食物消费量超过膳食指南推荐量，而蔬菜、水果、豆类、蛋类、乳类及鱼虾6类食品消费量均低于推荐量，其中乳类不足推荐量的5%。各种食物消费结构存在明显城乡差异，农村居民蔬菜、鱼虾和乳类消费均低于城市居民。农村居民碳水化合物、蛋白质和脂肪供能比符合膳食指南推荐范围，而城市居民能量来源已出现失衡，大城市居民脂肪供能比达36.0%。蛋白质的食物来源中，各类地区优质蛋白质所占的比例均已达 30%，且表现为“大城市>中小城市>普通农村>贫困农村”的态势。

总的来说，云南城乡居民温饱已得到保障，但仍存在微量营养素摄入不足的问题。铁的摄入量表面上看已经超过推荐量，但由于铁的来源主要是植物性食物，在体内吸收率很低，因此铁缺乏和缺铁性贫血在云南省仍较为常见。钙和维生素 A 摄入不足的问题在农村尤为突出，这与农村地区动物性食物摄入较少有关。

云南省城乡居民膳食结构不尽合理，谷类、肉类和油脂的消费量超过膳食指南推荐量，而蔬菜、水果、豆类、蛋类、奶类及鱼虾类食物消费量却远低于推荐标准。其中，奶类每标准人日消费量仅不到 15 g，尚不到 2002 年全国营养调查平均值。云南城乡居民油脂摄入量均已超过 20 ~25 g 的推荐量，而城市居民脂肪供能比已超过 WHO 30% 的推荐上限，存在脂肪摄入过剩的风险。提示，今后应以改变居民膳食结构为导向，把增加豆类、蛋类、奶类及鱼虾类食物消费，控制肉类和脂肪摄入作为主要的努力方向。城乡居民膳食多样化程度存在明显差异，农村居民膳食质量偏低。膳食多样化与营养素摄入充足状态呈显著正相关，是评价膳食质量的重要指标。城市居民除能量、碳水化合物、硫胺素和锌外，其他营养素摄入量均高于农村居民。膳食多样化评分从大城市到贫困农村存在逐渐降低的情况；即使处于相同的经济收入水平，农村居民膳食多样化评分也明显低于城市。这说明除经济因素外，食物供给情况及营养知识等也是影响食物消费和膳食结构的重要原因。在经济转型升级时期，更容易出现由高碳水化合物、高膳食纤维和低脂肪的传统植物性膳食模式向高脂肪、低膳食纤维的动物性膳食模式的转变。因此，加强营养宣教，普及科学的食物消费意识，对预防和控制膳食结构的不良转变及由此增加的患慢性营养相关性疾病的风险十分必要。

三、贵州饮食模式与健康

贵州省成年人谷类及薯类摄入不足，几乎有两成的成年人谷薯类摄入不足，并且随着年龄的增长谷类及薯类摄入不足的情况呈上升趋势，以老年人摄入不足最为明显。贵州省蔬菜水果摄入不足的成年人占总人群的五成左右，并且随着年龄的增长蔬菜水果摄入不足比率的情况呈上升趋势，其中以老年组摄入不足问题最为明显。贵州省有三成左右的成年人红肉摄入过量，并且随着年龄的增长红肉摄入过量的情况有下降的趋势。贵州省成年人食盐摄入过量的情况最严重，有超过八成的成年人每日食盐超 6 克，贵州省成年人平均油脂摄入过量的问题也很突出，有近八成的成年人每日平均油脂摄入超过 25 克。这些数据结果虽然不能完全代表贵州省成年人膳食结构，但是可以显示膳食结构不合理，并且不同年龄段和不同生活地区的人群在膳食选择中差距比较大。今后，相关政府部门需要继续健康生活方式的宣教，对百姓进行科学指导，提高蔬菜水果摄入量，严格控制红肉、食盐和油脂的摄入量。针对不同人群强调不同膳食知识的重要性，从而促进贵州省居民健康水平的提高，有效预防和控制与之相关的慢性非传染性疾病。

小结

长江上游饮食文化圈里的云、贵、川三省的饮食文化就像一棵树上开的三朵花，它们有相同的起源，却又绽放出不同的风姿。“民以食为天”，饮食文化是所有文化种类中最基础却又最重要的。长江上游的饮食文化起源于刀耕火种的远古时代，受地理环境和气候条件的影响，云、贵、川开始逐渐形成自己的饮食文化。四川“好滋味，尚辛香”，在辣椒传入四川之后，麻辣迅速成为川味的基调，川菜也成为四大菜系之一，可以说是长江上游饮食文化圈生长得最茁壮的一支。贵州饮食文化受四川影响成为全国食辣最多的省份之一，贵州饮食文化在辣的基础上又发展出喜食酸的习俗，可以说酸辣是贵州黔菜的灵魂。云南的饮食文化以本色突出、复杂多元和丰富多彩引人注目。

长江上游地区物产丰富，与这里特殊的饮食习俗相结合，因此产生了许多令人垂涎欲滴的特色饮食。但是，云、贵、川三省的饮食结构也存在共同的问题，新鲜蔬菜水果摄入量均不足。各种研究显示：多吃蔬菜水果、适量食用红肉，减少食盐用量、控制食油可以有效降低血压、降低 2 型糖尿病、降低心脑血管疾病的发病风险、预防超重和肥胖。因此，长江上游地区居民应结合本地饮食特点，根据最新的《中国居民膳食指南（2022）》平衡膳食和合理营养，促进健康。

参考文献

[1]颜玲，刘敏，刘蒙蒙，等. 2002—2012 年四川省居民膳食结构变化[J]. 卫生研究，2018(5)：716-720.

[2]张继国，张兵，王惠君，等. 中国 9 省区成年居民膳食模式研究[J]. 中华流行病学杂志，2013(1)：37-40.

[3]中国营养学会. 中国居民膳食营养素参考摄入量[M]. 北京：中国轻工业出版社，2000.

[4]张强，万青青，刘志涛，等. 云南城乡居民营养素摄入状况及膳食结构分析[J]. 中国公共卫生，2016(5)：661-663.

[5]万蓉,王晓雯,万青青,等.云南省4地区2006—2009年0~6岁儿童营养健康状况变化趋势分析[J].现代预防医学,2011(6):1025-1027.

[6]翟凤英,杨晓光.中国居民营养与健康状况调查报告之二·2002膳食与营养素摄入状况[M].北京:人民卫生出版社,2006.

[7]ROCHE M L,Creed-Kanashiro H M,Tuesta I,et al. Traditional food diversity predicts dietary quality for the Awajún in the Peruvian Amazon[J]. Public Health Nutr,2008,11(5):457-465.

[8]刘宁,高尔生,吴俊青,等.居民营养知识、态度、行为及营养因素分析[J].中国公共卫生,2008(4):482-485.

[9]谭彩,罗家有,王政,等.中国部分地区7岁及以下农村留守儿童看护人营养知识、态度和行为及其影响因素调查[J].中华流行病学杂志,2009(6):588-591.

[10]葛可佑.中国营养科学全书[M].北京:人民卫生出版社,2004.

[11]蔡宇,李凌,徐莉娜,等.贵州省成年人膳食结构现状调查研究[J].医学信息,2014(23):83-84.

[12]中国营养学会.中国居民膳食指南[M].拉萨:西藏人民出版社,2008.

[13]殷鹏,张梅.2010年我国成年人主要食物摄入状况调查[J].中国预防医学杂志,2012(8):692-693.

[14]白雅敏,高荣涛,郭素玲,等.青海省农村居民膳食特点及对慢病防控意义的研究[J].中国慢性病预防与控制,2013(3):267-270.

[15]宋爱菊,张小强,郭瑞娣,等.居民膳食结构与慢性非传染性疾病的关系调查[J].江苏预防医学,2011(4):24-26.

第六章　长江中游地区饮食文化与健康

第一节　长江中游地区饮食文化历史

一、长江中游地区饮食文化圈

长江中游地区饮食文化圈,在区域上大致包括今天的湖北、湖南、江西大部。本地区地形以丘陵、低山、平原为主,境内河网交织,湖泊密布。长江穿越雄伟壮丽的三峡后,由东急折向南,就到了湖北宜昌,进入"极目楚天舒"的中游两湖平原,一直到江西鄱阳湖口,这便是长江中游区域。古人常说"两湖熟,天下足",主要指的就是洞庭湖平原和江汉平原这两大平原。此外,本地区地处亚热带,有着雨热同季、光照协调的气候资源,四季分明,气候温暖湿润,热量、雨量充沛,物产丰富。

二、长江中游地区饮食文化圈的地理环境

(一)湖北的地理环境

湖北省,位于中国中部偏南、长江中游,洞庭湖以北,故名湖北,简称"鄂"。现辖武汉、黄石、十堰、荆州、宜昌、襄阳、鄂州、荆门、孝感、黄冈、咸宁、随州、仙桃、潜江、天门、神农架林区、恩施土家族苗族自治州17个地市(州),省会为武汉。湖北东连安徽,南邻江西、湖南,西连重庆,西北与陕西为邻,北接河南。湖北东、西、北三面环山,中部为"鱼米之乡"的江汉平原。长江自西向东,横贯全省。湖北素有"千湖之省,鱼米之乡"的美称,境内淡水资源丰富,是中国淡水资源最丰富的省份之一。除长江以外,长江的最大支流汉江也贯穿湖北境内。数以千计的湖泊与河流是全省丰富的淡水鱼的最大来源,养育着湖北人民。《战国策》中曾写道:"江汉鱼、鳖、鼋、鼍为天下饶",描述出了湖北地区在战国时期的鱼资源丰富的景象。湖北虽地处亚热带,但是其气候兼具北亚热带、亚热带、南

温带、中温带等气候特征，总体上的气候为温暖湿润，夏天湿热，冬天湿冷。

（二）湖南的地理环境

湖南省，地处中国中部、长江中游，因大部分区域处于洞庭湖以南而得名“湖南”，因省内最大河流湘江流贯全境而简称“湘”，省会长沙市。湖南东临江西，西接重庆、贵州，南毗广东、广西，北与湖北相连。土地面积21.18万平方千米，占中国国土面积的2.2%，在各省区市面积中居第10位。全省总人口6644.4864万人（2020年第七次全国人口普查数据），14个地市（州）、122个县（市、区）。湖南省内河网密布，水系发达。湘北有洞庭湖，为中国第二大淡水湖。有湘江、资水、沅水和澧水等四大水系，分别从西南向东北流入洞庭湖，经岳阳城陵矶注入长江。由于河流众多，内河航线可贯通大多县市和部分乡镇。此外，较高的年均降水量也使得湖南省水资源较为丰富。湖南位于长江以南，纬度偏低，为大陆性特征明显的中亚热带季风性湿润气候。可以用四句话概括湖南的气候特征：气候温和，四季分明；热量充足，降水集中；春温多变，夏秋多旱；严寒期短，暑热期长。

（三）江西的地理环境

江西省东邻浙江省、福建省，南连广东省，西接湖南省，北毗湖北省、安徽省而共接长江。江西地形以丘陵山地为主，除北部较为平坦外，东西南部三面环山，中部丘陵起伏，成为一个整体向鄱阳湖倾斜而往北开口的巨大盆地。赣江、抚河、信江、修河和饶河为江西五大河流。鄱阳湖是中国第一大淡水湖。江西处北回归线附近，全省气候温暖，雨量充沛，年均降水量1341毫米到1940毫米；无霜期长，为亚热带湿润气候。

三、长江中游地区饮食文化的起源与发展

长江中游地区饮食文化历史悠久——发端于石器时代，经楚人的开拓，经历了秦汉至南北朝的积累期，隋唐宋元的成长期，至明清成熟定型。20世纪以来，其进入了繁荣转型期。

（一）长江中游地区饮食文化的萌芽期

长江中游地区是中国古代人类的发祥地之一。根据考古发现，距今100万~50万年就有古人类在这里生活。那时的猿人已能使用简单的石制工具进行狩猎或采集，过着“食草木之实，鸟兽之肉”的生活，并开始了由生食向熟食的过渡。10万年前，湖北长阳县钟家湾龙洞中有“早期智人”在这里生活，他们学会了人工取火和用火，并掌握了烤、炙、炮、石烘的制食方法。至新石器时代，这里出现了大溪文化、屈家岭文化、青龙泉文化和印纹陶文化。人们学会了种植粮食、饲养畜禽，能制作并使用陶制炊具蒸、煨、煮制食物。

(二)长江中游地区饮食文化的开拓期

夏、商、周时期,长江中游地区饮食文化迅速发展,随着楚国的强盛,楚文化凸显出夺目的光彩。公元前505年至公元前278年为楚国的鼎盛期,楚人创造了光芒四射的楚文化。除了农业、商业、城市建设有突出成就外,它的青铜冶铸工艺、髹漆工艺及美术、乐舞等均有较高造诣。这些文化艺术都从不同角度滋养着楚国的饮食文化。形成了自古以来,楚人追求美食,注重饮食质量,烹调意识强烈,具有较强的烹饪技术的多种优势,有些烹调技术还上升到理论的高度,对烹饪实践起到了促进作用。关于菜肴口味的标准《楚辞·招魂》中就做了总结:"食多方些""辛甘行些""臑若芳些""厉而不爽些"等。此时的楚国,经济昌盛,文赋纷华,饮食文化迅速发展,并形成了独特的风格特点。

(三)长江中游地区饮食文化的积累期

秦汉魏晋南北朝时期,长江中游地区的饮食文化经过约800年的积累,已彰显出浓厚的文化底蕴,主要呈现出以下几个特点:

1."饭稻羹鱼"特色形成

自东汉末开始,历经魏晋至南北朝,中国的气候转入了近五千年来的第二个寒冷期。北方气候恶劣,战乱频繁,民不聊生,致使大量人口南迁,为长江流域的开发注入了"新鲜血液"。长江中游水田广布,稻谷成为人们的主粮。又因河湖密布,鱼鲜产品得自天然,品类丰富,所以鱼虾成为人们的重要副食品,长期以来鱼米丰足,逐渐形成"饭稻羹鱼"的饮食文化特色。

2.食物加工器具与灶具的改进

汉代以前,中国的粮食加工大体经历了巨石碾盘、臼杵两个历史阶段;汉代以后,旋转磨的广泛使用,使面粉、米粉制品和豆制品大量进入了百姓的餐桌。炼铁技术的进步,铁制刀具的使用,给屠宰和烹调切割提供了锋利的工具。铁釜和铁镬能耐高温,给煮炖和爆炒食物提供了更有利的器具。多火眼灶的使用,既节省了能源和烹调时间,又可一灶多用,使用方便。烟囱的改进,可以提高灶的火力和温度,为提高烹调速度和菜肴质量创造了条件。

3.食物种类繁多,形成一批荆楚名肴

从湖南长沙马王堆汉墓中发掘出了一大批食品实物和记载着食物名称的10个木牌,汇总起来相当于现在的食单或菜谱。1972年春天首次发掘的马王堆汉墓出土的食物种类极多,其中"食简"就记有150种。墓中48个竹笥中就有30个盛有食品。此外,在湖北云梦睡虎地秦墓、江陵凤凰山汉墓中也出土了大量记载食物名称的简牍和食品实物。

(四)长江中游地区饮食文化的成长期

隋唐宋元时期,长江中游地区的饮食文化有了较大发展,并在诸多方面得以体现。

这一时期长江中游地区饮茶之风盛行，种茶也作为不少人谋生的职业。复州竟陵（今湖北天门）人陆羽将儒、释、道三家文化精髓与饮茶融为一体，首创中国茶道精神，著就了堪称“茶学百科全书”的《茶经》，自此确立了中国茶文化的基本格调和文化精神。这一时期长江中游地区制糖业、酿酒业、制茶业等食品加工业发展较快。随着城市的兴起，餐饮市场也逐渐形成。

（五）长江中游地区饮食文化的成熟期

明清时期，长江中游地区饮食文化进一步发展。明末至清中叶，长江中游地区的粮食生产在全国所占的地位已经十分突出，“湖广熟，天下足”的谚语广为流传。

甘薯、玉米及马铃薯的推广，打破了长江中游地区居民的传统食物结构。从总体上讲，除水稻仍占主导地位，鄂北部分地区仍以麦粮为主，杂粮构成已发生了明显变化，即甘薯、玉米所占比重增大，传统杂粮比重下降。

明末清初辣椒的引入，促使长江中游地区形成了以鲜辣、酸为显著特点的饮食风味特征。长江流域的江西、湖南和四川数省民众都以嗜吃辣椒著称。人们常不无戏谑地说江西人是“辣不怕”，湖南人是“怕不辣”。湖南甚至因为盛行吃辣椒的缘故，“湘妹子”也因此多了一个“辣妹子”的别称。辣椒的引进和传播，对长江中游地区饮食文化产生了深刻的影响。辣椒增强了湘菜、鄂菜、赣菜的表现力，特别是使湘菜更具个性，增加菜品的冲击力和霸气，为湘菜赋予了灵魂。

（六）长江中游地区饮食文化的繁荣期

清末民国时期，由于战乱、人口的频繁流动、南下的人增多等诸多因素，使长江中游地区的饮食文化呈现大融合、大发展的局面。长江中游地区传统菜肴的结构：植物类以蔬菜为主，动物类以猪肉、禽类、淡水鱼鲜类为主，其他种类菜肴所占比例极少。传统主食结构中以米制品占绝对优势，面制品较少。

（七）长江中游地区饮食文化的变革期

新中国成立以来，长江中游地区的食品科技与饮食文化竞相发展，食品工业、餐饮业的发展日新月异。各地风味，各领风骚。人们的消费观念向着健康养生的方向发展，饮食文化处在不断更新的变革期。

长江中游各地区饮食风味有同有异，相同之处是继承了楚人注重调味的特点，以淡水鱼虾菜品为主要食材擅长煨、蒸、烧、炒等烹调方法，喜食鲜味、辣味的食品。不同之处是，形成了风味各异的湘菜、鄂菜及赣菜三个地方流派。鄂菜以鲜味为本、中庸兼容，湘菜以酸辣为魂、阳刚霸气，赣菜以香辣为魄、刚柔相济。

新中国成立以来，长江中游地区居民饮食生活的发展经历了从粗茶淡饭、勉强吃饱到基本解决温饱，再到鸡鸭鱼肉进入寻常百姓家；居民的饮食生活水平也有大幅度提高。

第二节　长江中游地区特色饮食文化

一、长江中游地区的食物资源

（一）谷物类

长江中游地区的五谷主要有水稻、麦（大麦、小麦）、玉米、红薯、马铃薯和豆类（黄豆、黑豆、青豆、绿豆、红豆、扁豆、豌豆等）。由于地理、气候等方面的原因，长江中游地区绝大部分地区种植水稻，人们日常饮食以大米为主食。江西少数地区也食用小麦。但在少数山区，特别是湖北山区的一些地方，只能种植旱粮作物，以玉米、红薯、马铃薯等为主食。

（二）果蔬类

据不完全统计，长江中游地区的蔬菜类已达 120 余种，其中具有特色的蔬菜有洪湖莲藕、洪山菜薹（俗称红菜薹）、襄阳大头菜、利川山药、雪里蕻、洋芋、魔芋、红苕、香椿等。瓜果类有 80 余种，特色品种有秭归脐橙、宜昌蜜橘、宝靖的鸡血李、长沙的春华李、慈利的金香柚、张家界的菊花芯柚、安江的香柚、江永的香柚、郴州的清江橘、郴州的永兴橙、常德石门的桃子、沅江的枇杷、黔阳的冰糖橙、雪峰的蜜橘、靖州的杨梅、南丰蜜橘、遂川金橘、南康早熟柚等。

（三）水产品类

长江中游地区河湖密布，具有丰富的水产资源。其中鱼类主要品种有鳊鱼、青鱼、鳜鱼、鲤鱼、鲫鱼、鳡鱼、鲍鱼、鳝鱼、银鱼、春鱼、甲鱼、虾、蟹、蚌、鱼肚、鱼翅、海参、鲍鱼、干贝、石鸡、乌龟等，其中以团头鲂（武昌鱼）、鮰鱼、鳜鱼、鳝鱼、甲鱼、鲥鱼等最具特色。

（四）禽肉类

为了防止食物腐败变质，土家人在长期的生活实践中发明了许多防止食材腐败变质的方法。对于含蛋白质高的鱼、肉，土家人多用腌制后再熏制的方法储存。江西的特色禽肉有宜春麻鸭及玉山大白鹅、泰和武山的“武山鸡”等。

二、长江中游地区的特色饮食

（一）湖北特色菜品

湖北菜既有楚乡韵味，又兼具百家之长正是湖北菜的优势。它土而不粗、俏而不媚，辣而不燥，甜而不腻，鲜而醇厚，具有更广泛的适应性。湖北的气候对湖北人民的饮食习惯也有很大的影响，故鄂菜多“咸鲜微辣”。

(1)清蒸武昌鱼。武昌鱼又名团头鲂，因产于鄂州梁子湖而得名。特点是口感滑嫩，清香鲜美。武昌鱼具有补虚、益脾、养血、祛风、健胃之功效，可以预防贫血症、低血糖、高血压和动脉血管硬化等疾病。

(2)排骨藕汤。排骨藕汤是湖北省的一道传统名菜，品鲜香味美，营养丰富，开胃益血，具有补气补钙的功效。

(3)酸辣藕带。经典鄂菜名菜。这是鱼米之乡湖北最特色的菜品之一——藕带，事实上就是还没有成形的藕，也就是最嫩的藕。

(4)沔阳三蒸。湖北沔阳(今仙桃市)的汉族传统名菜之一，属于湖北菜系。此菜鲜嫩软糯，原汁原味，清淡，绵软。清蒸菜最能保证营养不受损失。所谓三蒸，就是粉蒸肉、粉蒸鱼、粉蒸青菜。

(5)珍珠丸子。珍珠丸子又名蓑衣丸子，是湖北省著名的汉族小吃，以糯米、薯粉、肉丁为主要原料制成。其风味独特、清香细嫩、鲜香可口。

(6)荆州鱼糕。荆州鱼糕以吃鱼不见鱼，鱼含肉味，肉有鱼香，清香滑嫩，入口即溶被人称道。鱼糕营养丰富，含蛋白质较高，且为优质完全蛋白，易于被人体吸收利用。含脂肪较低，且多为不饱和脂肪酸，对预防心血管疾病、降低血清中的甘油三酯、胆固醇量和血小板凝集性等具有重要作用。

(7)红菜薹炒腊肉。红菜薹，别名紫菜薹、红油菜薹，红菜薹色紫红、花金黄，是武汉地区的特产。红菜薹营养丰富，含有钙、磷、铁、胡萝卜素、抗坏血酸等成分，多种维生素比大白菜、小白菜都高，且色泽艳丽，质地脆嫩，是佐餐之佳品。

湖北还有一些有代表性的特色小吃：热干面、三鲜豆皮、四季美汤包、蒸烩八宝饭、孝感麻糖等。

(二)湖南特色菜品

湘菜历来重视原料互相搭配，滋味互相渗透。湘菜调味尤重酸辣。因地理位置的关系，湖南气候温和湿润，故人们多喜食辣椒，用以提神去湿。用酸泡菜作调料，佐以辣椒烹制出来的菜肴，开胃爽口，深受青睐，成为独具特色的地方饮食习俗。

(1)麻辣小龙虾。麻辣小龙虾又称口味虾、长沙口味虾、香辣小龙虾、“麻小”等，属湘菜，即湖南菜，是以湘江流域、洞庭湖地区和湘西山区等地方菜发展而成，色泽红亮，口感香辣鲜浓。

(2)剁椒鱼头。剁椒鱼头是用鱼头制作的一道湘菜，入口香辣爽口，回味绵长。鱼头营养高、口味好，对降低血脂、健脑及延缓衰老有好处。

(3)辣椒炒肉。辣椒炒肉是以辣椒、五花肉作为主要食材，以豆豉、大蒜子、酱油、油盐、味精等作为辅料制作而成的一道菜肴，口味香辣。辣椒炒肉是湖南人每家每户必吃的招牌“土菜”，是最具代表性的湘菜之一。

(4)东安鸡。东安鸡是一道湖南省永州市东安县传统的名菜，此菜色泽鲜艳，肉质鲜嫩，酸辣爽口，肥而不腻，食多不厌，被列为国宴菜谱之一、八大湘菜之首。东安鸡肉经水煮后清香扑鼻，蒸、焖、炖、炒均为上品。用传统工艺制作的“东安鸡”，肉质鲜嫩，肥而不腻。

(5)腊味合蒸。腊味合蒸是湖南地方传统湘菜，是以腊猪肉、腊鸡、腊鱼、鸡汤和调料，下锅清蒸而成。做法简单，其腊香浓重、咸甜适口、柔韧不腻，有开胃祛寒、消食等功效。

(6)手撕包菜。将包菜用手撕成片状，以保持其原汁原味不流失，再用干红辣椒和花椒爆炒而成。该菜品色香味俱全，红白相间、麻辣鲜香、脆爽清甜，还具有开胃增食的作用。

(7)萝卜干炒腊肉。在湖南，几乎每家每户都会腌制一些腊肉和萝卜干，萝卜干炒腊肉就是一道色香味俱全的湖南名菜，也是最受湖南人欢迎一道家常菜。这道湖南特色小炒，两种食材一个甜脆一个咸香，味道交融在一起真是一绝，香气浓郁、咸淡适宜、脆嫩爽口。

湖南还有许多特色小吃：糖油粑粑、长沙臭豆腐、浏阳茴饼、和记米粉、双燕绉纱馄饨等。

(三)江西特色菜品

江西菜又称赣菜，乡土味浓，主要由南昌、赣州和九江等地方流派组成。其主要风味特色是：选料严谨、制作精细、原汁原味、油厚不腻、口味浓厚、咸鲜兼辣、辣味适中，南北皆宜，具有广泛的适应性。

(1)三杯鸡。因烹制时不放汤水，仅用米酒一杯、猪油或茶油一杯、酱油一杯，故得名。这道菜通常选用三黄鸡等食材制作，成菜后，肉香味浓，甜中带咸，咸中带鲜，口感柔韧，咀嚼感强。

(2)南昌瓦罐汤。肉骨汤之所以营养丰富，味道鲜美，主要是蛋白质和脂肪溶解在汤里的结果。炖肉骨汤时，先冷水下锅，逐渐升温煮沸，然后文火煨炖，这样可以使肉骨的骨组织疏松，骨中的蛋白质、脂肪逐渐解聚而溶出。于是，肉骨汤便越煨越浓，油脂如膏，骨酥可嚼。

(3)莲花血鸭。莲花血鸭是莲花县最出名的佳肴，这道菜色泽紫红油亮，鸭肉脆嫩，味鲜辣可口。

(4)井冈烟笋。以乌烟笋、猪肉丝、干红椒为主材，为江西省井冈山山区特色的传统名肴。因井冈烟笋肉的味非常甘美，而笋味显得绵长，笋肉结合香而不腻。

(5)米粉蒸肉。在江西一带,每年立夏这一天吃米粉肉是固定的传统民俗,谓之“撑夏”。作为粉蒸肉的起源地,江西南昌还保留了最为古法的粉蒸肉做法,用菜叶做垫。此菜糯而清香,酥而爽口,嫩而不糜。

江西的特色小吃品类丰富,包括南昌米粉、瑞金牛肉汤、弋阳年糕、九江萝卜饼、井冈糍粑、瑞州烧卖、碱水粑、黎川芋糍、安远三鲜粉、桂花茶饼、蛋黄麻花、丰城冻米糖等。

第三节 长江中游地区饮食习俗

长江中游大部分地区以稻米为主食,平日所食菜肴以四时菜蔬为主,多辅以鱼虾,口味上喜辛辣。各地方的饮食习俗在饮食文化中是个重要概念,也是饮食科学的研究对象,涉及食物与人文发展以及与健康之间的相互关系。

一、湖北地区独特的食俗

湖北省位于长江中游,长江汉江在此交汇,穿城而过,发达的交通为湖北赢得“九省通衢”的美誉,来自南北各地不同风味的饮食文化也逐渐传入了湖北。长期的历史发展中,湖北人用自己的方式将各方菜系融合在一起,化干戈为玉帛,形成具有特色的经典美味。

湖北菜有别于东甜西辣、南鲜北咸的川、粤、鲁、苏等菜系,却吸纳了各大菜系的精华,形成了自己的风味特色,并以淡水鱼鲜和蒸菜煨汤闻名全国。“原汁、味浓、纯正、微辣、咸鲜”是湖北菜的特点,且鄂菜中很多名菜都离不开鱼鲜,用“千湖之省”湖北所产的淡水鱼可作出300多道鄂菜。明清时期就流传的“湖广熟,天下足”的俗语。如果说水稻塑成了湖北人的肉身,那么淡水鱼就充盈着湖北人的灵魂。

1. 无汤不成席

湖北人爱喝汤,也很会做汤。湖北菜的菜品非常丰富,莲藕排骨汤、野鸭汤、鲫鱼汤、瓦罐鸡汤、鱼圆(丸)汤等都是汤中美味。汤品能非常完好地保持菜品的原汁原味以及营养价值。湖北人凡家里举办宴席,压轴必然有一道醇香鲜美的汤菜。

2. 无鱼不成席

湖北盛产各种淡水鱼和水产品,许多品种还是湖北所独有,如生长在长江的鮰鱼,生长在长江支流清江的清鱼,梁子湖的河蟹、武昌鱼都是水产中的上品。鱼在湖北菜中的比重可达到一半以上。湖北菜对鱼的烹饪技艺很多,鱼块、鱼片、鱼圆做法多样,但在宴席上一定有一道“全鱼菜”,在江汉平原地区,百姓习惯把鱼剩下来,象征年年有余的美好寓意。

甲鱼也是不得不提的珍贵水产品，中国淡水鱼第一市的荆州市、洪湖、公安盛产甲鱼，荆沙甲鱼就是一道湖北名菜。浓郁的汤料、青亮的甲鱼，浓郁的香味扑面而来，咬上一口宽大的甲鱼裙边，弹性十足。野生甲鱼营养非常丰富，富含蛋白质以及多种维生素，是不可多得的滋补品。

3. 无丸不成席

湖北地处中原，在东西南北之中，有说法称：放眼四周，圆眼视事，所以当地人很喜欢吃“圆子”。圆子也就是人们说的丸子，不论民间百姓或专业厨师都掌握做丸子的方法。张贤峰说，武汉人常吃的有肉圆、鱼圆、虾圆、豆腐圆等，光“圆子”菜肴就多达几十种。一种由糯米做成的丸子叫汤圆，此汤圆并非正月十五吃的汤圆，里面没有馅儿，一般作为早餐，很多地方也叫它“麻元”；藕丸子、萝卜丸子可炸了当菜吃；把鱼肉和肥肉剁碎，或用搅拌机搅匀，捏成丸子煲汤氽成的丸子汤味道十分鲜美，营养也非常丰富。

4. 无蒸不成席

“蒸”这种烹饪技法是东方区别西方饮食文化的重要区别。北方人喜爱蒸主食，南方人则擅长蒸菜。蒸菜好得快，并能保留食物的原汁原味和营养价值，口味鲜香，口感清爽。至今，蒸菜也是湖北菜的特色，在很多地区十分盛行。提到天门、仙桃（沔阳）、汉川、潜江的蒸菜，无不让人津津乐道。

在湖北，从早上五六点，到七八点，甚至赖床到了九十点，依然可以享受“过早”的美味，可以这样说，只要是睡醒后的第一餐，都可以称之为“过早”。美食家蔡澜对于武汉的“过早”有着极为深刻的印象，他写道“处处的早餐文化，因生活优裕而消失之中，武汉的街头巷尾还在卖，我将之冠上早餐之都”。一顿早餐的好坏被武汉人推到了“过年”般的高度，所以过早的重要性完全可以与正餐分庭抗礼，其种类之丰富亦是罕见。武汉的早点代表性的有热干面、豆皮、汤包、烧卖等。

二、湖南地区独特的食俗

湖南地处我国中南地区，气候温暖，雨量充沛，自然条件优越。湘西多山，盛产笋、蕈和山珍野味；湘东南为丘陵和盆地，家牧副渔发达；湘北是著名的洞庭湖平原，素称“鱼米之乡”。在《史记》中曾记载了楚地“地势饶食，无饥馑之患”。

湘菜，是我国历史悠久的一个地方风味菜。湘菜制作精细，用料广泛，口味多变，品种繁多。其特点是：油重色浓，讲求实惠，在品味上注重酸辣、香鲜、软嫩。在制法上以煨、炖、腊、蒸、炒诸法见称。湘菜历史悠久，早在汉朝就已经形成菜系，烹调技艺已有相当高的水平。

1. 喜食酸辣

湘菜的辣，往往以酸辅之，酸中带辣，辣中透酸，以辣盖酸，以酸溶辣，辛而不烈，辣而不燥。这种特殊口味的形成，与湖南地域的气候和习俗有关。湖南河网密布，河湖众多，平均年降水量为1200～1700毫米，雨量充沛，为我国雨水较多的省区之一，自古以来就被称为“卑湿之地”，这里湿气重，食辛辣之品以发汗、祛湿成为湖南人饮食口味之首选，嗜辣之习，甚于巴蜀；另一方面，热辣寒酸，开放的辣与收敛的酸相互制约又相互协调，又成为湖南地区的饮食习惯特色之一。

2. 爱吃苦味

湖南人爱吃苦味，据文献记载，其渊源可追溯到先秦，《楚辞·招魂》中有“大苦咸酸，辛甘行些”等描述。王逸曾注：“大苦，豉也。”这里的“大苦”，就是指豆豉。这种由豆类加工而成的调味品，已有2000多年的历史了。至今，湖南人还有爱吃豆豉的习惯，如“浏阳豆豉”。吃苦味还与其地域环境有关。湖南地处亚热带，暑热时间较长。祖国传统医学解释暑的含义是：天气主热，地气主湿，湿热交蒸谓之暑；人在气交之中，感而为病，则为暑病，而“苦能泻火”“苦能燥湿”“苦能健胃”，所以人们适当地吃些带苦味的食物，如龙山百合、苦荞麦、苦瓜以及苦笋等，有助于清热、除湿、和胃。

3. 烟熏腊肉

四川的腊味是麻辣的，广式的腊味偏甜，湖南的腊味则就有一种独特的烟熏味，而且这个烟熏味还没有统一的标准，湖南农村多是把山里的柴火当作燃料，浸染到里子的烟熏味，不是那种呛人的，而是那种带着木质烟香的，很多层次的很厚重的香味。腊肉一般都是新鲜的，带皮的五花肉做成的。肥肉当中的脂肪含量比较高，并且还有蛋白质、磷元素、钙元素和铁元素，而瘦肉当中的蛋白质、脂肪、维生素以及矿物质都是很丰富的。腊肉是腌制的肉有很多营养成分都改变了，在腌制过后，腊肉里面的盐分大量增加，而且由于熏腊肉的制作流程比较繁多复杂，暴露于空气之中很容易被氧化，进而形成一些致癌物质，所以过量的食用会增加患癌的风险。腌制食品有其味道鲜美、口感好的优点，但亦有其容易引发各种疾病的缺点。所以，我们在食用腌制食品时还要根据个人的身体状况来选择食用，注意适量腌制食品，不宜长期大量食用。

三、江西地区独特的食俗

东晋《豫章记》记载：“地方千里，水路四通……嘉蔬精稻，擅味于八方，金铁篠簜，资给于四境。”以南昌为代表的“豫章菜”，其实是调和了四方云集客商的口味，以烧烩煨与煸炒为代表性特色，如藜蒿炒腊肉、新雅四宝、瓦罐煨等。江西美食云集，吴菜的甜鲜、湘菜的辣、粤菜的细都能在赣菜中找到影子。江西饮食文化就是在保持自身特色的基础上，又取八方精华，从而形成了今日有独特风味的赣菜。

江西菜大致分为鄱阳湖、南昌、赣南三派。鄱阳湖沿岸的九江、上饶讲求原汁原味，因通江达海跟外省口味交流甚多；赣南是客家人摇篮，靠山吃山，为应对气候时节，食物口味重、用料足,重咸、重辣;南昌背靠大山、面向大湖,口味偏辣、味香量足。

1. 物阜民丰

江西人洪礼和在《赣菜新谱》中写道:“赣菜,赣人劳动所创,生息所系,习俗所酿,史地所蕴”。北部鄱阳湖的鱼、中部吉安的稻米、南部赣州的鸡鸭……湖里游什么、田里种什么、山里跑什么,随心取之,都足够让江西人心满意足。

2. 辣味明显

江西人吃辣,绝不输川湘渝鄂。赣菜的辣多为香辣、鲜辣,辣味十分明显。赣菜在烹饪技法上用料丰富,制作精良,做出来的菜主料突出,油重味浓。著名的赣菜莲花血鸭、江南小炒鱼、炒螺蛳、余干辣椒炒肉、酒糟鱼、鄱湖胖鱼头、萍乡小炒肉等无不展现了江西的饮食特色。

3. 原汁原味

赣菜因取各地之精华,除了有吃辣的习惯,也有口味相对清淡的饮食。江西南部因受客家文化的影响,因此在饮食上,也会相对偏清淡些。客家菜注重食材的原汁原味,清而不淡、鲜而不俗,十分耐人寻味。客家菜常见的烹饪方式为煮、酿、熬、焖、炖等,做出来的菜肴能够很好地保留食材中的营养。比较具有代表性的有盐焗鸡、米粉肉、擂茶、酿豆腐、啤酒鸭等,既有广东菜的鲜美清爽,又融入了当地的醇香滋味。

第四节　长江中游地区饮食模式与健康

长江中游地区长期保持主食以稻米为主、以蔬菜及水产品为辅的基本饮食结构。随着人们膳食水平的提高,禽、蛋、豆制品及蔬菜、水果等副食的消费水平均有明显提高。21 世纪,人们的饮食观念、生活方式发生了巨大变化,饮食观念追求“吃出健康”;居民食物结构发生明显变化,营养状况有较大改善。人们在满足温饱后,开始讲究科学膳食。

一、长江中游地区饮食结构

20 世纪 80 年代中期,长江中游地区居民的饮食生活水平已有大幅度提高,人们基本解决了温饱问题,居民的饮食主要由植物性食物和动物性食物两部分构成。长江中游地区居民的食物消费种类主要有谷物、蔬菜和水果类、鱼禽肉类、蛋奶类等。

1. 谷物类

长江中游地区主食以稻米为主,小麦、玉米、甘薯、高粱为辅。经济的发展与稻米的盛产,再加上富有创造力的人们,稻米的食用方式逐渐多样化。湖北省荆门市的“钟祥米茶”便是其中的一个代表。将糙米干炒至发黄带焦时起锅,用水洗净再加清水煮沸至大米开花，自然冷却即可食用。其汤色淡黄，香气浓郁，滋味微甜而不淡，略涩而不苦口，既可代替米饭，又具饮茶解渴的作用，为夏季防暑降温之佳品，并因其“食之果腹，饮之解渴”而得名。此外，隔夜米茶也是别有一番风味，如饮酸梅汤，生津止渴，而冷藏后的米茶也成为一种特制的饮品，更是美味绝伦、沁人心脾。

源于对米食的热爱，湖南人对米食也展现出了其极致的创造力。湖南人的主食中，少不了米食的踪影，花样繁多，米香四溢，但以米入菜，则是湖南人对米食的最高敬意。湖南各个地区都有不同的方式将米更好地融入湘菜。在湖南郴州，几乎除了鸡以外的肉类，都可以加米粉来制作，将糯米与各色香料一同入锅煸炒，炒香后打成米粉，裹在肉上蒸制，称之为米粉肉，是最普遍的以米入菜的代表，用最少的调味方式、最简单的烹饪方法，呈现出食材最佳的本味搭配。湖南衡阳人拿手的麸子肉，有着更加复杂的处理方法。将磨好的糯米粉、粘米粉、红米粉拌好，用小火炒香，均匀地裹在腌制好的肉上，并用炭火熏干，熏制过后的麸子肉不仅米香四溢，还染上了一层迷人的烟熏味。肥而不腻，唇齿留香，如此湘南风味让人流连忘返。然而，个性豪放的湘西人则不像湘南人那样温婉。“无酸不食，无辣不欢”是他们的宗旨，发酵是他们处理米类的最佳方式。湘西人会将大米和辣椒一起入坛发酵，制成米辣子，是土家人最好的调味品，历久不衰，延绵至今。或是将糯米粉和粘米粉与猪肉混合入坛，经过长时间的发酵后形成独特酸香的坛子肉，独具特色的酸爽风味，让人回味无穷。而在洞庭湖边，岳阳楼下，一道新派湘菜小米煮鳜鱼，则将洞庭湖区饮食风格体现得淋漓尽致。口感细腻的小米与鱼肉堪称绝配，一边全身心地呵护鳜鱼肉的细嫩，一边高高地捧起鳜鱼本身的鲜香，以自身的醇厚，默默吸纳着鱼类特有的鱼腥，动物蛋白和植物蛋白在高温下相互交融，使得小米汤底愈发醇厚而鲜咸，从而成就了一道靓丽米食。

在江西，米粉是人们日常饮食的重要组成部分。尤其是在南昌，米粉可以说在一日三餐中都占据着重要地位。南昌米粉历史悠久，其主要制作原料是优质晚米，经过浸米、磨浆、滤干、采浆等多道工序制作而成，与其他米粉不同的是它的韧性特别高，未煮的生粉根根结实、透明，煮后的熟粉条条细嫩、洁白，具有久泡不烂、久炒不碎、韧而不硬的特点，爽滑的米粉伴着鲜香的佐料让人口舌生津，念念不忘。此外，在阳春四月，客家人会制作属于清明节的艾叶米果，常用来招待客人。采摘新鲜的艾叶，将糯米粉和煮熟的艾叶放在一起揉搓，再包好馅上蒸笼，旺火蒸熟即成。艾叶米果表皮光滑，色泽翠绿，有淡淡清香，甜中微苦，食而不腻。其不仅风味独特，且能温肺暖脾，散寒除湿。

2. 蔬菜和水果类

由于地理位置的优越性，长江中游地区蔬果的种类丰富，产量颇丰，同时还有许多特色蔬果。有许多特色蔬果历史悠久，深受人们的喜爱。湖北武汉的洪山菜薹，现今是中国国家地理标志保护产品。洪山菜薹距今已有 1700 多年的栽培历史，在先秦文献《夏小正》中，即有“正月采薹、二月荣芸”的记载；在《齐民要术》中，也把其列为古代二十一种重要蔬菜之一；到了清代，更是被封为“金殿御菜”。洪山菜薹色、香、味、形俱全，且营养丰富，又应了“紫气东来”之说，因而是春节前后的席上佳肴。湖南也是蔬菜种植大省之一，且拥有着自己的特色。广饶的湖床与肥沃的潮土造就了芦笋清香脆嫩、鲜美爽口的滋味，因其独特的口感成为当地人最爱的食材之一。洞庭湖区极品湖鲜——芦笋，有着“洞庭虫草”之称。

水果中富含多种维生素，有着良好的营养价值。长江中游地区种植的水果品类丰富，但产量最多的还是柑橘类。秭归脐橙便是其中一种，秭归是著名的“中国脐橙之乡”，早在两千多年前，伟大爱国诗人屈原就在故里写下了《橘颂》名篇。秭归脐橙富含维生素、蛋白质、无机盐、粗纤维、钙等多种营养成分，是老少皆宜的鲜食柑橘精品和纯天然保健果品。此外，还有黔阳冰糖橙，其果肉脆嫩、果味甘甜，被誉为“橙之极品”。在明代，黔阳柑橘已是美名远播，明代《湖广志》记载：“沅州出枣柿，黔阳出橙柿。”现今，因果实质优和耐贮耐运，而畅销中国各地，深受大众的喜爱。

3. 鱼禽肉、蛋奶类

长江中游地区的动物性食物消费种类主要有猪肉、牛羊肉、禽、蛋、鱼虾、奶等。赣鄂湘三省的众多湖泊使得该地区水产品种类丰富，湖北省还有“千湖之省”的美名，湖南、江西也都是著名的鱼米之乡。水产品在三省居民的饮食中占据着重要的地位。湖北十大经典名菜之一——蟠龙菜，又称盘龙菜，以“吃肉不见肉”而著称，是中国明朝时的宫廷“皇菜”。蟠龙菜诞生于明武宗年间，得名于嘉靖登基之时，迄今已有约 500 年的历史，主要原料有鸡蛋、猪肉、鱼肉等，其造型美观，味道鲜美，营养丰富，香味绵长。

湖南省的名菜——芙蓉鲫鱼，是鱼和蛋清同蒸，味道鲜嫩，入口即溶。鲫鱼选用的是洞庭湖区盛产的荷包鲫鱼，肥胖丰腴，形似荷包，质地细嫩，甜润鲜美，是鱼类中的上品。鲫鱼具有益气健脾、消润胃阴、利尿消肿、清热解毒之功能，并有降低胆固醇的作用，鸡蛋清富含蛋白质，二者搭配，相得益彰。

江西省赣州市有一道传统菜肴——四星望月，为赣南客家菜“十大名菜”之一。四星望月选用鲜鱼肉切成薄片，将粉干先入锅蒸熟，再铺上鱼片，盖好蒸透，浇上稀卤汁即可。其色泽金黄，清香浓郁，鱼片嫩滑，粉干柔糯，咸鲜香辣，冬天最宜食用，能发汗祛寒。

4. 油脂类

油脂是饮食中不可或缺的一部分。油脂能够激发食材中的香气，让食物变得更加美味。例如，湖北潜江的油焖大虾，是以潜江龙虾为主要食材，以潜江特有的“油焖”烹调方法制作，如此做成的大虾，色泽鲜艳耐看，味道香辣鲜美，回味无穷。而湖南名菜——走油豆豉扣肉名扬中外。以浏阳豆豉作为主要调料，色泽油亮，肉皮棕红而有斑纹，似虎皮，又有“虎皮扣肉”之称。油脂丰富的菜品也因其独特的香气让人难以忘却。

二、长江中游地区饮食特点

1. 主食以稻米为主

长江中游地区居民食粮有稻米、小麦、玉米、甘薯、高粱、粟米、荞麦、豆类等。大部分地区以稻米为主粮。平日所食菜肴以四时菜蔬为主,多辅以豆腐、鱼虾。

稻谷由谷壳、果皮、种皮、外胚乳、糊粉层、胚乳和胚等各部分构成。糙米是指脱去谷壳,保留其他各部分的制品;精制大米(即通常所说的大米)是指仅保留胚乳,而将其余部分全部脱去的制品。由于稻谷中除碳水化合物以外的营养成分(如蛋白质、脂肪、纤维素、矿物质和维生素)大部分都集中在果皮、种皮、外胚乳、糊粉层和胚(即通常所说的糠层)中,因此糙米的营养价值明显优于精制大米。中医认为大米具有补中益气、健脾养胃、滋阴润肺、除烦渴、益精强志、和五脏、通血脉、聪耳明目、止烦、止渴、止泻等功效,为"五谷之首"。大米可提供丰富的维生素、谷维素、蛋白质、花青素等营养成分,还有护肤的功效,并可补充肌肤所缺失水分,使皮肤充满弹性。大米最主要的成分是碳水化合物,同时含有一定量的蛋白质、维生素、纤维素和矿物质。大米的营养价值比较均衡,维生素B族含量比较丰富、齐全。但是大米在加工过程中却可能造成营养素大量流失,所以大米越精制营养流失就越多。

2. 多食鱼肉

由于独特的地理位置,长江中游地区居民水产品的消费较多。而中国水产品消费中,鱼类消费占了一半以上。鱼肉是优质蛋白的重要来源,以其高蛋白、低脂肪、低热量的特点备受人们的青睐。鱼肉富含蛋白质,鱼肉的鲜味主要来源于蛋白质,不同于肉类蛋白,鱼肉的蛋白质结构较松散,水分含量较多,肉质较嫩,能被人体更好地吸收,适量食用,可以一定程度上补充人体需要的营养物质。鱼类总脂肪量低,多为不饱和脂肪酸,易被人体消化、吸收,可降低体内胆固醇的含量,维护身体健康。相较于其他肉类,鱼肉的热量较低,对于有特殊膳食需要的人群不失为一个好的选择。此外,鱼肉还含有丰富的矿物质和维生素,如钙、铁、锌、维生素A、维生素D、维生素B_1以及烟酸等,对身体都十分有益。

小结

长江中游地区是古代楚文化的发祥地,因其依山傍水的地理环境和温暖湿润的气候形成了独特的饮食文化圈。该地区物产资源充足,丰富的食材让人们开发出了各种特色菜品,尤其是河流湖泊密集,水产尤为丰富,是该地区人们餐桌上重要的副食品。在食物的选择上,谷类以稻米为主,植物类以蔬菜为主,动物类以猪肉、禽类、淡水鱼鲜类为主。从石器时代开始,经过长时间发展积累,在明清时期形成了成熟的饮食文化和模式。当今中国,随着人们生活水平的不断提高,饮食文化不断向健康与风味相结合的方向变革。

长江中游地区居民源于对食物的热爱,并合理利用地区条件,使得食材多样化,并创造了许多有名的菜肴,这些都是大众智慧的结晶。此外,该地区居民饮食特点是主食以稻米为主及副食多食鱼类等水产品。稻米是优质谷物,而鱼肉是优质蛋白的重要来源,两种优质食材的搭配能够让人获得更加全面的营养。

参考文献

[1]赵荣光,谢定源. 中国饮食文化史 长江中游地区卷[M]. 北京:中国轻工业出版社,2013.

[2]范川凤. 饮食习俗[M]. 石家庄:河北人民出版社,2009.

[3]罗莹,盛金明. 湖湘饮食文化概论[M]. 北京:中国轻工业出版社,2019.

[4]姚伟钧. 荆楚饮食文化史[M]. 武汉:湖北科学技术出版社,2021.

[5]傅修延,卢普玲. 江西文化[M]. 南昌:江西人民出版社,2018.

第七章 长江下游地区饮食文化与健康

第一节 长江下游地区饮食文化历史

一、长江下游地区饮食文化圈

在中国饮食文化区域概念中的长江下游地区是指西起湖口，东起上海浦江入海口，北起淮河，南至太湖流域和杭州湾的广大地区，覆盖皖、苏、浙、沪三省一市。长江、钱塘江及淮河是这一地区的主要水系，又有太湖、洪泽湖、巢湖、鄱阳湖等主要湖泊，从而形成了这一地区的水乡特色。长江下游地区的地貌较为复杂，平原、山地、丘陵、湖泊和河流一应俱全，其中皖、浙两省的山地丘陵面积较大，而苏沪及浙北、皖中、皖北一带平原辽阔，河流纵横，湖泊密集其间，特别是长江三角洲，海拔多在 10 米以下，是由长江及钱塘江的冲积平原所构成，故而水网密布，俗称“鱼米之乡”。长江下游地区自北向南气候趋于温和，从温带、暖温带向亚热带过渡。夏季高温多雨，冬季温和少雨，有利于农业生产。

二、长江下游地区饮食文化圈的地理环境

（一）安徽的地理环境

安徽省，位于中国华东地区、长江下游。省名取当时安庆、徽州两府首字合成，简称“皖”。现有合肥、蚌埠、马鞍山、淮北、滁州、池州、宿州、铜陵、安庆、黄山、六安、淮南、阜阳、芜湖、亳州、宣城 16 个地市，省会为合肥。安徽东连江苏，西接河南、湖北，东南接浙江，南邻江西，北靠山东，总面积 14.01 万平方千米。安徽濒江近海，地跨淮河、长江、新安江三大水系。长江流经安徽南部，安徽省境内全长 416 千米。淮河流经安徽北部，安徽省境内全长 430 千米。新安江源出安徽南部，为钱塘江正源，安徽省境内干流长 240 千米。安徽省共有湖泊 580 多个，总面积为 1750 平方千米，其中大型湖泊 12 个、中

型湖泊37个。湖泊主要分布于长江、淮河沿岸，湖泊面积为1250平方千米，占全省湖泊总面积的72.1%。安徽省在气候上属暖温带与亚热带的过渡地区，在淮河以北属暖温带半湿润季风气候，淮河以南属亚热带湿润季风气候。主要特点是季风明显，四季分明，春暖多变，夏雨集中，秋高气爽，冬季寒冷。

（二）江苏的地理环境

江苏省，位于中国东部沿海、长江下游。省名以“江宁府”与“苏州府”之首字得名，简称“苏”，省会为南京。江苏北接山东，西连安徽，东南与浙江和上海毗邻，地形以平原为主，陆地面积10.32万平方千米。人均国土面积在全国各省区中最少，是中国面积较小的省份之一。江苏辖江临海，扼淮控湖、经济繁荣、教育发达、文化昌盛，素有“山水江南、鱼米之乡”的美誉。江苏跨江滨海，湖泊众多，地势平坦，地貌由平原、水域、低山丘陵构成；东临黄海，地跨长江、淮河两大流域，共有长江、太湖、淮河、沂沭泗四大水系。通扬运河及仪六丘陵山区以南属长江水系，总面积3.73万平方千米，其中长江南岸沿江高地以南、茅山山脉以东、宜溧山地以北为太湖水系，面积1.92万平方千米。通扬运河及仪六丘陵山区以北，属淮河下游水系，面积6.53万平方千米，其中废黄河以北属于沂沭泗水系，面积2.56万平方千米。全省大部分河道水系互相沟通，其中京杭大运河自北向南纵贯全省，沟通了微山湖、骆马湖、洪泽湖、高宝湖、邵伯湖和太湖六大湖泊，成为全省跨流域调水的骨干河道。江苏地理上跨越南北，气候类型比较复杂，整体上属于暖温带向亚热带的过渡，江苏北部属于温带季风气候，中部和南部属于亚热带季风气候，总体气候温和，雨量适中，四季分明。

（三）浙江的地理环境

浙江省，位于中国东南沿海，长江下游。境内最大的河流为钱塘江，因江流曲折，称之江，又称浙江，省以江名，简称“浙”，省会驻杭州市。浙江东临东海，南接福建，西与江西、安徽相连，北与上海、江苏为邻，总面积10.55万平方千米。浙江地势由西南向东北倾斜，地形复杂。山脉自西南向东北成大致平行的三支。地跨钱塘江、瓯江、灵江、苕溪、甬江、飞云江、鳌江、曹娥江八大水系，由平原、丘陵、盆地、山地、岛屿构成。浙江境内有西湖、东钱湖等容积100万立方米以上湖泊30余个，海岸线（包括海岛）长6400余千米。

浙江省地处亚热带中部，属季风性湿润气候，自然条件较优越。夏季炎热多雨，冬季低温少雨。总体气候特点可概括为四季分明，气温适中，雨量丰沛，空气湿润。

（四）上海的地理环境

上海，地处中国东部，长江入海口，简称“沪”。上海北界长江，东濒东海，南临杭州湾，西接江苏和浙江两省。上海是长江三角洲冲积平原的一部分，境内除西南部有少数丘陵山脉外，大都为坦荡低平的平原，平均高度为海拔4米左右，陆地地势总趋势是由东向西低微倾斜。上海地区河湖众多，水网密布，境内水域面积697平方千米，相当于全市总面积的11%。上海河网大多属黄浦江水系，主要有黄浦江及其支流苏州河、川扬河、淀浦河等。黄浦江源自太湖，全长113千米，流经市区，江道宽度300~770米，平均360米，终年不冻，是上海的水上交通要道。苏州河上海境内段长54千米，河道平均宽度45米。上海的最大湖泊为淀山湖，面积为62平方千米。上海属亚热带季风性气候，四季分明，日照充分，雨量充沛。上海气候温和湿润，春秋较短，冬夏较长。

三、长江下游地区饮食文化的起源与发展

长江下游地区饮食文化历史悠久，其发端于石器时代，经吴越文化的开拓，经历了秦汉魏晋南北朝的积累期，隋唐宋元的成长期，至明清已成熟定型。20世纪以来，进入现代多元期，长江下游地区的饮食文化呈现百花齐放的姿态。

(一)长江下游地区饮食文化的萌芽期

长江下游地区是中国古代人类的发祥地之一。根据对考古化石的推测，至少在20万年以前，长江下游地区就已有原始人类的生活足迹。旧石器时代早期文化以和县为代表，和县人先后经历了从采集植物性食物到捕食小动物、从对天然火的茫然无措到学会利用和控制天然火发展到人工取火、从“生吞活剥”到“火化腥臊”的过程，逐渐完成了早期智人、晚期智人的进化。新石器时代，这里出现了浙江余姚河姆渡文化、嘉兴马家浜文化和余杭良渚文化。人们学会了种植水稻、饲养畜禽、采集和渔猎，受到炮食的启发而发明了陶器，炊具制作水平有了进一步的提高，增添了蒸、煨、煮等食物加工方法。

(二)长江下游地区饮食文化的开拓期

当黄河流域进入殷商时期后，长江下游的饮食文化已明显受到中原文化的影响。考古学界通常认为，良渚文化即相当于中原地区的夏代，大约到了商代，在原先的良渚文化区域内，出现了越文化前身的马桥文化和吴文化前身的湖熟文化。这一时期促进中原文化和长江下游文化交流的重要事件史称“泰伯奔吴”。夏商时代的长江下游地区，青铜文化不是很典型，陶瓷和原始瓷器是最常用的饮食器具。此外，还有多处遗址出土过夏商周时代的漆器。长江下游吴越饮食文化的全新时代当在“泰伯奔吴”之后，就饮食文化而言，“饭稻羹鱼”的基本特征没有变，鱼肴是古吴饮食文化的主要特色。

(三)长江下游地区饮食文化的积累期

秦汉时期，上承夏商周三代，下接魏晋，是中国历史上社会经济稳定发展的时期。这一时期长江下游地区饮食文化得到了一定的发展，江淮两岸尤为活跃。秦汉的统一，加速了全国的物资交流与人口流动，为饮食文化的发展奠定了坚实的物质基础。秦汉魏晋南北朝时期，长江下游地区的饮食文化主要呈现以下几个特点：

1. 南北农作物种植的交流与推广

随着大量北人南迁，铁农具和牛耕技术开始进入江淮地区，也把北方旱田作物带到了江淮两岸种植。另外，东瓯和东越的两次北迁江淮地区，使得南方的水稻在长江以北的种植面积大为扩大，如此就形成了今天的苏北、皖北水旱两宜的种植结构。由于石磨的广泛使用，人们对麦子的粉碎加工技术取得了突破，使麦子的食用更为方便，从而迅速成为长江下游地区人们的重要主食品种，并形成如下格局：淮河以北以旱田作物为主，江淮之间（今苏中、皖中）便是水旱混作，长江以南向浙江推进，水稻种植的比例迅速加大。

2. 食品加工技术的进步和炊具餐具的创新

自大规模的北人南迁之后，长江下游地区的农作物种植不断扩大，稻麦兼有，粮食增收，从而促进了相应的加工技术和烹饪方法的不断出新。这一时期，杵臼、石磨等去皮工具已经普及，而且还有了用畜力、水力驱动的机械碓臼。此外，“绢罗”制的筛子也已经被发明了。魏晋时期粮食粉碎技术的进步产生了精米白面。而这一时期植物油榨取技术的出现，又丰富了食品制作的加热技术。在此之前烹饪所用油脂都是动物油，植物油脂的出现是加工技术的一大进步。秦汉以后，青铜制的炊事用具几乎成了贵重的礼器，代之而起的是铁制工具，特别是铁质炊具铁锅的普遍使用，不仅使平民百姓用得起金属炊具，而且因铁器的传热性能优于青铜器，客观上促进了炒法的发明。同时，瓷器的发明逐渐代替了原来质地粗糙的陶瓷，从而使人们的饮食格调更为高雅。

3. 烹调技术的发展和创新

这一时期，在烹饪技术方面最突出的成绩是炒法的发明，这种方法的特点是高温急速加热使食物成熟，可以避免许多营养素的分解，这也是符合近代营养科学原理的，炒法与铁锅的配合，相得益彰。魏晋南北朝时期，调味技术也有了很大的发展，中国烹饪常用的特色调味料，如酱油、料酒、酱、豉、醋等，都已经广泛使用；葱、姜、蒜等香辛调料也已经普遍使用，真正做到了“五味调和”。同时，因为粮食加工技术的进步，米麦都可以粉碎为粉，从而促进了面点制作技术的大发展，现代流行的“四大面团”（水调面团、发酵面团、油酥面团、米粉面团）在魏晋时期都已出现。

（四）长江下游地区饮食文化的成长期

大运河的开通，实现了中国历史上第一次在地理上的大统一。大运河不仅推动了运河周边城市的发展，而且加速了中原文化与长江下游地区文化的交流及物品的流通，促进了该地区饮食文化的发展。唐代国家的统一，有力促进了农业、手工业、商业等的发展，为文化繁荣奠定了雄厚的物质基础。农业的发展表现在耕作上的耕、耙、耖相结合，以及对农具的改进。唐代茶风盛行，《茶经》的问世，对长江下游地区的茶文化发展有着巨大的影响。宋元时期，饮食原料的来源不断增多，饮食经济发展迅速，酒楼、茶坊、食店遍布城镇。而元朝统治下的长江下游地区饮食文化以清真饮食文化的发展最为显著。

(五)长江下游地区饮食文化的成熟期

明清时期,一些外来的粮食和经济作物品种引入中国。其中,粮食作物主要有玉米、甘薯。它们的种植对解决粮食问题产生了很大的作用,同时也丰富了人们的食物品种,并对百姓的日常饮食结构产生了影响。明清时期有花生、向日葵、油菜等油料作物品种,丰富了人们日常饮食制作的油类品种。这一时期的畜禽饲养技术也有了长足的发展,集中体现在优良品种的繁育方面。明清时期沿海地区出现了许多通商口岸,商品经济的规模日益扩大,东南沿海在全国经济中的地位举足轻重。就长江下游而言,明清时期不仅是名副其实的“天下粮仓”,更是明清两代朝廷的“金库”。人们的饮食生活水平实为全国之冠,这一时期长江下游地区的饮食文化有两大特点,为全国其他地方所不及:一是西方基督文化登陆本地区,西方饮食文化开始被人们所接受;二是文人的干预,促进中国传统烹饪文化体系的形成。

(六)长江下游地区饮食文化的现代多元期

长江下游地区的饮食风格呈现多元共处之势,在个性特征上更多的是寻求某种共性的“兼容”。《中国烹饪辞典》中设置了“四大菜系”的条目,其中包括以“淮扬菜”为代表的长江下游地区。长江下游地域,气候温润,四季分明,多湖泊水网。和四季分明相适应,这一区域重时蔬,多河鲜,烹饪方式上烧、烩、炖、煮、拌、汤并重,口味平和均衡,是淮扬菜系形成的基础。淮扬菜多以鲜活畜禽水产和四季应时蔬菜为原料,注重突出本味,食材品类中河鲜多于海鲜,家禽多过山珍。总体追求原汁原味、风味清新、浓而不腻、淡而不薄的饮食特点。长江下游地区的菜肴、面点,在形态上追求精巧、在刀工上讲究精细、在分量上注意小少,以不使食者生厌;在火候上重视控制温度,喜用炖、煨、焖、煮等文火缓慢致熟的方法,追求滋味鲜美和便于咀嚼;在调味技术上讲究多种调味料搭配使用,追求柔和而不尚浓烈。这些特色和风格一直延续至今。

第二节 长江下游地区特色饮食文化

一、长江下游地区的食物资源

(一)谷物类

长江下游平原地区土地肥沃,气候温暖湿润,盛产稻米、小麦、玉米、红薯、马铃薯、莜麦、黄豆、黑豆等粮谷类。

（二）果蔬类

长江下游地区蔬菜类有藕、韭、笋、黄瓜、芹菜、葱、姜、芥、葵等。瓜果类有杨梅、甘蔗、橘、橙、柚、枇杷、枣、柿、栗、菱、李、杏等。

（三）水产品类

长江下游地区湖泊众多，水道密布，是我国淡水鱼的重要产地。在这“十里一横塘，七里一纵浦”的“水乡泽国”之中，盛产鱼虾如鲍鱼、鲤鱼、鳝鱼、银鱼、春鱼、甲鱼、虾、蟹、蚌、鳖、龟等。

（四）畜禽肉类

长江下游地区畜禽肉类有猪、牛、羊、鸡、鸭、犬、雉等。

二、长江下游地区的特色饮食

（一）安徽特色饮食

安徽菜以烹制山珍野味、河鲜与讲究食补见长。徽菜之重火工是历来的传统，其独到之处集中体现在擅长烧、炖、熏、蒸等功夫菜上，基本味型是咸鲜微甜，注重原汁原味，适应面广。

（1）腌鲜鳜鱼。腌鲜鳜鱼是徽州水产类的传统名菜，肉质鲜嫩、醇滑爽口，保持了鳜鱼的本味原汁，经热油细火烹调后，非但无臭味，反而鲜香无比，成为脍炙人口的佳肴延续下来，至今盛誉不衰。

（2）李鸿章大杂烩。李鸿章大杂烩以鸡杂、肚片、火腿、面筋、香菇、山笋、海参等垫底，用麻油酥烧，然后装入陶盆，点以白酒、酱油等佐料，放在碳基上用文火慢烧，直至油清菜熟方原盆上桌。此菜鲜香可口，鲜而不腥，醇香不腻，咸鲜可口。

（3）无为熏鸭。无为熏鸭采用先熏再卤的做法，将处理过内脏并进行盐涂的鸭子进行熏制，然后放入桂皮、八角、葱、姜、蒜等30多种香料熬制的卤水中进行焖制，出锅后切成便于食用的块状，吃时可配炒好的辣椒酱、香醋、少许原卤水、青椒蓉泥味碟等。

（4）萧县葡萄鱼。萧县葡萄鱼是安徽省的传统名菜，通常将腌制的青鱼蘸蛋糊油炸，呈葡萄粒状时捞出。菜叶焯水贴在鱼肉旁，调料勾芡淋上鱼身即成。整串葡萄的外形，细腻的刀工、浓郁的甜酸葡萄果香，是筵席中令人爽口的佳馔。

（二）江苏特色饮食

江苏是中国四大菜系之一淮扬菜的发源地。江苏菜用料严谨，善于水产原料的制作，注重鲜活；讲究造型、选料、刀工，注重火工，擅长炖、焖、煨、焐；注重本味，清鲜平和，咸甜适中。注重配色，讲究四季有别。

1. 江苏特色菜品

(1)软兜长鱼。软兜长鱼又称“软兜鳝鱼”,是江苏地区传统名菜,属于淮扬菜中最负盛名的一道菜肴,淮安人厚待中外宾客最喜欢上这道“鲜嫩可口别具一格”的菜,让宾客尝鲜,赞不绝口。

(2)蟹粉狮子头。蟹粉狮子头是江苏扬州地区特色传统名菜,属于淮扬菜系。主要原料是蟹肉和用猪肉斩成细末做成的肉丸,口感松软,肥而不腻,营养丰富。有红烧、清蒸、油炸等多种做法。

(3)文思豆腐。文思豆腐是一道有着悠久历史的江苏传统名菜,起源于扬州和淮安,属于淮扬菜。它选料极严,刀工精细,软嫩清醇,入口即化,同时具有调理营养不良、补虚养身等功效,深受老人、儿童的喜爱。

2. 江苏特色饮品——莲藕汁

江苏省扬州市宝应县特产莲藕,是全国最大莲藕出口生产加工基地,故有莲藕之乡的美誉。莲藕汁制作简单,营养丰富,还有清热凉血的功效。

(三)浙江特色饮食

浙江菜品具有醇正、鲜嫩、细腻、典雅的特色,讲究时鲜,取料广泛,多用地方特产,烹调精巧,善烹制河鲜海味。口味注重清鲜脆嫩,鲜美滑嫩,保持原料的本色和真味。菜品形态讲究,精巧细腻,清秀雅丽。

1. 浙江特色菜品

(1)西湖醋鱼。西湖醋鱼是杭州四大名菜之一,成菜色泽红亮,鱼肉嫩美,带有蟹味,酸甜可口,别具特色。

(2)清汤越鸡。清汤越鸡是浙江绍兴的特色传统风味名菜,使用绍兴的特产越鸡烹制而成。鸡肉白嫩,骨质松脆,原汁清炖,味鲜爽口。

(3)龙井虾仁。龙井虾仁是浙江省杭州市的一道特色名菜,属于杭帮菜,因选用清明节前后的龙井茶配以虾仁制作而得名。虾仁白嫩,茶叶翠绿,色泽淡雅,味美清口。

2. 浙江特色饮品——西湖藕粉

西湖藕粉是浙江省杭州市的一种名优特产,其风味独特,富含营养。服用时只需先用少量冷水调和,再用开水冲调成糊状即可,冲泡后的藕粉晶莹透明,口味清醇,有生津开胃、养血益气的功效,是极适用于儿童、老人、病人的滋补品。

(四)上海特色饮食

上海菜即沪菜,以浓油赤酱、咸淡适中、保持原味、醇厚鲜美为其特色。常用的烹调方法以红烧、煨、糖为主。后为适应上海人喜食清淡爽口的口味,菜肴渐由原来的浓油赤酱趋向淡雅爽口。

1. 上海特色菜品

(1)红烧肉。红烧肉充分展现了上海本帮菜浓油赤酱的特色。以优质冰糖炒糖色,辅之以少量生抽,肉则选用一整块肥瘦相间的五花肉。这样做出来的红烧肉色泽油亮、肥而不腻、味道微甜、浓郁入味。

(2)本帮熏鱼。本帮熏鱼由多种调料熏制而成,色泽呈酱红色,一整块无骨草鱼一口咬下去肉质肥美鲜嫩、外酥里嫩,红褐色的表皮配上雪白的鱼肉,咸中带着微微的甜味,味道很浓郁。

(3)四喜烤麸。四喜烤麸是一道上海特色名菜,一般是加上黑木耳、黄花菜、花生米、香菇等食材,用红烧的方法制成。酱汁浓郁,咬上一口烤麸,浓稠鲜香的酱汁从里面渗出,酱香味十足。

2. 上海特色饮品——梨膏露

相比传统凉茶饮品,梨膏露多了些甘甜;相比传统中药药材,梨膏露多了些天然萃取,梨膏清润,草本自然,是解暑清燥的上选,带着浓浓的老上海味道。

第三节　长江下游地区饮食习俗

位于长江下游地区的吴越两国在春秋战国时代崛起,形成了颇具地方特色的吴越文化,这一地区“鱼米之乡”的格局已初步形成。长江下游地区居民习惯以大米为主食间或吃面粉,杂粮甚少,偶尔食之,也只是调剂一下口味。他们最擅长烹制的年糕、米团、糯米做的元宵独具特色,平时大多不断荤菜,节假日的食谱更是精制,有荤有素,干稀调配,小碟小碗,精细雅致,一年四季蔬菜水果供应充足,鸡鸭鱼肉每月不缺,嗜好海鲜、河鲜与竹笋。城镇居民多有吃零食的习惯,其口味也大多清淡,略带微甜,一般不吃辣椒、大葱、生蒜和老醋,有生食、冷食之古风,如炝虾、醉蟹、烫毛蚶、生鱼片都受欢迎。水果多,炒货多,小吃多,习惯饮黄酒与葡萄酒,爱喝绿茶或乌龙茶,喜食糖果、糕点、蜜饯和冷饮。

一、安徽饮食习俗

安徽省地形地貌呈现多样性,长江、淮河流贯境内,将全省划分为淮北、淮南(又称皖中)、江南(又称皖南)三个基本自然区。淮北地区,地势平坦开阔,属暖温带,主产小麦及山芋、玉米、高粱等杂粮,居民以面食为主。皖中包括江淮丘陵地区和长江冲积平原,这里有长江、淮河、巢湖等天然河湖,土沃平畴,又有大别山绵延起伏,丘陵曲折,盛产大米、棉花、茶叶、水果等,水产家禽丰富,是著名的鱼米之乡。皖南山区层峦叠嶂,峰岭俊秀。皖中、皖南隔江相望,地理环境相似,饮食习俗大体近似,主食以大米为主,山区人民兼吃一部分杂粮。宣州等地区的血红糯米被视为补品。复杂多样的地形分布及气候特点,为安徽饮食文化景观的形成与发展提供了自然基础。在蔬菜饮食方面也有很大的差异,安徽菜以皖南、沿江和沿淮三种地方风味构成,以皖南菜为代表,富于地方风味,为全国八大著名菜系之一。皖南菜以烹制山珍野味著称,擅长炖、烧,芡大油重,讲究火功。善于保持原汁原味,不少菜需用木炭小火慢炖,因而汤汁清纯,味道醇厚,原锅上桌,香气四溢。皖中地区因为水产和家畜产量多,人民多以鱼肉、鸡、鸭、鹅及禽蛋等制作菜肴。尤以烹调水鲜、家禽、猪肉见长,讲究刀工、注意色彩,善于用糖调味。农村居民口味偏咸,大别山居民除口味偏咸外,还嗜辣味。皖中居民还喜欢熏制肉肴,如有两百多年历史的"无为熏鸭"。淮北平原地区居民喜咸中带辣,酥脆醇厚,汤汁重色浓,并惯用生大蒜、香菜、辣椒佐味和配色,喜食牛羊肉。安徽饮食就地取材,用独到的火功进行烹饪,加之秉承食物补身、养身、助疗的目的,使安徽饮食以鲜制胜,既保证浓淡相宜的口感,又继承了我国医食同源、讲究食补的传统。安徽的传统主食大部分采用蒸煮制成,这种方式有利于最大化地保持食物营养并加以调和。此外,安徽独有的营养丰富被人们当作滋补佳品的传统菜肴——臭鳜鱼。经研究,臭鳜鱼中的游离氨基酸比未加工前要多,脂肪含量有所降低,并且鳜鱼肉富含抗氧化成分,具有美容养颜的作用。

二、江苏饮食习俗

江苏省河流纵横交织,长江贯穿东西,京杭大运河纵穿南北,地处亚热带向温暖带的过渡区,具有海洋性气候的特征,温暖湿润。江苏四季分明,雨量充足,土地肥沃,物产资源丰富,加之历史文化与经济技术因素,这些良好的外部条件为江苏菜的形成与发展起到了极大的推动作用。江苏菜用料广泛,烹调多样,重视调汤,风味清鲜,主要由金陵菜、淮扬菜、苏锡菜、徐海菜等地方菜组成。金陵菜擅长炖、焖、炸、烤,特别讲究七滋七味:即酸、甜、苦、辣、咸、香、臭;鲜、烂、酥、嫩、脆、浓、肥。金陵菜以善制鸭馔而出名,素有"金陵鸭馔甲天下"的美誉。淮扬菜是中国传统四大菜系之一,选料严谨,讲究鲜活,主料突出,刀工精细,擅长炖、焖、烧、烤,重视调汤,强调本味,色调淡雅,造型新颖,咸甜适中,口味平和。苏锡菜擅长炖、焖、煨、焐,注重保持原汁原味,花色精细,时令新鲜,甜咸适中,酥烂可口,清新腴美。徐海菜鲜咸适度,习尚五辛、五味兼崇,清而不淡、浓而不浊。无论取料何物,均注重"食疗、食补"作用。另外,徐州菜多用大蟹和狗肉,尤其以全狗席甚为著名。江苏菜以崇尚清淡爽洁,天人合一的哲学观统摄,使羹汤菜汁或浓而不腻,或清鲜而不淡薄,崇尚"一席半斋",时鲜野蔬,清爽宜人。原料多以水产为主,注重鲜活,刀工精细,著名的水产品有长江三鲜(鲥鱼、刀鱼、河豚),其中鲥鱼肉质肥嫩、味道鲜美,营养丰富,经济价值较高,有"鱼中之王"的美誉,还有药用食疗价值。江苏菜少油少盐,注重保持菜品的原汁原味,风味清鲜,浓而不腻,淡而不薄,具有很高的营养价值。

三、浙江饮食习俗

浙江濒临东海，气候温和，水陆交通方便，其境内北半部地处我国“东南富庶”的长江三角洲平原，土地肥沃，河汉密布，盛产稻、麦、粟、豆、果蔬，水产资源十分丰富，四季时鲜源源上市；西南部丘陵起伏，盛产山珍野味，无不为烹饪提供了殷实富足的原料。丰富的烹饪资源、众多的名优特产，与卓越的烹饪技艺相结合，使浙江菜出类拔萃地独成体系。浙江菜选料讲究，烹饪独到，注重本味，制作精细，包括杭州、绍兴、宁波三个支系。杭州菜重视原料的鲜、活、嫩，主要以鱼、虾、时令蔬菜为主，讲究刀工，口味清鲜，注重突出本味，品种因时而异，变化较多。宁波菜咸鲜合一，以烹制海鲜见长，讲究鲜嫩软滑，注重保持原味，强调入味。绍兴菜擅长烹制河鲜家禽，菜品强调入口香绵酥糯，汤浓味重，富有乡村风味。浙江菜精巧细腻，清秀雅丽，保养调理功能在其他菜系中首屈一指，在讲究色、香、味、形、器的基础上研究和提高菜肴的营养价值，使之达到膳食平衡，更加有益于消费者身体健康的要求，为浙江烹苑增添了朵朵奇花异卉。如今，浙菜的发展已进入科学、营养、卫生，以味为核心、以养为目的，以低价、实惠，以大众消费为目标的高速度、跨越式发展阶段。

四、上海饮食习俗

上海地处湿热带，气候宜人，四季常青，海岸线又长，物产丰富。山珍海味、土特产应有尽有，上海人在饮食烹饪方面，根据本地区的特产和人们的口味、习惯，加上博采众长，融会贯通，精于制作，从而形成了特有的海派饮食文化。海派即为“海纳百川，兼容并蓄”。而海派文化是基于中华传统文化基础上，又融入了一些西方的文化，经过了相当长时间的吸收消化而形成的富有自己鲜明特点的一种文化。虽然上海的饮食文化并不完全等于海派饮食文化，但上海饮食却是海派饮食最重要的组成部分。上海作为中国的一个重要城市，近代是以“本帮菜”出名的。“本帮菜”是由农家便饭便菜发展而来的，比较朴素实惠，以红烧、生煸见长，口味较重，善浓油赤酱，颇有家常风味。后来，吸取无锡、苏州、宁波等地方菜的特点，兼及西菜、西点之法，使其花色品种得到了很大的发展，逐渐形成了以上海和苏锡风味为主体并兼有各地风味的上海风味菜体系。现在的上海菜讲究选料新鲜，取用四季时令蔬菜，鱼虾以江浙两省为主，取活为上，菜肴品种众多，鲜咸适口，四季有别。虽然传统的上海人做菜讲究浓油赤酱，但随着健康意识的提升，上海人的饮食也逐渐转变为少油、少糖和少盐的清淡口味。绿叶菜在上海人的饮食结构中占有非常重要的地位，甚至有“一天不吃青，两眼冒金星”的俗语。上海人的饮食除了花样繁多之外还很精致，以量少来保证饮食的多样化。上海民众普遍有爱吃鱼虾的习惯，水产品低脂肪高蛋白，对身体是非常有益的。除了健康的饮食习惯外，上海人的养生意识也非常强烈。

总体来说，长江下游地区的各种风味特色是同大于异，其共同点在于精细柔和，但各地风味仍有一些自身的特点，安徽菜、江苏菜、浙江菜、上海菜都分别体现出了各自的文化底蕴。

第四节　长江下游地区饮食模式与健康

最新发布的《中国居民膳食指南科学研究报告(2021)》中，第一次提到了“江南地区饮食模式”。江南饮食尚本味、近自然，被誉为“中国最健康的饮食模式”。从以往中国居民营养与健康状况监测分析，我国以安徽、浙江、上海、江苏为代表的江南地区膳食可以作为东方健康膳食模式的代表。该区域膳食以米类为主食，新鲜蔬菜水果摄入量充足；动物性食物以猪肉和鱼虾类为主，鱼虾类摄入相对较高，猪肉摄入量低；烹饪清淡少油少盐，比较接近理想膳食模式。同时，江南饮食有六大特点：提倡增加粗粮，减少精米精面；推荐植物油，低温烹饪；增加白肉、减少红肉，推荐豆制品；蔬菜多多益善，保证适量水果；推荐适量坚果、奶类；强烈推荐蒸、煮、涮的烹饪方式。流行病学和慢性病监测发现，具有这一模式特点的人群，不仅预期寿命比较高，而且发生超重肥胖、2 型糖尿病、代谢综合征和脑卒中等疾病的风险均较低。

一、安徽饮食模式与健康

如今安徽正处在一个高速发展的新时期，安徽人民的生活水平也有较大幅度的提高，居民早已由“吃得饱”向“吃得好”转变。徽菜在烹调方法上擅长烧、炖、蒸，并习以火腿佐味，冰糖提鲜；菜品讲究咸中带辣，汤汁味重色浓。因此，部分居民存在饮食偏好，偏食咸、辛辣和甜食，存在肉食搭配不合理的现象。食盐过多，影响钙的吸收，造成骨质疏松，也是高血压等心血管疾病的诱因，与消化系统肿瘤也有较大关系。研究表明，高糖高脂饮食者长期大量食用甜食会使胰岛素分泌过多，产生胰岛素抵抗以及引起碳水化合物和脂肪代谢紊乱，人体内环境失调，进而引发多种慢性疾病。长期辛辣饮食对胃肠道黏膜刺激性很大，慢性胃肠道疾病的患者更应该忌食。居民膳食营养状况是一个国家经济发展和社会进步的重要指标和标志，获得营养适宜且安全的食物是每一个人的权利，居民的饮食习惯决定了该人群的膳食结构和营养状况。安徽地区居民腌熏食品摄入较多，可能与当地的生活习惯有密切关系。青少年群体中食用乳及乳制品、油炸食品和甜食的比例高于其他年龄组人群，食用豆制品和腌熏食品的比例低于其他年龄组人群，为减少青少年肥胖，应及时补充豆制品。老年人群组中食用腌熏食品的比例较高，提示应注意高血压和其他疾病的发生。良好的饮食习惯和结构是确保身体健康及提高身体素质的前提。因此，建议根据当地实际问题，开展适宜的健康教育，培养良好的饮食习惯，合理营养，平衡膳食。

二、江苏饮食模式与健康

江苏经济发展水平高、人口密度大、耕地资源少，粮食生产和消费水平在全国具有重要的特殊地位。江苏省居民随着经济收入的增加，膳食质量总体得到提高，但膳食结构并不完全合理，农村居民谷类摄入量不高，蔬菜水果、奶类及豆类摄入量普遍偏低；城镇居民畜禽肉类产品以及食用油摄入量偏高。江苏地区居民膳食模式以植物性食物为主，能量供应以碳水化合物为主。经济转型时期膳食结构已发生变化：一是膳食质量总体提高。1989 年以来随着经济的好转，畜禽蛋类食物消费量增加了一倍，新鲜水果的消费量迅速增加。近些年城乡居民乳类消费量增长较快，但仍然与平衡膳食宝塔建议的标准差距较大。二是植物性食物（特别是谷类和根茎类食物）消费量下降。三是成人脂肪的供能比显著提高，传统膳食低饱和脂肪、低胆固醇的优势正逐步丧失，这与其他经济变迁国家的趋势相同，过量脂肪对成人超重和肥胖的发生有促进作用。另外，钙的摄入未达到膳食参考摄入量，城乡居民钙营养不足的问题仍然存在，铁的摄入总量虽已达到，但从膳食结构分析，主要是植物性铁，其吸收率低，实际可利用的铁仍然不足，是江苏地区妇女贫血患病率一直较高的重要原因。膳食结构和体力活动方式的改变是超重和肥胖患病率上升较快的主要原因。此外，高血压患病率一直呈上升趋势，与盐的摄入量偏高明显有关，故应限制对盐的摄入。

三、浙江饮食模式与健康

根据《浙江省 2010—2012 年居民营养与健康状况监测结果》显示，浙江城市居民谷类的摄入与平衡膳食宝塔推荐量相比是适宜的；蔬菜类除大城市居民达标外，中小城市以及农村居民都未达标。而对于水果类的指标，所有监测点的居民均远低于推荐量，浙江地区居民的鱼虾类摄入偏低，仅大城市居民达标。蛋类同样摄入量偏低，而对于禽肉类，摄入量偏高；浙江地区奶类的摄入量大大低于平衡膳食宝塔推荐量，大豆及其制品摄入量与平衡膳食宝塔相比也偏低；食用油摄入量偏高，食盐摄入量大大超过平衡膳食宝塔推荐量。专家建议，目前浙江地区居民的肉类摄入以猪肉为主，但猪肉含脂肪较高，因此建议尽量选择瘦畜肉或禽肉；动物内脏有一定的营养价值，但因胆固醇含量较高，不宜过多食用；蛋类的营养价值较高，建议每日摄入半个至一个鸡蛋；建议每天吃新鲜水果，在鲜果供应不足时可选择一些含糖量低的纯果汁或干果制品；多吃深色蔬菜，因为它们含维生素和植物化学物质比较丰富，在日常食用的新鲜蔬菜中，深色蔬菜最好占一半以上。而且，浙江地区居民的维生素 A、维生素 C 的摄入量都偏低。浙江地区居民钙的摄入量还是比较低的，专家建议可以多食用钙质含量高的食物，比如牛奶、酸奶、奶酪等，当然也要多做体育运动，运动可使肌肉互相牵拉，强烈地刺激骨骼，加强血液循环和新陈代谢，减少钙质丢失，推迟骨骼老化，同时有利于人体对饮食中钙的吸收。此外，最好还要多晒太阳并吃好早餐，促进体内维生素 D 的合成以利于钙的吸收。

四、上海饮食模式与健康

为了掌握居民的营养与健康状况，上海市疾控中心于 2012—2017 年开展了“上海市居民膳食与健康状况监测”，结果显示，上海市居民膳食能量和产能营养素摄入满足日常需求，但仍存在膳食结构不合理的问题。油盐摄入量高于推荐标准，畜禽肉类摄入过多，谷薯类、蔬果类、大豆类和奶类摄入不足。通过分析线上调查收集的膳食数据，描述上海地区居民的食物消费现状与特点，进一步了解上海居民的饮食习惯和偏好，为优化上海居民的膳食结构提供依据，有助于公共卫生部门营养相关疾病的防治策略的制定和实施。上海地区居民的主食摄入频次前三位分别为米饭、粉糊和粥类及面和粉条类；菜肴摄入频次最高的是蔬菜类，畜肉类及其制品和水产类次之；餐时最常见的饮品为汤类。对食物种类进行分析发现，上海地区居民每周摄入的谷类主要包括小麦面粉、大米和杂粮，杂粮中燕麦的食用频率最高，其次是赤小豆和薏米。深色蔬菜中青菜、番茄和胡萝卜最受欢迎，菌藻类中黑木耳、香菇和海带食用频率最高。动物性食品中畜禽肉类及其制品的消费率较高。大豆及其制品的消费以豆腐和豆干为主。坚果和水果的消费种类较少，食用频率较低。上海地区居民的主食以稻米类为主，选择多样化。在主食的选择上符合南方以稻米类为主的膳食习惯，早餐的选择趋向于便携食品（如包子、面包、点心类等），这可能与上海快节奏的生活方式有关。菜肴中蔬菜类食用频次居首，动物性食物次之。动物性食物以畜肉类最高，水产类次之，蛋类最少。上海地区居民对水产类食物有所偏好。大量研究表明，新鲜蔬菜及水产类食物能有效降低肥胖和心血管疾病的发病风险，建议减少畜禽肉类的摄入频次。早餐饮品以乳类制品为主，正餐则以汤类为主，其中咸汤为主，甜汤较少且多见于早餐。

小结

从鄱阳湖口开始，长江便进入它的下游河段，长江流域的饮食文化在此也有了新的拓展。安徽菜清淡又不失油润，酸甜苦辣咸皆有，但是都不偏重。“安徽风味”的徽菜是中国著名的八大菜系之一。辽阔的淮北平原，肥沃的江淮、江南地区盛产各种粮、油、蔬果、禽畜、蛋品，给徽菜的形成和发展提供了良好的物质基础。江苏为鱼米之乡，物产丰饶、饮食资源十分丰富，加之一些珍禽野味，林林总总,都为江苏菜提供了雄厚的物质基础。江苏菜用料广泛,以江河湖海水鲜为主,烹调方法多样,擅长炖、焖、煨、焐。浙江菜选料追求“细、特、鲜、嫩”。选料精细,使菜品达到高雅上乘。烹调方法上以南菜北烹为常见,口味上以清鲜脆嫩为特色,形态上则讲究精巧细腻,清秀雅丽。上海菜取用本地鱼虾和蔬菜特产为原料,烹调上以红烧、蒸、煨、炸、生煸见长,菜肴浓油赤酱,量大质优,讲究实惠,汤卤则醇厚不腻,咸淡适口。在海派饮食之前,家常、平民化是上海菜的特色。后来,海派饮食吸收苏、徽等16个地方的风味,上海菜逐渐由原来的重油赤酱趋向淡雅爽口,并形成了海派饮食的特色。21世纪以来,长江下游地区的饮食文化向着科学化、现代化、大众化的方面发展,这也是我国社会主义文化发展的主流方向。

参考文献

[1]蔡铁鹰,丁玉勇,王旭华.菜系中“风味”的核心地位与淮扬菜系的风味:淮扬菜系基础理论研究之二[J].淮阴工学院学报,2021(4):5-10.

[2]姚伟钧.长江流域的地理环境与饮食文化[J].中国文化研究,2002(1):131-140.

[3]中国营养学会中国居民膳食指南科学报告工作组.《中国居民膳食指南科学研究报告(2021)》简本[J].营养学报,2021(2):102.

[4]刘娜,沈月平,李宝霞,等.高盐饮食及腌制食品与胃癌关系的Meta分析[J].环境与职业医学,2009(3):263-266+270.

[5]高宇,宋光耀,周宇,等.高糖、高脂饮食诱导大鼠胰岛素抵抗和血管舒张功能减弱[J].基础医学与临床,2006(3):275-279.

[6]唐雅玲,黄韬,杨永宗,等.高糖高脂饮食对新西兰兔血清葡萄糖和脂质浓度的影响[J].中国动脉硬化杂志,2009(7):593.

[7]崔颖,杨丽,巫琦,等.安徽、新疆农村社区居民膳食结构调查[J].中国公共卫生,2008(8):987-989.

[8]袁宝君,潘晓群,戴月,等.江苏地区居民膳食结构与营养状况变迁研究[J].营养学报,2007(6):569-572.

[9]张卫.浙江:居民营养与健康状况监测结果出炉[J].中国食品,2015(20):50.

[10]赵燕芳,叶梦瑶,白慧婧,等.上海103名居民饮食结构分析[J].老年医学与保健,2021,27(6):1300-1304.

第八章　东南地区饮食文化与健康

第一节　东南地区饮食文化历史

一、东南地区饮食文化圈

东南饮食文化圈大致包括闽、粤、琼以及台、港、澳，以闽、粤为中心地区。该地区以稻米为主食，以丰饶的蔬果、海产、禽类为副食。繁盛的海外贸易和便利的域外交通，以及相对长久稳定的社会环境、丰富的物产，形成了这一地区饮食文化的特点：喜食稻米、重鲜活、尚茶饮，蔬菜和海产比重较高，俗尚食事。广东谣谚“饥食荔枝，饱食黄皮”“秋冬食獐，春夏食羊”“雨水漫漫，鱼蟹满盘”等足以表明物产及人们食尚的特点。粤、闽、港、澳等菜肴在中国独树一帜。这里的厨师善于汲取中、西烹饪技术的精要，根据本地百姓的口味、嗜好、习惯，大胆改良，锐意创新，选料广泛而精细，刀工精致，调味有方，呈现出勃勃生机。

二、东南地区饮食文化圈的地理环境

（一）广东的地理环境

广东省，自东至西依次与福建省、江西省、湖南省、广西壮族自治区接壤；毗邻香港、澳门特别行政区；西南端隔琼州海峡与海南省相望。除大陆外，广东省还有面积500平方米以上的海岛759个，岛屿面积1448平方千米，约占全省面积的0.81%。广东省属于东亚季风区，从北向南分别为中亚热带、南亚热带和热带气候，是全国光、热和水资源较丰富的地区，且雨热同季，降水主要集中在4~9月。全省年平均气温21.8 ℃。

（二）福建的地理环境

福建省，地处中国东南沿海，北界浙江，西邻江西，西南与广东相接，东隔台湾海峡与

台湾省相望，连东海、南海而通太平洋。全省东西最大宽度约 480 千米，南北最大长度约 530 千米，土地面积 12.14 万平方千米。就海上交通而言，福建是中国距离东南亚、西亚、东非和大洋洲较近的省份之一，历来是中国与世界交往的重要门户。福建山地，地形复杂，形成了多种多样的地方性气候，而且气候的垂直变化也比较显著。一些较高的山地，除山麓基带属于中亚热带外，随着高度上升，就会出现北亚热带、暖温带，甚至中温带气候，降水量也随着高度不同发生变化。复杂多样的气候，形成不同的生态环境，为各种生物的生息繁衍，为发展丰富多样的农、林、副业生产提供了有利条件。

（三）海南的地理环境

海南省，地处北回归线以南，四周低平，中间高耸，以五指山、鹦歌岭为隆起核心，向外围逐级下降。山地、丘陵、台地、平原构成环形层状地貌，梯级结构明显。海南是中国第二大岛屿，陆地面积 3.54 万平方千米，海域面积约 210 万平方千米。海南地处热带北缘，属热带季风气候，素来有“天然大温室”的美称，这里长夏无冬，年平均气温 22 ~ 26 ℃，年光照时间为 1750 ~ 2650 小时，光照率为 50% ~ 60%，光温充足，光合潜力高。海南岛入春早，升温快，日温差大，全年无霜冻，冬季温暖，稻可三熟，菜满四季，是我国南方育种的理想基地。海南省雨量充沛，年平均降雨量为 1639 毫米，有明显的多雨季和少雨季。

三、东南地区饮食文化的起源与发展

东南地区饮食文化源远流长。从秦汉开始繁衍生息，经过历代的嬗变，逐渐形成东南地区饮食文化体系。其中不少美食一直流传至今，为我国饮食增辉生色，享誉于世界。

（一）东南地区饮食文化的萌芽期

封开垌中岩人是岭南地区人类最早的祖先之一，垌中岩人的发现表明东南地区的古人类是沿着珠江流域自西向东发展的。从旧石器时代岭南先民的历史遗迹中发现，早期先民为获取食物和自然界展开了艰苦卓绝的斗争。当时获取食物的方式主要有三种：采集、狩猎和捕捞。新石器时代开始了人类饮食史上的伟大变革，制陶手工业、原始畜牧业的出现，使人类饮食从此变得绚丽多彩。闽江、韩江和珠江流域出土的新石器遗址众多实物揭示，东南地区的远古先民定居于村落，并从事原始的采集、狩猎、渔捞和锄耕农业。

（二）东南地区饮食文化的开拓期

百越族，是我国东南和南部地区古代土著民族的共同体，这一族群数目众多，分布广泛。由于越人以使用扁平穿孔石斧越而著称，“越”便成为这一族群的象征物，故被称为“越人”。先秦时期是古越族形成和发展的时代，由于中原文化未传入东南，越族文化最纯粹地保留了它的原始色彩。新石器时代东南各地的遗址，都留下了古越人生活足迹。

古越族多聚居于山区丘陵地带。渔猎采集、刀耕火种的生产方式，给饮食生活带来诸多不利因素，但古越人却能充分利用动植物资源，在天然食库中获得丰富的食品，并根据本土的生态特点，探索出百越族特有的饮食风格。其中稻作文化、羹鱼美馔、嗜食槟榔在历史上影响久远。

（三）东南地区饮食文化的积累期

秦统一后，使东南地区从原始的酋长部落社会进入封建社会，这是一个历史性的大跨越。此后至魏晋南北朝，中国社会经历了多次的移民浪潮，民族的大迁徙和大融合对东南地区经济和文化的发展产生了重要影响。中原汉民族迁入东南，带来了先进的生产工具、生产技术、良种作物和劳动人手等，使东南地区进入了早期开发的历史阶段，无论是农业生产、手工制造，还是精神面貌、观念形态等都有了较大进步，加速了东南地区的文明进程。汉越经济文化的融合促进了东南饮食文化的发展，它使本地区的食品制作、烹调技术大为改观，从而为饮食文化的发展开辟了光辉的前景。

（四）东南地区饮食文化的成长期

隋唐以前，东南地区经济发展落后于中原地区。隋唐时期东南经济开始有了初步发展，至两宋，东南经济文化得到长足的发展，尤其在福建地区。东南经济文化的发展带动了本地区饮食文化的兴旺。果蔬业、渔业的发展丰富了东南饮食资源，南北农作物的交流改善了东南人民的饮食结构，北方饮食原料与食品的传入带动了东南菜系的发展。福建茶树的广泛种植和茶叶的精细加工使福建茶叶声名远扬。广州、泉州两大国际贸易港的崛起促进了城市饮食业的兴旺，与此同时，中外饮食文化的频繁交流又进一步丰富了东南饮食文化，也对海外饮食风俗产生了深远的影响。在漫长的历史发展过程中，两宋闽粤地区多个汉族民系已经形成，并开始形成自己民系的饮食习俗。

（五）东南地区饮食文化的成熟期

明清时期，东南地区经济文化发展兴盛。兴旺的农业丰富了饮食资源，发达的手工业，促进了饮食器具的进步；繁荣的商业，促进了市镇的兴起和市镇饮食的兴旺。食俗必然和生态环境密切相关。东南地区背山面海，海产丰富，兽类众多，造就了东南人钟情于海鲜和野味的传统食俗；而东南湿热的天气又对东南菜肴清淡口味的形成有着重要影响。随着东南各民族、民系的发展壮大，明清时期东南四大菜系成熟定型。

（六）东南地区饮食文化的繁荣期

近代中国的开放及中外贸易的发展，使东南一些最先开放的地方凭借良好的地理位置和海港优势迅速崛起，至民国时期，已发展成为近代工商业城市。受西方饮食文化的熏陶，中西结合的城市饮食文化有了进一步的发展。明清以来，东南地区社会生产力得到空前发展，商品经济非常发达，经济作物种植普遍，饮食资源相当丰富，人民生活水平有了提高,也较重视物质生活享受。这一切带动了各地风味小吃的兴起和发展,人们制作了各种风味小吃,并用于岁时佳节、婚丧喜庆、迎亲送友、拜神祭祀、纪念先人、祈福祛灾、市场销售等。

(七)东南地区饮食文化的变革期

1978年改革开放给中国带来了巨大的变化,全国的工作重心转移到经济建设上。最先享受政策之利的东南地区,其社会、经济、文化等方面发生了巨大变化,社会进步,经济发达,文化繁荣。此时,东南地区的饮食文化出现了空前繁荣的局面;饮食文化思想空前解放,饮食资源极大丰富,市场食料供应充足;粤菜、闽菜争相斗艳,餐馆酒楼遍布城市;人民的生活水平从温饱走向了小康,多元、健康、绿色的饮食观念逐渐形成。

第二节　东南地区特色饮食文化

一、东南地区的食物资源

(一)谷物类

东南地区主要粮谷类食物为大米、香米,用其做成的粉、面食成为东南地区居民的首选食物。例如,广东的河粉和肠粉、福建的兴化米粉等,此外龙须面、精波纹面、精致圆蛋面和金丝蛋面等面食大量供应市场。

(二)果蔬类

东南地区气候湿热,夏秋时节长,冬春时节短,非常有利于蔬菜的生长,此外蔬菜基地栽培反季节蔬菜,保障了东南地区常年新鲜蔬菜的供应。

东南地区是我国有名的水果之乡。广东是柑橘、荔枝、香蕉、龙眼的原产地之一,北部生产蜜柑、沙田柚、李、梅、柿、桃、梨、板栗等,东、中、南部盛产柑橘、香蕉、荔枝、菠萝、龙眼、杨桃、梨、番石榴、梅、橄榄,西部生产菠萝、香蕉、荔枝等。海南盛产椰子、菠萝、芒果等热带水果,福建的龙眼产量居全国第一。

(三)畜禽肉类

鸡肉、猪肉、鹅肉等家禽畜肉为东南地区人民嗜好的荤食。东南名鸡众多,有三黄鸡、文昌鸡、霞烟鸡、清远麻鸡、粤黄鸡等。其中"三黄鸡"肉嫩骨细、皮脆味鲜、肉质极佳;"文昌鸡"以肥美、肉嫩、骨软、爽滑而驰名,主要产于海南省文昌市。"狮头鹅"是中国最大的肉用鹅,主要产于广东的澄海、饶平等地区;清远的"乌鬃鹅"属小型鹅种,为粤菜著名菜品"烧鹅"提供了优质货源。

(四)水产品类

东南地区靠近东海、南海,雨水丰富,为水产养殖和海洋捕捞提供了先天优势。鱼类有带鱼、大黄鱼、海鳗、马鲛、鲳鱼;贝类有牡蛎、花蛤、贻贝、文蛤等;藻类有海带、紫菜、江蓠、红毛菜等。

二、东南地区的特色饮食

(一)广东特色饮食

粤菜以广东菜为代表,其特色是“多彩善变”。所谓“多彩”即多流派、多菜种、多形式。所谓“善变”是广东菜多变化多功能,反映广府方言地区群众聪明才智、食谱四时不同、早午晚不同、各种宴席不同、不同层次消费者,各色款式,应有尽有。

(1)白切鸡。其是一道色香味俱全的特色传统名肴,白切鸡皮爽肉滑,清淡鲜美。

(2)挂炉烧鹅。烧鹅是广东广州最知名的汉族小吃之一,作为广州最普遍和最受欢迎的烧烤肉食,它的特点是色泽金红,皮脆肉嫩,味香可口。

(3)老火靓汤。其又称广府汤,是广府人传承数千年的食补养生秘方,是广府女人用万般温情煲煮的美食靓汤,是调节人体阴阳平衡的养生汤,更是辅助治疗恢复身体的药膳汤。

(4)脆皮乳鸽。其是广东菜中的一道传统名菜,具有皮脆肉嫩、色泽红亮、鲜香味美的特点,具有强身健体,清肺顺气的作用。

(二)福建特色饮食

闽菜是我国八大菜系之一,经历了中原汉族文化和当地古越族文化的混合、交流而逐渐形成。闽菜是以福州菜为基础,后又融合了闽东、闽南、闽西、闽北、莆仙地方风味菜系。福建人民经过与海外、南洋群岛人民的长期交往,海外的饮食习俗也逐渐渗透到福建人民的饮食生活之中,从而使闽菜成为带有开放特色的一种独特的菜系。闽菜以烹制山珍海味而著称,在色香味形俱佳的基础上,尤以“香”、“味”见长,其清鲜、和醇、荤香、不腻的风格特色,以及汤路广泛的特点,在烹坛园地中独具一席。

(1)同安封肉。其是厦门同安传统的名菜。将整块的肉装盆,加盖入笼蒸熟之,上桌才掀盖,所以叫作“封肉”。

(2)姜母鸭。闽南传统名菜,也是厦门地区传统名吃之一,流行于闽南厦门、泉州地区,原系一道宫廷御膳。它既能气血双补,同时搭配的鸭肉有滋阴降火功效,滋而不腻,温而不燥,适合于秋季和冬季食用。其食色诱人,香气扑鼻,味道鲜美,营养丰富。

(3)香酥芋泥鸭。其是厦门的一道经典名菜,去骨去肉的鸭皮内侧铺上满满的芋泥后,下油锅炸到酥香。芋泥里面裹着鸭肉,外面皮很酥,里面很软,还可以蘸着果酱吃,果酱有芒果和百香果的混合味道。

(4)南海金莲。其是福建的特色传统名菜。菜品色彩艳丽,造型像一朵盛开的金色莲花,非常精美,口味清香,口感软糯。它的原料有豆腐、冬笋、马蹄、香菇、冬瓜,色香味俱全。

(三)海南特色饮食

海南是全国最大的海洋省份,首屈一指的是水产资源。海南的水产原料比渤海、黄海、东海更丰富、更优质。海南饮食以淡雅为主,运用独特的思维方式和表现手法来反映海南人在饮食方面的一种文化现象。海南饮食重视在新鲜的前提下,尽可能把食物原料做成多种诱人的美味。

(1)白切文昌鸡。文昌鸡,水煮白切,皮色淡黄光鲜,肉质肥脆香酥,在清代被定为贡品。海南自古以来把文昌鸡当作一道名菜,也深得中华饮食文化的要旨。《论语・微子》讲待客之道时说“杀鸡为黍而食之”,杀鸡备黍便成为待客的代名词。

(2)白切嘉积鸭。白切嘉积鸭,肥美甘香,百吃不腻。鸭的肉性最凉,而嘉积鸭更是凉中佼佼者。因此,在地处热带的海南,白切嘉积鸭是一年四季滋补身体的健康美食。

(3)白汁东山羊。东山羊产于万宁东山岭。白汁东山羊素以肉肥汁白鲜而不膻闻名于世,历来甚受口碑,其风味“妙处难与君说”。

(4)清蒸和乐蟹。和乐蟹生长在万宁和乐镇的港湾,咸淡水的交汇,适于大量的海草海菜生长,从而养育了体大、肉嫩、味美无比的蟹中珍品。和乐蟹与其他海蟹、河蟹相比,肉质更丰厚,脂膏更丰满。

第三节　东南地区饮食习俗

一、广东饮食习俗

1. 嗜好甜食

广东人喜爱甜食,尤以暑天为最,这是与广东地处亚热带有关。广东人嗜好甜食,并非局限于甜饮料或甜点,连炒菜烹调、煮粥裹粽都喜欢放糖作调味品。广东人在日常饮食中,把糖与盐看得同样重要,故屈大均在《广东新语》中有“大抵广东人饮馔多用糖”的记载。

2. 喜爱杂食

广东杂食中的“杂”,杂到令人难于胜数。动物性食物,除猪、牛、羊、鸡、鸭、鹅、兔、鱼外,还有狗、蛇、龟、鼠、猴、蛙、螺、虫等。总之,凡能入食的材料都充分利用于饮食,所谓

“花草鱼虫，可为上菜；飞禽走兽，可为佳肴”。

3. 讲究烹饪

广东调味以甜为主，酸、辣次之。粤菜的炮制有蒸、炸、浸、炆、焗、炒、炖、煎、熬等36种方式，重色彩、讲镬气、求刀法、食味道，故在广东广泛流传一句顺口溜：“食嘢食味道，睇戏睇全套。”广东人对鱼的烹调尤其讲究，有一套“食鱼经”：“一芒，二鲳，三马鲛”；“熊鱼头，鲩鱼尾，鲢鱼肚腩，鲤鱼鼻”。

4. 季节性强

广东的饮食习惯，随季节、时令的变化而异。一般情况，冬春重浓郁，夏秋求清淡；热天多食清凉的食物，冷天多进取滋补的炖品。

二、福建饮食习俗

1. 汤菜考究，独具风味

福建菜品的精髓所在就是善于调汤，以汤保味。向来有“重汤”“无汤不行”“一汤十变”“百汤百味”之说。适当的辅料不仅有助于原汤的点缀，更是使原汤有一种难以言表的美味，却不乏其精美的原味，如红糟、橘汁、沙茶酱、鸡鸭肝杂、虾干、墨鱼干、香菇、黄花菜等皆是做汤的辅料。

2. 佐料讲究，着意在味

福建饮食对用料的要求十分严谨、精当、细腻、讲究，简约而不简单。新鲜美味、用料简约、色彩新颖、造型美观，是福建饮食的基本要求；讲究将食物的原味、真味凸显出来，使菜式能够更好地体现和突出福建菜的风味。

3. 调味奇异，自成风格

福建饮食的调味偏甜、酸、淡。由于福州处于沿海地区，故原料大多取自山珍海味，习惯于用糖去腥、用醋爽口，味淡又可将本味和鲜味体现得淋漓尽致，并且做到甜而不腻、酸而不涩、淡而不薄。

4. 食疗饮食，营养兼顾

福建饮食不仅追求美味，营养也是饮食宗旨之一。如佛跳墙以18种主料、12种辅料熬制而成，系冬令佳品，具有活气血、滋阴补阳之功效。

三、海南饮食习俗

1. 以大米为主食

海南多数居民夏天吃稀饭，冬天吃干饭。20世纪70年代以前，海南人一日三餐多是粥，不论年岁丰歉均要喝粥。据《食物本草》载：“煮米为糜，使糜烂也。厚曰饭，薄曰粥。”海南人还喜食米粉，其米粉制法与别处大同小异。海南米粉洁白晶莹，粗细皆备，质地优良，松韧不碎，炒煮皆可。海南粉、抱罗粉、后安粉等风味小吃深受广大居民喜爱。

2. 饭前先喝汤

海南气候炎热，故形成“饭前喝汤”的饮食习惯。居民做菜煲汤讲究季节，区分食物的冷、热特性。

3. 无鸡不成宴

海南人逢年过节、宴请宾客，席上必上鸡，表达对客人的礼貌和尊重，有谚语“无鸡不成宴”之说。文昌鸡是海南最负盛名的传统名菜。煮熟的鸡捞出来，斩成条和小块，仍按原鸡形状摆放盘内，便是标准的文昌白切鸡。而且白切的做法能够让鸡肉的原味得到保留。吃文昌鸡很讲究佐料，除了蒜泥之类，还有陈醋、老抽、辣椒酱、姜丝和各种酱料等。食客可以根据自己的口味酌情选择，自行配备来食用。

4. 喝早茶

海南人素有喝早茶的习惯，“老爸茶”是海南居民休闲生活中的一部分。不论早晚，约上亲朋好友共进茶店，沏上一壶“老爸茶”，搭配一些糕点，边吃边聊天，自由快意。

第四节　东南地区饮食模式与健康

一、东南地区饮食模式

（一）广东饮食模式

广东省农村居民的粮谷类食物摄入量高于城市，蔬菜摄入量城市高于农村。随着经济收入的增加，水果摄入量增加。城市居民的禽畜肉摄入量高于农村。蛋类摄入量城市高于农村。随着经济收入的增加，蛋类和奶及其制品摄入量增加。鱼虾摄入量城市和农村相当。食用油和食用盐的摄入量高于中国居民膳食推荐摄入量，城市和农村摄入量相当。广东省居民能量的供给一般来自谷类，农村高于城市。随着经济收入的增加，谷类提供的能量比例逐渐下降；动物性食物提供的能量，城市和农村相当；纯能量食物提供的能量，农村高于城市。脂肪的食物来源中动物性脂肪农村高于城市，低收入水平人群脂肪来源于动物性食物的比例最高。

（二）福建饮食模式

福建省居民谷薯类及杂豆类和鱼虾类摄入量在中国居民膳食推荐摄入量范围内，蔬菜、蛋类摄入接近推荐摄入量的下限，食用油、盐和畜肉摄入略超推荐摄入量的上限，而豆类、新鲜水果和奶制品摄入量明显不足，其中水果和奶制品的摄入量分别只达到推荐摄入量下限；城乡居民在主要食物和调味品摄入量上均存在显著差异，除谷类、蔬菜、食用油和盐，农村摄入量略高于城市外，其他食物如水果、奶制品和鱼虾类摄入量则城市明显高于农村。从能量营养素来源来看，农村居民三大产能营养素的构成比更为合理，而城市居民则呈现高脂肪低碳水化合物的膳食构成。从能量食物来源来看，谷类所占的比例最高；从蛋白质的食物来源来看，城市和农村不同，城市主要以动物性食物为主，而农村则以谷类为主；从脂肪的食物来源来看，城乡主要来源于植物性脂肪。

（三）海南饮食模式

海南省居民谷类摄入量高于全国平均水平，但是薯类摄入量低于全国平均水平。蔬菜和水果的摄入量低于全国平均水平，水果摄入量城市高于农村，蔬菜摄入量农村高于城市。动物性食物摄入量高于全国平均摄入水平，城市与农村动物性食物摄入量差别不大。海南省鱼虾类摄入量最高，其次是猪肉、禽肉。豆类及其制品摄入量低于全国平均水平，奶类及其制品的摄入量低于全国平均水平，奶类及其制品摄入量城市高于农村。食用油摄入总量、植物油构成均与全国摄入量平均相近。食盐的摄入量低于全国平均水平，食盐摄入量农村高于城市。海南省居民平均膳食能量摄入量中，从食物来源看，居民膳食中来自谷类食物的能量占比高于全国平均摄入水平，城市高于农村。来源于动物性食物的能量占比高于全国平均水平，城市高于农村。来源于纯能量食物的能量占比低于全国水平，农村高于城市。

二、东南地区饮食模式对健康的影响

（一）广东饮食模式对健康的影响

广东省成年居民超重率和肥胖率呈上升趋势，尤其是农村居民的超重率和肥胖率上升较快；和心脑血管疾病密切相关的中心肥胖（男性腰围超 85 cm，女性腰围超 80 cm）率也呈上升趋势。慢性非传染性疾病，高血压、糖尿病、血脂异常的患病率呈上升趋势。膳食结构不合理和不良生活方式都会导致相关疾病发病率的明显增加。例如，纯能量食物、油脂摄入量较多，运动量较少等。

（二）福建饮食模式对健康的影响

福建省成年居民高血压和糖尿病患病率随年龄增长而呈上升趋势，男性均高于女性，且高血压患病率农村显著高于城市，糖尿病患病率城市高于农村，存在城乡差异。超重率和肥胖率男性均高于女性。高胆固醇血症患病率、低高密度脂蛋白胆固醇血症患病率、高甘油三酯血症患病率、血脂异常率男性高于女性，年龄以 60 岁及以上女性最高。因此，福建省成年人的主要慢性病及其危险因素患病水平仍处于较高的流行水平，应加强居民慢性病防治知识健康教育，改变不合理的膳食结构和不良生活方式，采取积极的

干预措施，预防和控制慢性病的流行。

（三）海南饮食模式对健康的影响

海南省成年居民的超重率与肥胖率均低于全国平均水平。这可能与海南居民纯能量食物摄入低于全国平均摄入量有关。海南省居民贫血患病率高于全国平均水平，农村居民高于城市居民。随着地区经济的发展和居民收入水平的提高，居民贫血患病率下降。处于同一沿海地区的居民，经济发展水平低的地区居民贫血患病率高。内陆地区居民贫血患病率高于沿海地区，山区居民贫血患病率最高。这可能与海南居民铁的摄入量较低有关。海南省居民高血压平均患病率城市高于农村。海南省居民平均高血压患病率低于全国平均水平，这可能与海南居民钠的摄入量不高有关。

小结

东南饮食文化圈大致包括闽、粤、琼以及台、港、澳，以闽、粤为中心地区。经过历史的发展和时代的变迁，现该地区的饮食形成了以稻米为主食的特点，并且形成了丰饶的蔬菜水果、海产品、禽畜类为副食独特饮食文化特色。独到的地理优势使该地区具备了繁盛的海外贸易和便利的域外交通等有利条件，加上该地区相对稳定的社会环境，丰富的物产，造就了这一地区饮食文化喜食稻米、重鲜活、尚茶饮、嚼槟榔，蔬果与海产比重高的区域特色。近年来，由于东南地区社会经济快速发展，人口、经济、交通、消费等方面发生了巨大变化。随着外来人口、外来文化的不断涌入，时代发展带来的生活节奏的不断加快，还有交通便利造成的内陆与沿海物资交换更加便捷，人们的饮食行为和生活方式也在时代发展的浪潮中逐步改变，这些变化对当地居民的健康状况产生深刻的影响。快节奏的生活、生产，在一些区域的很大一部分人群中造成了膳食结构的不合理，进而造成慢性病的患病率呈现明显上升的趋势，人们的健康存在一定风险。要改变这一现状仅靠医务工作者的工作是远远不够的。因此，更为广泛地动员整个东南地区社会群体、家庭群体和每个居民个体的力量显得尤为重要。只有这样，才能够改变社会环境，提高群众意识，使广大的人民群众能够采取更健康的生活方式、获取更合理的饮食结构，进而达到降低健康风险，最终实现“健康中国”。

参考文献

[1]赵荣光.中国饮食文化史[M].上海:上海人民出版社,2014.

[2]王红梅.浅谈粤菜饮食之养生保健[J].中国调味品,2015(3):108-109.

[3]张永慧,马文军.广东省居民膳食营养与健康状况十年变化分析[M].北京:中国标准出版社,2016.

[4]赖善榕,黄峥,阳丽君,等.2010—2012 年福建省部分城乡居民膳食结构分析[J].预防医学论坛,2016(6):409-412.

[5]刘凤琼,鄢灵君,陈法,等.福建地区膳食因素与牙龈癌的关系研究[J].中国全科医学,2017(7):828-833.

[6]林浪,林景涛,庄华,等.肝癌高发区福建同安居民 $AFTB_1$ 摄入量及膳食营养状况分析[J].福建医学院学报,1994(4):405-408.

[7]刘璐,彭玉平,邹亚男,等.海南省泌尿系结石患者营养状况分析及膳食指导[J].现代食品,2019(5):192-196.

[8]杨斌,潘先海,李永忠,等.海南省居民营养与健康状况调查[J].中国热带医学,2009,9(9):673-1676.

[9]刘光前,刘逸.海南饮食文化特色[J].新东方,2010(3):35-38.

[10]李华丽.海南传统特色饮食文化研究[J].中国市场,2020(44):95-97.

第九章　东北地区饮食文化与健康

第一节　东北地区饮食文化历史

一、东北地区饮食文化圈

东北地区饮食文化圈主要包括黑龙江、吉林、辽宁三省以及与东三省相邻的有类似饮食风俗的部分内蒙古东部地区。东北地区冬季气候寒冷漫长，春秋季短暂，黑土土壤肥沃，地形地貌多样，既有大面积的平原，又有山脉丘陵，同时具备丰富的河道网络，物产资源丰富，构成了具有特色的东北饮食文化习俗的环境条件。同时，东北饮食文化圈内生活的民族除汉族外，还有满族、朝鲜族、蒙古族、鄂伦春族等十余个少数民族，多民族的交流促进了东北饮食文化的融合。山海关关内与关外的人口流动，以及与俄罗斯等国家的交流也极大丰富了东北饮食的内容。独特的气候、地理等自然环境条件，多民族饮食文化的融合，与国内外饮食文化区域的交流，共同构建了极具特色的东北地区饮食文化。

二、东北地区饮食文化圈的地理环境

东北地区位于北纬 42°到 53°34′之间，主要属于温带季风气候，是中国最寒冷的地区。高纬度决定了东北地区平均气温低、冬季漫长的特点。东北地区冬季寒冷，夏季温度不高，全年降水分布基本满足作物生长需要。同时东北地区地理形态多样，山丘、平原、森林、河流资源丰富，为动植物生长提供了充足的资源条件，使得东北成为中国历史上优越的森林、草原覆盖地区，为狩猎、畜牧、采集、捕捞、种植等食物生产活动提供充足的资源，也深刻地影响了东北地区的饮食风俗文化。

三、东北地区饮食文化的起源与发展

东北地区饮食文化历史悠久，早在数十万年前，东北地区就出现了人类活动。新乐

遗址、红山文化遗址的考古发掘发现早在石器时代东北就已经出现了原始的种植业与畜牧业。这一时期获取食物的方式主要以农业为主，畜牧、狩猎、捕鱼等多种方式并存，逐步摆脱了原始采集模式，加大了对自然资源的开发利用，在传统的狩猎采集经济模式基础上，发展出了刀耕火种的农业和原始畜牧业。这一时期也是饮食文化的萌芽时期，原始先民开始对饮食器具进行美化加工，这一时期出土的陶器表明大多具备生动优美的花纹，同时先民的饮食习惯受原始图腾崇拜影响，饮食器具多带有动植物形态，原始的祭祀活动也为饮食赋予了文化特征。

随着生产力发展，到了先秦时期，奴隶社会取代了原始的氏族公社，并出现了夏、商、周等统一的文明。进入封建社会后，中原地区的农业生产技术逐渐传入东北地区，但由于早期农业无法满足人们的生活需要，传统的狩猎、采集、捕捞等食物获取方式仍然占有很大比重。这一时期随着青铜器、铁器的出现，饮食器具的种类也在逐渐增多，出现了鼎、尊、豆、甑等多种食器。酿酒技术也在这一时期出现，极大地丰富了饮食文化的内容。从秦汉到南北朝时期，烹饪技术有了极大的进步，以肉食为主的东北地区的人们开发出了多种对肉制品的烹调方法，如炙烤、焖炖、晾晒等。同时人们逐渐开始探索药食同源的养生理论，认为食物不仅只是为了填饱肚子，还具备食疗补益等功效，例如东北地区流行的马奶酒，在古代就被认为具备止渴治热等功效。同时东北地区和中原地区的民族迁徙、融合推动了中原饮食文化和东北饮食文化的交流，东北游牧民族进入中原把东北特色食肉的饮食习惯带到中原地区，中原地区丰富的饮食器具也大量引入东北，促进了东北地区饮食文化的多元化发展。

到了隋唐时期，东北的饮食文化获得了长足的发展，东北地区渤海国的兴起成了东北饮食文化的一大特色。公元7世纪末建立的渤海国政权进一步发展了东北的农业、畜牧业和狩猎业，普遍使用了水利灌溉技术等先进农业生产手段，丰富了食物的供给，为东北饮食文化的发展提供了良好的基础。同时渤海国政权与中原以及周边国家政权饮食交流十分密切，不断派遣使者与日本等国家进行交流，将异域饮食引入东北饮食文化中。

到了辽、金、元时期，北方政权逐步发展壮大，这一时期东北的饮食文化也在飞速发展。契丹人根据东北腌制肉脯的方法发明了用蜂蜜腌制果脯蜜饯，是东北地区饮食的一大贡献；同时东北地区冬季寒冷，东北人民研究出了冻梨的制作方法，并流传至今，成为东北一大特色美食。随着金国女真人入主中原，中原农耕饮食文化与东北游牧饮食文化进一步融合交流，出现了饮食文化的共融现象。中原地区的粮食、瓷器、瓜果等商品通过贸易不断进入东北，同时东北人民也开始仿效中原的饮食，并发展吸收成为自身饮食特色，例如在茶中添加牛奶、坚果制成奶茶等。

从明朝开始，东北的饮食习俗从以渔猎为主开始向以农耕为主转型。明朝时期东北大规模实施了屯田制度，大量开发农田，引入适宜生长的农作物品种，改变了东北尤其是辽东地区的饮食结构,使得农业生产成为获取食物的主要方式。由于农业提供食物的稳定性远高于采集狩猎,东北的饮食结构与饮食风俗也发生了变化。过去以游猎为主的生活方式中,饮食器具以简单的金属器具为主。随着农业的发展,锅、碗、筷子、碟等兼具农耕色彩的饮食器具逐渐流行。

到了清朝,大量中原人移居东北,进一步促进了东北饮食文化的发展,来自全国各地的人把家乡的特色美食带到东北,促进了东北饮食文化的进一步丰富。东北地区逐渐建立了以定居生活为基础的食物储藏观念,改变了东北地区历史上主要靠粮食输入维持的局面,使得东北逐渐发展成粮食的输出地。同时粮食成了东北地区人们的主食,肉菜逐步变为副食,大量果品蔬菜逐步开始在东北地区种植,极大丰富了东北饮食的多样性,但肉乳制品仍然是东北饮食的重要特色。

到清末民国时期,西方饮食文化逐渐融入到东北饮食文化中,至今俄式餐饮仍然是哈尔滨地区的一大饮食特色。外来饮食文化的进入对东北饮食文化产生了重大的影响,东北地区相继出现了俄式肉肠、啤酒饮料、西式甜品生产工厂,改变了东北地区一部分城市人口的饮食习惯,例如格瓦斯、红肠已经融入当地传统饮食中,成为东北饮食特色的一部分。

第二节　东北地区特色饮食文化

东北饮食口味偏重,历史上长时期的畜牧、狩猎、渔捞使该地区饮食结构中蛋白质、油脂摄入比例较高,水果蔬菜相对较少。大面积的森林、江河、海洋资源提供了丰富的山珍河鲜,食物资源种类繁多。同时,广袤肥沃的黑土平原提供了优质的农作物种植条件,丰富的五谷杂粮一直是东北地区饮食的重要组成。山海关内外的人员流动使东北菜引入了大量诸如鲁菜等外来饮食习惯与烹饪技法,丰富了东北地区的饮食内容。此外,黑龙江地区与俄罗斯等国家的密切交流让俄式饮食也广泛流行,使东北地区的饮食更加多元化。

一、东北地区的食物资源

(一)谷物类

东北大米是目前国内市场公认的优质大米之一。东北平原土地肥沃,但由于东北的寒温带季风气候条件与南方差异较大,气候寒冷,日照时间长,昼夜、冬夏温差大,而水稻作为高温短日照的作物,过去一直没有在东北推广。新中国成立以来,科技工作者在重视高产、优质、抗病形状的同时,不断选育耐低温、耐盐碱,适应低温长日照的水稻品种,如合江19号、合江23号等,使得低温冻害导致的水稻减产现象大大降低,解决了东北地区水稻种植推广的最关键的问题。同时,相较于南方地区,东北地区人口数量较低,平原面积大,人均耕地面积高,有利于进行机械化、规模化生产,使东北水稻生产效率显著提升,更利于发挥东北黑土地的营养优势,稻米品质大大提高,产生了诸如五常大米、盘锦大米、方正大米等一大批地理标志产品,大米也成为东北地区饮食构成中的重要部分。

除大米外,东北地区饮食中也有大量的面制品。除常见的包子、馒头、饺子、窝头外,还有饽饽、黏豆包、酸汤子等特色面制品。东北铁锅炖通常会在铁锅内壁边沿贴上玉米饼,盖盖焖炖将锅内食材与饼子一起做熟,这种吃法深受当地人民的喜爱。随着饮食文化的相互交流,许多少数民族的面食也逐渐推广开来。例如冷面是朝鲜族的传统面食,通常用荞麦面制成,制作时先将面条煮熟,然后过冷水捞出,浇上调味后的牛肉汤或鸡肉汤,再加入泡菜等其他食材制成。随着城市化进程的不断推进,东北餐馆在全国各地不断出现,冷面也逐渐从东北地区拓展到全国。饽饽也是东北特色面食。饽饽的种类有多种,煮饽饽就是常吃的水饺。饽饽中的"糖缠",又叫萨其马,是满族的传统甜食,并在清朝传入关内地区,成为深受人们喜爱的小食。

除米面制品外,杂粮在东北地区饮食中也占有重要地位。五谷杂粮在以肉食为主的东北作为副食具有悠久的历史。东北地区的谷物、豆类等杂粮品种丰富,黄河流域的谷物品种在东北地区都存在,在以肉食为主的饮食结构中,大量摄入杂粮比单纯摄入小麦或水稻更有利于健康。同时,豆类及豆制品在东北饮食结构中也占有重要地位。豆类作物既可以作为主食食用,也可以作为菜品副食食用。其中东北地区的大豆品质优良,种质资源丰富,东北也是我国最重要的大豆产区。目前我国用于生产油脂的大豆以进口转基因大豆为主,东北丰富的大豆种质资源库为保障我国大豆品种多样性做出了重要的贡献。在东北,大豆经常被用作制造粉条、发豆芽、制作豆酱和豆腐、磨豆浆等。东北地区生活的人们每年都要摄入大量的豆制品,大豆含有丰富的植物蛋白质,除了甲硫氨酸含量较低外,其余7种人体必需氨基酸含量均较高。甲硫氨酸可以通过摄入其他谷物或者肉、蛋类产品来补充。因此,在大量摄入动物蛋白的同时摄入以大豆为主的优质植物蛋白质,可以使饮食结构更加均衡合理。

(二)畜禽肉类

以肉食为主是东北地区相当长时间的饮食习惯。丰富的山川、河流以及海洋资源为东北地区提供了丰富的动物、鱼类资源。东北地区食用的肉类除了猪、牛、羊、鸡、鸭、鹅等牲畜外,还包括大量山珍,如鹿、狍子、山鸡等。一些东北特有山珍,如蛤什蟆、鹿茸等成为知名的特色珍品。东北对肉类的烹饪方法也具备地方特色,例如猪肉炖粉条,用东北传统酸菜来解猪肉的油腻,同时增加特殊风味,是东北特色菜品之一。此外东北还有小鸡炖蘑菇、锅包肉、铁锅炖等知名特色肉食。

(三)水产品类

东北湖泊河流资源丰富,鱼类也是东北地区重要的肉类来源,例如东北著名的"三花五罗",即鳜鱼、鳊花鱼、鲫花鱼、哲罗鱼、法罗鱼、雅罗鱼、同罗鱼、胡罗鱼深受东北人民喜爱。随着东北人向全国各地的流入,诸如酸菜鱼等东北特色鱼类饮食也逐步在全国流行开来,成为全国知名的东北特色菜。查干湖的冬季捕鱼现今发展成了文化特色。此外辽宁东南部临海,渤海湾水文特殊,适宜海参、鲍鱼、扇贝等海鲜生长,海鲜烧烤至今仍是东北地区知名的特色美食。

(四)果蔬菜

由于东北地区冬季寒冷,无霜期短,时令蔬菜供应期短,东北主要以白菜、萝卜、土豆等耐储藏蔬菜为主,同时开发了大量的食物保存技术。例如将白菜腌制成酸菜,将各类蔬菜晒成干菜、腌制成咸菜等。同时东北丰富的森林资源还提供了大量的野菜,有效补充了东北地区蔬菜摄入种类。东北地区主要的水果,如香瓜、梨、蓝莓等,除了鲜食以外,还通过各种加工手段制作成果酱、蜜饯等食物,延长保存期,或者利用冬天气温低的环境,制作冻梨等冷冻水果,有效补充冬季的水果摄入。

二、东北地区的传统特色食品

东北地区物产丰富,地理气候条件独特,世代在此生活的人们不断摸索各种食材的烹饪方法,并吸收融合外来的饮食文化,形成了独具东北特色的美食。

(一)沟帮子烧鸡

沟帮子烧鸡与道口烧鸡、符离集烧鸡齐名,是中国传统三大烧鸡之一。沟帮子烧鸡为安徽人刘世中在1899年创立。在传统烧鸡制作工艺基础上,根据中医原理,添加了肉桂、陈皮、白芷等多种健脾开胃的中药材,并改进了烧鸡的制作工艺,形成了独具特色的沟帮子烧鸡,并迅速在东北地区流传开。沟帮子烧鸡颜色鲜明,味道独特,兼具滋补养生功效,经过现代化生产工艺的改造,延长了产品的保存期,现在已经流传于全国。

(二)老山记海城馅饼

老山记海城馅饼是沈阳特色风味小吃,由毛青山于1920年在海城创立,后迁移至沈阳。馅饼为温水和面制作面皮,用猪肉牛肉制作鸳鸯馅,香料熬煮出汁喂馅提味,选用时令蔬菜作为素馅调配,荤素搭配,营养均衡,馅饼鲜香可口,广受欢迎。高档产品还添加鱼翅、海参、大虾入馅,使得馅饼更加美味。

(三)老边饺子

老边饺子由边福在1829年在沈阳创立。与传统饺子不同,老边饺子采用老汤煸馅,把肉馅煸炒后用鸡汤或骨汤小火慢煨，使得汤汁渗入肉馅内部，肉馅蓬松，含水量高，鲜味十足。饺子皮制作使用猪油和开水与面粉搅拌而成，制作出的饺子皮煮熟后呈现透明状态，口感筋道。

(四)李连贵熏肉大饼

李连贵熏肉大饼由李连贵于1908年在吉林创立。李连贵熏肉大饼使用多种中药材煮肉，面饼软酥，肉馅色泽棕红，香味浓郁，食用时搭配甜面酱、葱丝，兼具解暑解腻、健脾健胃等功效。新中国成立后，李连贵熏肉大饼的制作工艺公开化，门店遍布东北，目前以沈阳和四平两家由李连贵后人经营的门店最为正宗。

(五)哈尔滨红肠

哈尔滨红肠起源于俄罗斯的红肠制作工艺，经过吸收改造后，形成了独特风味的哈尔滨红肠。哈尔滨红肠品牌众多，其中以秋林里道斯、哈肉联红肠等品牌最为出名。哈尔滨红肠颜色鲜艳，肥瘦相宜，香味浓郁，口感筋道，由于制作工艺配方有区别，不同品牌的红肠风味各有特色。哈尔滨红肠现已成为全国知名的东北特色食品。

第三节　东北地区饮食习俗

东北地区的饮食习俗具有明显的融合特色，既有东北本地传统饮食文化，又有来自全国各地移民引入的其他地区饮食特色，同时还有来自俄罗斯、日本等外国饮食元素。随着工业化的发展，东北饮食文化受政治、经济、科技影响加深，逐步呈现出工业化社会的饮食特征，但仍保留着浓厚的东北自身特色饮食风俗习惯。

一、东北日常饮食习俗

(一)丰富的猪肉饮食

猪肉是东北历史上主要的肉类来源，在东北地区人民的日常饮食中，每逢重要的日子，如过年、嫁娶、庆典等活动，有条件都要杀猪来庆贺。东北农村杀猪有独特的规矩，杀猪前用黄酒灌耳使猪嚎叫，认为是福音，杀后按部位分割，猪头、猪皮、猪蹄、猪尾等各部分均可入菜，猪血灌肠，充分利用；猪皮熬制皮冻；并将猪肉与酸菜一同熬煮，与全村分食，同时大量饮酒，并成为一种特色风俗，制作的菜也被叫作杀猪菜，并随着东北菜馆一同推广至其他地区。东北菜品中猪肉菜种类丰富，如锅包肉、猪肉炖粉条等均为东北知名特色菜。

(二)丰富的干腌、冻菜饮食

为了解决冬季瓜果蔬菜供应不足的问题,东北地区的人民开发出了丰富的果蔬储藏加工方法,利用东北特殊的气候条件,开发出各类干菜、腌菜、冻菜,满足冬季果蔬摄入需求。例如把黄花菜、木耳、蘑菇等山珍晾晒成干,食用时加水熬煮提鲜;把地瓜、豆角、萝卜、辣椒等蔬菜晾晒成蔬菜干,延长保藏时间。东北腌菜品种繁多,主要有腌雪里蕻、咸鸭蛋、疙瘩菜等,这些腌菜极大地丰富了东北人的饮食日常。冷冻水果,最为出名的是冻梨,梨子经过冷冻后表皮变成黑色,食用时将冻梨置入温水中浸泡,待软化后捞出食用。由于冷冻冰晶破坏了梨子的细胞结构,冻梨口感更为绵密,香甜可口,是东北知名特色美食。此外,在东北地区生活的人们经常会制作酸菜,即利用乳酸菌发酵大白菜,发酵后的酸菜不仅储藏时间长,还具备特殊的风味,是东北地区冬季主要的副食。

(三)丰富豆制品饮食

东北地区普遍用大豆制作豆腐。与欧美转基因大豆不同,东北大豆含油量较低,蛋白质含量高,豆味浓郁,适合制作豆腐、豆浆等食品。在春季,东北地区人民会把大豆发成豆芽,作为应季蔬菜食用。此外,用大豆做豆酱是东北地区的传统。一般将大豆收获后,用水熬煮,然后捣碎成豆泥制作酱块。制作豆酱时将盐水与酱块按比例混合,在阳光下晾晒发酵。

(四)蔬菜蘸酱的特色饮食

东北地区有用蔬菜蘸酱吃的饮食习俗,几乎所有蔬菜都可以蘸酱食用。食用方法上有可以分为生与熟两种吃法。生食就是把蔬菜洗干净之后直接蘸酱食用,如用黄瓜、生菜蘸酱等。熟食是把蔬菜现用沸水焯一下,过冷水冷却后沥干清水,再蘸酱使用,如白干菜、东白菜、蕨菜蘸酱等。所蘸酱类也分生酱和熟酱。生酱即豆酱,可以直接食用。熟酱为肉酱、鱼酱、辣椒酱等,需要加热做熟后作为蘸酱食用。

(五)吃包饭的特色饮食

东北地区有食用包饭的习俗。即用蔬菜将米饭包裹起来食用。制作时先将米饭做好,然后把白菜或者包菜叶片清晰干净,洗好葱丝等调味料,打好肉酱、辣椒酱等,将肉酱、葱丝和米饭搅拌混合均匀,然后放在菜叶上,用菜叶将米饭包裹起来,双手捧着食用。

二、时令饮食习俗

春节是中华民族重要的节日,中国各地形成了不同的庆祝春节的饮食风俗。在东北,春节前人们要准备过年年货清单,磨面、做豆腐、杀年猪、做黏豆包等。年夜饭是最隆重的活动,年夜饭上要有鱼,意味年年有余。年夜饺子的摆放也有规矩,黑龙江地区风俗是将饺子横竖成行摆放,寓意新的一年财路四通八达。包饺子时有包硬币的习俗,吃到硬币就意味获得福气。除夕夜东北还有吃猪蹄的传统，年夜饭吃猪蹄寓意新年财源广进，生活富裕。辽宁地区在初一、初三、初五、初六要吃饺子；吉林地区初一有吃年糕的习俗，年糕在食用前需要上蒸笼里蒸熟，寓意生活“年年高”。黑龙江地区初二吃水饺祭财神，吃的水饺或馄饨又叫作送神饺子和元宝汤。

元宵节在黑龙江和吉林地区多吃元宵，有煮食元宵，也有吃油炸元宵。元宵节当天晚上点灯笼，食用元宵过节。辽东大多数地区元宵节仍以吃饺子为主。

在东北地区，端午节除了吃粽子以外，一般还要准备鸡蛋和猪肉。黑龙江农村地区使用大黄米而非传统的江米包粽子，端午节当天亲戚之间相互馈赠粽子食用。吉林地区端午节日出前人们通常到野外采摘艾蒿，用艾蒿水洗脸，早上和晚上都要吃鸡蛋。辽东地区端午节有吃咸鸡蛋、包饺子的习惯。

在立秋时东北地区人们一般习惯吃一些高营养价值的食物。黑龙江地区通常食用鸡鸭鱼肉，寓意抓秋膘，忌食瓜果，认为瓜果会导致消瘦。民间传统认为秋日开始进补，滋养身体，身体瘦弱者需要到身体强壮者碗里抢饭吃，寓意抢膘。在中秋节东北地区通常也食用月饼。一般中秋节晚上除了吃月饼赏月外，还会准备丰盛的酒水饮食。

冬至开始数九，东北地区在这一天讲究吃馄饨。腊八当天东北地区和其他地区一样有喝腊八粥的习俗，认为喝腊八粥可以把下巴粘牢，防止冻掉下巴。腊八粥原料一般为五谷杂粮，喝腊八粥可以在冬日滋补身体。同时东北地区也有腌制腊八蒜的习惯，吉林和黑龙江地区也有吃腊八饭的习惯。到了腊月二十三小年，人们一般吃糖饼、灶糖祭灶，现如今一般为吃饺子。

第四节　东北地区饮食模式与健康

东北地区气候地理条件独特，与其他地区相比，使得东北地区的膳食模式具备较强的自身特征。

一是腌制蔬菜食用量相对较大。虽然现代的温室大棚、无土栽培、冷链运输等技术打破了水果蔬菜供应的时令枷锁，东北地区一年四季都可以吃到新鲜的水果蔬菜，但过去食用腌制蔬菜的习惯仍然比较流行。腌制菜肴一般属于高盐食物，也容易产生过量的亚硝酸盐，长期食用含亚硝酸盐的食物会增加健康风险，新鲜水果蔬菜摄入比重少会引起微量元素、维生素、膳食纤维的摄入不足，影响健康。

二是高热量、重油重盐食物摄入量大。由于东北气候寒冷，为了抵御低温，东北地区人们习惯摄入高热量的食物，菜肴制作口味重，油盐用量大，同时酒精类饮料消费量大。目前对东北地区的健康调查发现东北地区心血管方面的疾病发生率要高于其他饮食文化地区，过量摄取油脂、食盐、酒精会增加患心血管类疾病的风险。东北地区民众人均每日食盐、油脂摄入量均大于世界卫生组织的推荐标准。这也造成东北地区居民体重超标严重、高血压发病率高等现象发生。

东北地区特色的膳食模式也有对健康有利的地方。相较于中原及长江中下游地区以谷物为主的膳食结构,东北地区饮食中动物蛋白摄入量较大,能够很好地弥补以植物蛋白摄入为主导致的某些必需氨基酸摄入量不足的问题。目前我国人均经济水平与发达国家仍有较大差距,肉、蛋、奶、乳制品的人均摄入量仍远低于欧美发达国家。东北地区高蛋白的膳食结构有利于增强免疫力及身体素质。

此外,饮食原料的丰富性也是东北地区膳食模式的重要优势。东北地区的气候特征与芬兰、挪威等北欧国家具有一定的相似性。目前北欧饮食在世界范围内被广泛关注,其核心理论在于大量摄入时令蔬菜;多吃鱼类,少吃红肉;食物摄入种类多样,适量摄入发酵食品。东北由于物产丰富,除了常见水果、蔬菜及粮食外,还能提供多种野菜作为补充。同时东北的五谷杂粮品质优良,食用菌资源丰富,极大地扩充了东北地区居民食物摄入来源。食物摄取范围小有可能造成某些营养元素的摄入不足,因此摄取食物的多样化也能极大提升人们的健康水平。

小结

东北地区饮食文化受当地寒冷的气候及丰富的物产资源影响较大。随着历史的发展,东北地区的饮食结构逐渐从采集狩猎为主的游牧饮食模式向以种植为主的农业定居模式发展。在东北饮食文化的发展历程中,与其他中原饮食文化区域和外国饮食文化区域的交流极大地丰富了东北饮食文化的内容。

东北地区饮食特征明显,肉制品摄入量大,五谷杂粮摄入种类丰富,饮食习俗注重滋补与养生,讲究按照时令进补。同时受多饮食文化交互融合影响,形成了诸如沟帮子烧鸡、哈尔滨红肠等大批具有代表性的特色东北美食。东北膳食结构中高蛋白的摄取以及食物来源丰富的特点与北欧饮食有相似之处,有利于维持人体健康。但由于东北饮食中高油盐、高热量饮食摄入比重大,菜肴重口,新鲜水果蔬菜摄入量相对较少,腌制蔬菜摄入量较多,同时酒精摄入量大,这些饮食习惯造成东北地区居民肥胖率高,高血压、心血管疾病发病率较高。因此,建立更科学、更多元化的饮食习惯,减少营养摄入失衡是未来东北地区饮食文化的发展方向。

参考文献

[1]赵荣光. 中国饮食文化史:东北地区卷[M]. 北京:中国轻工业出版社,2013.

[2]赵荣光. 历史演进视野下的东北菜品文化[J]. 饮食文化研究,2003(4):17-30.

[3]李和欣. 浅谈东北地区自然环境对饮食文化的影响[J]. 文存阅刊,2017(10):1.

[4]周红霞. 东北饮食与心脑血管疾病的健康指导意义[J]. 中国继续医学教育,2016(20):2.

[5]吕阳,吕和荣. 从东北与苏北饮食差异分析心脑血管疾病的成因和预防[J]. 中国社区医师(医学专业),2012(33):305-306.

[6]王哲,王思明. 东北饮食生活中的酱文化习俗探析[J]. 四川烹饪高等专科学校学报,2018(1):9-12.

[7]赵荣光. 中国饮食文化史[M]. 上海:上海人民出版社,2006.

[8]吕丽辉. 东北历史对东北饮食文化的影响[J]. 饮食文化研究,2004(2):4.

[9]何雨. 东北满族饮食中的面食文化研究[J]. 齐齐哈尔师范高等专科学校学报,2014(2):92-93.

第十章　京津地区饮食文化与健康

第一节　京津地区饮食文化历史

一、京津地区饮食文化圈

京津地区饮食文化是以北京和天津两大城市为中心，包括饮食习惯相似、受其政治经济文化影响辐射较大的周边地区的饮食文化。随着历史的发展，国家政权的政治文化中心不断东移，到了金、元、明、清时期，北京先后被定为都城，成为全国政治经济文化中心，形成了各方聚集北京、多文化共同交织的状况。王公贵族与平民百姓居住在同一城市，各地商贾往来交流，共同构成了北京地区独有的饮食文化。而天津作为北京的门户，控制着东、南、北三个方向的水利及路上交通，自明朝以后其政治经济就与北京紧密相连，共同形成了京津地区特色的饮食文化。

二、京津地区饮食文化圈的地理环境

北京地区属于温带大陆性季风气候，四季分明，春秋冬三季时间较短，夏季时间较长。北京位于东北平原、华北平原和蒙古高原的交界点上，既有山地丘陵，又有平原、台地，物产丰富。由于位于北方地区，北京的饮食文化风俗具备北方饮食文化的一般特征。天津位于海河畔，北部为燕山山区，南部为华北平原，东部紧邻渤海，地理环境多样，气候属于温带半湿润季风气候。与北京不同，天津河流资源丰富，又紧邻出海口，饮食中河鲜、海鲜占比高。

三、京津地区饮食文化的起源与发展

在北京作为都城之前，京津地区的饮食文化记录较少。一般认为北京城是在周朝时

期建立的，当时叫蓟城，为燕国的都城。通过考古发掘的饮食器具来看，当时的蓟城饮食为典型的北方饮食，出土的鼎、豆等炊具食器与中原地区并无差别，表明当时京津地区的饮食文化属于中原饮食文化圈。到了秦汉时期，蓟城是当时汉王朝东北部主要的政治经济中心，农业技术的发展使得原先以肉食为主题的饮食习惯逐渐转变为肉食与谷物并重，并且肉食逐渐退居至副食的地位，谷物逐渐成为主食。同时期天津位于边疆交界，饮食文化发展较为缓慢，主要以种植水稻、粟米，养殖牛羊、捕捞河鲜海鲜为主。

到魏晋南北朝时期，幽蓟地区作为北方的重镇，吸引了大批少数民族在此居住，同时中原地区人民也不断迁徙进来，形成了多民族混居的状态，游牧文明的饮食文化与中原文明的饮食文化开始相互融合，相较于中原地区，北京地区的游牧文明饮食风格更加明显。隋唐时期大运河的开凿加强了南北的经济交流，极大地促进了京津地区饮食文化发展，运河将江淮地区的饮食文化引入京津地区，使得两种风格截然不同的饮食文化有了融合的机会。

金国在公元 1153 年将都城定在北京，名为中都，至此北京从北方的军事重地正式开始向政治中心转变。此时京津地区的饮食模式以农业为主，辅以发达的畜牧、渔猎业。随着农业技术的不断发展，以作物为主的饮食文化比重逐渐上升，游牧文明饮食逐渐退居至次要地位。同时多民族在京津地区居住生活，相互通婚，使得燕京居民成为多民族结晶，奠定了京津饮食文化包容并蓄的风格基础。不同文化的饮食风格彼此相互融合，促进了京津地区的饮食文化发展。例如契丹人发明了东北腌制肉制品的制作方法，发明了使用蜂蜜浸渍水果制成蜜饯、果脯的技术，并将这种食品制作方法推广至其他地区。知名的北京风味小吃豆汁，是经历多年发展演变而成的，现今已经成为代表性的京津风味小吃。至此少数民族的饮食文化正式被纳入京津饮食文化，成为京津饮食文化的一个重要组成部分。元朝之后，燕京的饮食文化融合达到了新的高度，几乎没有纯粹的少数民族饮食以及不受少数民族饮食影响的汉族饮食，如涮羊肉、烧卖等蒙古族饮食经过改良和发展，现已成为京津地区的特色饮食。同一时期天津地区作为重要的漕运码头，虽然在京城外围，却也在追求京都饮食习俗，海运和河运的发展也为天津地区的饮食文化发展提供了便利。

明清两朝定都北京，京津的饮食文化继承了先前兼收并蓄的多元化特色。自明朝开始，京津地区的人口规模急剧增多，各类身份的人纷纷聚集北京，各地风格的饮食在京津地区都能吃到，既有高档饮食，也有风味小吃，一大批京津地区的老字号饮食品牌也开始出现，诸如便宜坊烤鸭、六必居酱菜等，并延续至今。清朝时期的京津地区饮食发展到了一个新的高度，出现了汉族饮食满族化、少数民族饮食汉族化的特征。纷繁复杂的宫廷饮食成了京津地区饮食文化的特殊部分，官府菜和贵族饮食在京津地区饮食文化中占有重要地位。同时，市井民间饮食也有了极大发展，许多经典的具备京津饮食特色的食品和烹饪技法在清朝定型并流传至今，例如萨其玛、驴打滚等。清朝天津地区地位大幅上升，食物供应种类丰富，饮食阶层、档次差异分明，饮食所包含的文化内涵也愈发丰富。

到了民国时期，由于闭关锁国的状态被打破，社会生活逐渐从农业社会向工业社会、由封建社会向资本主义社会转变。社会的变革也引发饮食文化发生巨大改变。京津地区的饮食文化受到西方饮食文化的大量影响，与西方饮食文化的相互融合推进了京津地区饮食文化的现代化进程。

第二节 京津地区特色饮食文化

京津地区地处北方，饮食文化大体属于北方饮食文化范畴。京津地区地理环境多样，物产丰富，城市地处交通要道，历史上多民族的混居使京津地区的饮食多样化特征十分明显。作为全国长时期的政治中心，京津地区发展出了庞大的宫廷菜和官府菜，成了京津饮食文化的一大特色。此外，京津地区外来人口数量庞大，生活习惯各异，饮食习惯以及饮食层次分明，使得京津地区饮食文化在保留北方地区饮食文化的基础上，呈现出兼收并蓄、海纳百川的多元化风格，具有鲜明的时代性、多元性和开放性。

一、家常饮食

京津地区地处北方，主食以面食为主，副食品类丰富，饮食结构受社会发展影响巨大。作为全国的政治中心，除了本地出产外，北京的农产品来自全国各地，五谷杂粮、水果蔬菜、肉蛋奶类产品种类多样，食材采购渠道丰富，使得京津地区居民的饮食结构多元化特征明显。家常饮食中蔬菜、肉制品、牛奶、水果所占比例不断上升，米面等主食占比逐步下降。城乡居民的饮食习惯相互融合，城市居民逐渐加大五谷杂粮等粗粮的摄入比重；乡村居民也在逐步加大乳制品、肉制品等蛋白质类的摄入，饮食趋向精细化，这种城乡饮食结构的互补使京津地区居民的饮食更加合理化。天津地区水网丰富，除小麦外也适宜种植水稻，天津地区居民也是以米面为主食，以肉蛋果蔬为副食。此外，得益于丰富的河流与海洋资源，天津地区的居民饮食结构中鱼虾等水产品比例较高，在不同时令吃应季的河鲜海鲜是天津地区居民的传统，例如春天吃对虾、黄花鱼，夏天吃比目鱼，秋天吃刀鱼、河蟹，冬天吃鲤鱼、鲫鱼等。随着时代的发展，京津地区人们对饮食的认知也在不断推进。在过去，受生产力的制约，肉制品生产成本高，京津地区居民的饮食结构中米面等主食的摄入比重大，肉蛋奶类食品摄入占比低。随着经济的发展，畜产品、禽类、鱼类等肉制品的供给日渐丰富，肉制品价格不断降低，油脂、蛋白质的摄入量逐渐提升，粗粮比重下降，但过多的油脂、肉类和热量的摄入又引发高血脂、高血糖等营养过剩的情况。随着科技水平的进步以及人们健康意识的提升，京津地区的居民也越来越注重膳食均衡，瓜果蔬菜、五谷杂粮的摄入比重又重新上升，家常饮食也越发注重健康。

二、商业饮食

京津地区文化底蕴丰富，餐饮业发达，拥有诸多知名的老字号餐饮品牌和特色小吃。北京知名的老字号餐饮品牌有全聚德、东来顺、便宜坊、都一处、砂锅居等，天津地区有狗不理、桂发祥、起士林等。这些品牌历史悠久，深受人们喜爱。

北京地区商业饮食风味主要由少数民族风味、山东风味、宫廷官府风味、市井风味等组成。北京历史上一直是多民族混居的地区，饮食具备鲜明的民族特色。同时，鲁菜对北京地区饮食风味影响巨大。鲁菜鲜味突出，咸鲜脆嫩，口味易于被大众接受，历史上随着大量山东人进京做官，鲁菜也在北京地区铺展开来，并且伴随着烹饪技术改进，逐渐演化出自身特色，并与山东地区传统鲁菜区分开来。此外，北京自元朝开始作为全国的政治中心，宫廷与官宦人家同样在饮食上极为讲究，召集全国的名厨对从全国各地运输来的山珍海味等食材，进行精细、繁复的加工，创造出独特的宫廷菜肴与官府菜肴，例如北京著名的谭家菜等。除了达官显贵的饮食外，北京地区的市井风味小吃也极具特色，例如豆汁、焦圈、卤煮、炒肝等。底层劳动人民发挥聪明才智，将便宜、大众化的食材加工成各类具有特色的风味小吃。

天津地区商业饮食的发展受当地条件和水路运输影响，菜肴中河鲜海鲜、鸡鸭禽类比重较高，例如黄焖栗子鸡、蟹黄白菜、白汁银鱼等。天津菜肴口味多变，以咸鲜清淡口味为主，利用扒、熘、清炒等技法进行加工，充分保留海鲜等食材本身的风味，例如扒蟹黄鱼肚、扒鲍鱼芦笋等。天津知名的商业饮食品牌有登瀛楼、利顺德、正阳春等。天津风味小吃花样繁多，特色明显，诸如狗不理包子、耳朵眼炸糕、桂发祥大麻花被称为天津食品三绝。天津煎饼果子、酸梅汤等小吃在全国范围内广为流传，深受人们喜爱。此外，北京地区的宫廷饮食也在京津交流过程中传入天津，例如果仁张、崩豆张等品牌，其创始人是来自北京的宫廷御厨，回到天津后创立品牌，成为天津地区的知名风味小吃。

进入21世纪，随着社会生活节奏的加快，京津地区的知名饮食品牌也在开拓创新，改变经营方式。例如全聚德、狗不理等老字号品牌成立餐饮集团，使用现代化的经营理念来运作，加快了京津地区特色餐饮在全国推广，极大提升了知名度。但与此同时，快速扩张也带来了口碑上的新问题，如何在新的社会生活节奏中继续发扬和推广京津地区特色饮食是未来发展的一个重要问题。

三、京津地区的特色食品

京津地区由于其特殊的政治地位，以及独有的历史发展经历，形成了一系列具备京津地区特色的食品。这些食品有些来自本地居民的独创，有些源于其他饮食文化地区，但经过不断的创新与改良，形成了具备京津特色的地方食品。

（一）烤鸭

北京烤鸭起源于南京烤鸭，后随着明成祖朱棣迁都传入北京。北京烤鸭分为焖炉烤鸭和挂炉烤鸭两大流派。焖炉烤鸭最早由便宜坊创立，由于制作的烤鸭香酥可口，价格低廉，深受顾客欢迎，久而久之就被叫作便宜坊。焖炉烤鸭制作使用的是特殊的焖炉，其特点是不见明火，靠暗火烧热，炉壁焖烤将鸭子烤熟。焖炉能够较好地锁住水气，减少水分流失，故烤制出来的烤鸭口感更加鲜嫩。挂炉烤鸭以全聚德为代表，在鸭子肚子上开小洞取出内脏，装填香料，充气使鸭皮分离，减少水分流失使用挂炉明火烤制，烤出的鸭子外皮酥脆，外焦里嫩，口感与焖炉烤鸭有明显区别。食用烤鸭时，将烤鸭卷进荷叶饼中，辅以葱丝、黄瓜丝，以及甜面酱等调料一起食用。除全聚德、便宜坊外，北京知名的烤鸭品牌还有大董、全鸭季、四季民福等。

（二）酸梅汤

酸梅汤起源于北京，以信远斋最为出名。清朝以前北京地区有熬煮乌梅汤的传统，后来经过改良，成为宫廷饮品，后传入民间。酸梅汤以乌梅干为主要原料，根据中医养生理论，添加具备化痰功能的桂花、清热解毒的甘草、降压开胃的山楂以及冰糖一起熬煮制得。口感酸甜，味道清香，风味独特，深受欢迎，现如今已经在全国各地广为流传。

（三）炒肝

炒肝是北京传统小吃之一，主要以猪肝、猪大肠为原料，经过炒制和熬煮，在汤中放入酱油、黄酱、大料、姜末等调味品调味，加入淀粉勾芡煮沸制成。炒肝知名品牌有会仙居和天兴居等，现在北京早餐店基本均有炒肝出售。炒肝通常当作早餐食用，一般搭配包子、焦圈等食品一起食用。由于猪肝、猪大肠腥味较重，制作过程中要对原料进行细致的处理，同时用口味较重的调料熬煮，其口感滑嫩，风味独特。

（四）豆汁

豆汁是极具北京特色的风味小吃，是利用制作绿豆粉条剩余的残渣经过发酵制成的，其历史悠久，风味独特。在乾隆十八年（1753 年），有人上书朝廷："近日新兴豆汁一物，已派伊里布检查，是否清洁可饮，如无不洁之物，着蕴布募豆汁匠二三名，派在御膳房当差。"从此豆汁从民间进入宫廷，成为上层贵族与下层劳动人民都喜爱的饮品，具有清凉解暑、润肺护嗓的作用。由于豆汁发酵过程中会产生发酸发馊的发酵味，不习惯该味道者很难接受这种饮品，但对于习惯该风味的人来讲豆汁是十分可口的饮品。

（五）天津三绝

天津三绝为狗不理包子、耳朵眼炸糕和桂发祥大麻花。狗不理包子由高贵友于 1858

年创立，由于其乳名为狗不理，于是包子品牌就叫“狗不理包子”。狗不理包子对传统包子制作工艺进行了改进，将包子面皮改为半发酵面，包子馅适量加水和成水馅，外形捏成菊花状，包子口有十八道褶，蒸汽蒸熟。狗不理包子口感清香，鲜而不腻，深受京津地区人民欢迎。耳朵眼炸糕由刘万春于1892年创立，因其店铺位于天津耳朵眼胡同，故被称为耳朵眼炸糕。炸糕使用的大米选用优质江米和黄米，磨浆后发酵制作成面皮，豆馅选用天津地区优质红豆煮烂去皮，加糖熬制成豆馅。过油炸制后外皮金黄酥脆，豆馅爽口，深受欢迎。桂发祥大麻花为天津小吃街十八街最知名的麻花品牌。与传统麻花不同，桂发祥麻花在麻条中加入了使用桂花、核桃仁、花生、芝麻青红丝制成的什锦酥馅，炸好后香气浓郁，酥脆可口。

（六）嘎巴菜

嘎巴菜又叫锅巴菜，起源于山东煎饼，将绿豆小米或大米磨浆后摊成薄饼，晾干后切条放入卤汁中，搭配芝麻酱、豆腐乳汁、辣椒油等调味料，撒上香干香菜制成。嘎巴菜以大福来最为知名。嘎巴菜色彩缤纷，既能当作主食食用，也可以当作菜、汤食用，香味浓郁，口感独特，锅巴有嚼劲，深受天津地区居民欢迎。

第三节 京津地区饮食习俗

京津地区饮食文化大体属于北方饮食文化范畴，饮食习俗保留了北方饮食习俗的特征，并随着时代的发展不断演化和变迁。

在时令方面，京津地区人们讲究应季而食，注重摄入时令蔬菜，分季节进补。春季京津地区居民习惯购买一些春季独有的蔬菜，比如春笋、香椿、荠菜、槐花等蔬菜，这些蔬菜时令性强，上市时期短暂，难以进行大棚种植，因此只能在春季才能品尝到。在春季食用这些食物既能感受春日气息，又能对日常饮食进行多样化补充。另外，京津地区春天还有吃春饼的习俗。与南方地区吃的春卷不同，春饼一般是用白面和面，烙成薄饼，抹上甜面酱，包裹时令菜食用，如韭黄、菜心、酱肉等。夏日京津地区人们一般食用时令的瓜果，喝酸梅汤，用以解暑。北方素来有“头伏饺子二伏面，三伏烙饼摊鸡蛋”的饮食习俗。京津地区居民讲究在盛夏到来时节吃面条，主要是炸酱面、麻酱凉面等，面条煮熟后过冷水，面条冷却后拌上调味料食用，用以去火避暑。到秋天，各种瓜果成熟，鱼虾肥美，京津地区居民习惯吃糖炒栗子、大闸蟹、鲈鱼等食物。板栗温润滋补，鲈鱼、河蟹秋季正是肉质肥美的时期，秋季食用口味最佳。到冬季及春节时期，饮食习俗更加丰富，一些北方传统习俗例如喝腊八粥、年三十包饺子、吃年夜饭、正月初五吃破五饺子、元宵节吃元宵等等，京津地区居民也遵循这些传统。天津地区由于各县与不同地区接壤，饮食风俗也各异。例如立春时节天津地区有咬春习俗，一般是买萝卜来吃，咬一口萝卜寓意咬住春天，同时也要吃春饼、春卷等。咬春习俗源自古代春耕祭祀，以表达对农业的敬畏之心，并逐渐演化到现在。而萝卜生吃有辛辣的口感，同时春季吃萝卜还有滋养身体等保健功能。到了二月二，龙抬头，天津地区居民有吃焖子的习俗，寓意吃掉龙鳞，引龙现身，得到祥瑞。现在虽然社会工业化发展迅速，传统农耕的生活方式逐渐被现代化的生活习惯取代，传统饮食习俗中的一些含义和祈愿被冲淡，但随之而来的是一些新的文化元素正在融入传统习俗。例如端午节吃粽子、元宵节吃汤圆等习俗被赋予了更多的节日娱乐气息，从祭祀色彩向庆祝节日的喜庆进行转变。同时一些新的饮食习惯正在年轻人之中萌发，赋予了饮食习俗新的内涵。诸如登高、乞巧、咬春等传统饮食习俗不再是人人参与的活动，一些过去只在特定时期食用的食物，诸如饺子、汤圆、粽子逐渐日常化。

随着时代发展，人民生活水平不断提升，京津地区也出现了一些新的饮食习惯。例如，崇尚纯天然的绿色食品，追求无污染、可持续发展的健康饮食习惯等。过去饮食追求吃饱，随后追求口感和风味的满足，而现在则更注重健康与养生。通过有意识的改变饮食习惯，通过饮食来对身体进行调理，成为新的潮流。这种饮食习惯注重食物与季节的调和，例如北方春季气温变化较大，既有倒春寒也有春季温度骤升，天气变化快，应当摄入清淡易消化的饮食，减少气候变化引发的肠胃不适。夏季酷热，饮食应当注重清热祛暑，不宜食用过于滋补的食物，多吃瓜果蔬菜，少食用辛辣刺激性的食物。秋季天气渐凉，容易伤津液，宜补充水分，食用生津润肺的食物。冬季气候寒冷，宜摄入温热、滋补类的食物，多吃热性食品，少吃寒性食品，这些养生理念也逐步被京津地区居民所接受。另外，京津地区居民也注重五谷杂粮的搭配，保持营养均衡。与北方地区饮食习惯类似，京津地区居民的主食也以米面为主，但目前随着对健康认识的不断深入，人们逐渐认识到长时期摄入精米与白面会导致多种营养元素缺失，而过去经常食用的五谷杂粮类食品中富含多种人体必需的营养元素。杂粮窝窝团、杂粮馒头的比例不断上升，全麦制品也越来越受欢迎。越来越多的杂面条、山野菜面条进入居民的餐桌。同时吃野菜的习惯也逐渐在京津地区流传开来。野菜不仅能为人体提供足够的膳食纤维，还能起到预防高血脂、高血糖的作用。

第四节　京津地区饮食模式与健康

京津地区位于北方，其膳食结构大体遵循北方地区的膳食特征。同时作为全国的政治中心，相较于其他地区，京津地区居民的膳食结构受生活节奏变化影响更大。根据目前对北京地区居民健康水平的调查结果，北京地区居民饮食品种丰富，主要由粮谷类、薯类、豆制品、水果蔬菜、动物性食品、纯热能食品等，符合中国居民膳食指南中饮食多样性的要求，其中水果蔬菜、粮谷类和动物性食品摄入量最高。从城乡结构上看，城市和乡村饮食结构有差异，乡村饮食结构中粮谷类食品的占比较高，乳肉制品比例较低；城市居民膳食中粮谷类食物占比较低，乳肉制品、水果蔬菜占比较高。从时间范围上看，随着时间的推移，京津地区居民饮食结构中粮谷类占比逐渐下降，肉蛋奶、水果蔬菜的占比提升明显，尤其是乳制品增长最快；食用油的消费占比也在稳步上升。这表明即使位于同一地区，经济收入也会较大影响居民的饮食结构，从而对健康产生影响。对天津地区居民的营养健康状况调查显示，天津地区居民的主要膳食包括谷物、水果蔬菜、豆制品、肉乳制品、水产品等，也符合居民膳食指南对食物丰富性的要求，其中鱼虾类等水产品的摄入量要高于北京地区，谷物、水产品、畜禽肉类的摄入量符合中国膳食指南的要求，而水果蔬菜、豆制品的摄入稍有不足。从天津地区城乡饮食结构对比来看，城市居民的米面制品及薯类摄入量远小于农村地区，蔬菜摄入基本持平，水果、肉制品和乳制品的摄入量远高于农村地区，城市居民的饮食结构更加合理，这也表明了经济水平以及健康意识对膳食有巨大影响。

从膳食营养素摄入情况来看，京津地区居民膳食中蛋白质、脂肪等主要的营养素摄入量均满足营养学要求，并且摄入量随着时间的推移逐步上升。而一些微量元素及维生素仍出现了摄入不足的情况，例如维生素 A、硫胺素的摄入还达不到膳食指南的指导标准；钙、锌等微量元素及膳食纤维的摄入虽然有提升，但距离膳食指南的标准仍有较大差距。

从膳食结构上看，京津地区居民膳食中能量的主要来源是谷物制品以及以油脂为主的脂肪类物质，碳水化合物和脂类物质的摄入量远远超过膳食指南的推荐值，其中乡村地区的摄入超标情况要比城市地区严重。这表明京津地区居民的饮食结构还存在着较为不合理的地方。此外，京津地区居民饮食中钠的摄入量也超过推荐标准，这表明减少热量的摄入，减少日常饮食中油盐的含量仍然是未来京津地区膳食结构的发展趋势。

从居民健康状况调查结果来看，京津地区居民的主要健康隐患有：①营养过剩情况较为严重，肥胖超重的现象较多，高血脂、高血压情况较为普遍；②心血管类疾病发病率有所上升。这表明过量的油脂、糖类和食盐的摄入仍然会对健康造成较大影响。从时间发展趋势来看，经济水平的提升有效改变了京津地区居民的膳食结构，乳肉制品的占比提升，能量摄入占比也迅速升高，能量摄入过剩，结构不均衡逐渐替代能量摄入不足成为主要的膳食结构问题。加强营养健康方面知识的普及是解决该问题的一个有效途径。

同时，京津地区的饮食结构也有对健康有益的方面。首先，京津地区饮食的多样性保障了营养元素摄入的全面性。虽然地处北方，但在京津地区可以十分方便地获取来自各地的食材，同时可以随时随地享受各种不同饮食文化圈的特色饮食，与相对单一的饮食文化相比,京津地区海纳百川的饮食文化内容能够减轻因口味偏好而引起的营养摄入失衡问题。其次,注重互补、中和的饮食思想有利于人的健康。例如天津地区鱼类等优质蛋白摄入比重高,红肉摄入相对较少,减少了胆固醇等成分的摄入。这种朴素的营养观念有待于进一步科学化、规范化、合理化,增加对健康的指导性。

小结

京津地区饮食文化具备北方饮食文化的基本特征,由于其特殊的历史发展经历和政治地位,其饮食文化呈现出明显的时代性、多元性和开放性等特征。丰富的宫廷菜、官府菜,以及劳动人民创造的市井民间风味共同构成了京津地区饮食文化的主体。同时,京津地区饮食习俗注重时令与养生,膳食结构多样化,有利于人体的健康。但是由于时代发展的局限以及经济条件的限制,京津地区的膳食结构仍然存在油盐摄入量大、微量元素与维生素摄入不足等缺陷,未来需要进一步将传统饮食文化中朴素的调和互补的饮食思想进行归纳,使之科学化、规范化,增强其对健康的指导性。

下篇　特类饮食文化与健康

第十一章　茶文化与健康

第一节　茶文化概述

一、茶的起源

“茶者，南方之嘉木也”，是历代中国人民勤劳智慧的结晶。如今，茶不仅是中国的“国饮”，更是世界三大无酒精饮料（茶叶、咖啡、可可）之首，广受世界各国人民的喜爱。

关于茶的起源，曾经历了相当漫长的争论。现在越来越多的证据表明，中国才是茶的原产地，这一观点也得到了世界的认可。中国是世界上最早发现茶并利用茶、最早人工栽培茶树的国家，我们认为中国西南地区的云贵高原是茶树的起源中心。随着各地经济、文化的融合发展，茶逐渐在长江中下游地区开始传播。直至三国两晋南北朝时期，茶逐渐传入华南地区。唐朝经济文化空前繁荣，也成为茶文化的兴盛时期。明朝末年，荷兰商人将茶叶运至欧洲。在千百年的历史发展进程中，茶叶、丝绸、瓷器向来是中国特产的代表，是中国文化的重要代表之一。

二、茶的分类

我国的茶类按初制技术及发酵程度分为绿茶、红茶、乌龙茶（青茶）、白茶、黄茶和黑茶六大类。各类茶由于加工工艺的差异，茶鲜叶发生了不同程度的酶性或非酶性氧化或降解反应，产生了不同的化学物质，从而形成了不同风格的品质特征。

1. 绿茶

绿茶是中国的主要茶类之一，也是名品最多、产量最大的茶类，属于不发酵茶。我国的各个省份都有绿茶生产，尤其以四川、贵州、云南、浙江、福建、安徽、湖北、湖南等地居多。不同种类的绿茶风格各异，品质差异明显，具有较高的艺术欣赏及品饮价值。绿茶在制作工艺上按杀青和干燥方法不同，可以分为炒青绿茶、烘青绿茶、烘炒结合型绿茶、晒青绿茶以及蒸青绿茶等。

2. 红茶

红茶属于全发酵茶,是目前世界上消费量最大的茶类。红茶最初起源于福建省武夷山一带的小种红茶,之后慢慢演变成了小种红茶、工夫红茶以及红碎茶三类。目前,茶区主要分布在福建、云南、湖南、湖北、贵州、安徽、广西、广东等地。

3. 乌龙茶

乌龙茶,亦称青茶,属于半发酵茶,是具鲜明中国特色的茶叶品类。乌龙茶由宋代贡茶龙团凤饼演变而来,在现代以其健康功效被称为"美容茶""健美茶"。乌龙茶因产地的不同可分为闽北乌龙、闽南乌龙、广东乌龙和台湾乌龙。

4. 白茶

白茶是我国的特色茶类,属微发酵茶。因其成品茶多为芽头,满披白毫,如银似雪而得名。白茶素有"绿妆素裹"之美感,民间流传着白茶"一年茶,三年药,七年宝"之说。其品质特点为外形满披白毫、汤色黄亮,有毫香,滋味鲜醇,叶底嫩匀。主要产区在福建福鼎、政和、松溪、建阳以及云南景谷等地。按照茶树品种和原料要求的不同,白茶分为白毫银针、白牡丹、贡眉。

5. 黑茶

黑茶因成品茶的外观呈黑色而得名,属于后发酵茶,是我国特有的茶类。黑茶历史悠久,主要是采用粗老的原料以及特色的渥堆工序制作而成。按地域分布,黑茶主要分为湖南黑茶、湖北青砖茶、四川边茶、云南黑茶(普洱熟茶)、广西六堡茶等。

6. 黄茶

黄茶是我国特有的茶类,属于轻微发酵茶。黄茶最大的特点就是"黄汤黄叶",这得益于其独特的"闷黄"制作工艺。黄茶历史悠久,最初创作于西汉,目前多产于安徽、湖南、湖北、浙江、四川、广东等地。按照鲜叶老嫩的不同,可分为黄芽茶、黄小茶和黄大茶。

三、茶区的地域分布

从全国范围来看,我国茶区可以分为江南茶区、江北茶区、西南茶区与华南茶区。

1. 江南茶区

江南茶区位于中国长江中下游南部,包括浙江、湖南、江西等省和皖南、苏南、鄂南等地,为中国茶叶主要产区,年产量大约占全国总产量的2/3。生产的主要茶类有绿茶、红茶、黑茶、花茶以及品质各异的特种名茶,诸如西湖龙井、黄山毛峰、洞庭碧螺春、君山银针、庐山云雾等。

2. 江北茶区

江北茶区是中国最靠北的茶区,位于长江中下游北部,包括河南、陕西、甘肃、山东等省和皖北、苏北、鄂北等地。虽此茶区与其他茶区相比,地形较为复杂,土壤肥力不高,气温低,积温少,但少数山区有良好的微域气候,因而所产茶叶质量并不次于其他茶区,该茶区主要出产绿茶,如六安瓜片、信阳毛尖、汉中仙毫等。

3. 西南茶区

西南茶区位于中国西南部,包括云南、贵州、四川三省以及西藏自治区东南部等地,是中国最古老的茶区。西南茶区的地形比较复杂,多为盆地和高原,土壤类型也较复杂,云南中北部多为赤红壤、山地红壤或棕壤,而四川、贵州及西藏自治区东南部多以黄壤为主,所以茶树品种资源丰富,生产红茶、绿茶、沱茶、紧压茶和普洱茶等,是中国发展大叶种红碎茶的主要基地之一。

4. 华南茶区

华南茶区位于中国南部,包括广东、广西、福建、台湾、海南等省(自治区),为中国最适宜茶树生长的地区。茶区土壤以砖红壤为主,部分地区也有红壤和黄壤分布,土层深厚,有机质含量丰富。茶树品种有乔木、小乔木、灌木等各种类型,茶资源极为丰富,生产红茶、乌龙茶、花茶、白茶和六堡茶等,所产大叶种红碎茶茶汤浓度较大。

第二节　中国茶文化

一、中国茶文化的发展

据史料记载,“荼”最早见于我国第一本中医学著作《神农本草经》,成书于汉代,一直传承至今,成了中华文化的经典典籍之一。在《神农本草经》中记载:“神农尝百草,日遇七十二毒,得荼而解之。”“荼”即为古时之茶字,这成了史学家所公认的最早关于茶字的文字记载。

西汉时期,三大著名文学家司马相如、杨雄、王褒都十分喜爱喝茶,是众多文人中饮茶的代表人物,茶叶逐渐成为文人墨客日常生活品饮、展现审美情趣、寄托才思情怀的重要意象。王褒所著《僮约》中借僮奴日常行为侧面描写当时大户贵人的生活。而其中“脍鱼炰鳖,烹茶尽具”“牵犬贩鸭,武阳买茶”几句,写僮仆买茶烹茶的日课,表明对于当时汉朝达官贵人而言,茶已经成了他们生活的一部分。而司马相如的《凡将篇》和杨雄所作的《方言》,从药用角度和文学角度都提到了茶。由此可知,在我国早期文化中,茶就是不可或缺的一部分珍贵文化。此时的饮茶方式主要还是直接将茶鲜叶生煮羹饮。

而茶作为一种传统文化被认知则源于晋朝。西晋时期,世家大族奢靡成风,司马氏治下的官场,金玉不惜、肉糜随弃。当时有眼光的政治家借由茶水清香沁心的特点,以清气比廉洁,提出“以茶养廉”的观念。曹魏张揖所撰《广雅》中讲到了茶饼的做法以及冲泡茗饮时“用葱、姜、橘子芼之”,说明当时人们仍然将茶做成一种羹汤饮用,其加工方式是将散装茶叶与米膏混合制成茶饼,再晒干或者烘干。

唐朝,在文化大同的影响下,茶文化进入不同学家领域。在不同的文化体系下,茶文化也有了不同的规划发展。茶独具的天然风味、宁心清味,在某种意义上与道家所推崇的天人合一、道法自然、思想不谋而合!唐朝这种大文化背景下,茶文化起于儒,却盛于百家,在文化思想的积累下,渐渐独树一帜,成为一种独特的流派。陆羽所著的《茶经》的诞生,标志着这一流派的彻底形成。

及至宋代,茶文化也不再流于宫廷百家,开始行于天下。茶文化真正走入了“百姓家”。原本局限在文人雅客、权贵富人的茶,也慢慢走入民间,在民间形成了一道独特的文化风景。茶诗、茶画、茶歌……无数与茶相关的创作开始涌现。因为茶文化的特殊性,爱茶人多是好的诗人,而宋代又是个文人墨客井喷的时代!在宋朝,做工精细、附有龙凤纹饰的饼团茶、龙团凤饼成为风靡一时的贡茶。

到了元朝,蒙古贵族主要饮用的仍是饼茶,但民间渐渐开始主饮散茶。随着散茶的流行与普及,元代的茶叶加工也出现了变化,蒸青技术越来越简单,炒青技术也逐渐发展起来。北方民族虽然喜茶,却不习惯宋代发展出的繁文缛节。随着时间的推移,饮茶渐渐回归质朴。没有那么多的礼节,茶的重点从“礼”转回到更为单纯的“饮”。

到了明朝初期,饮用散茶的风气更加兴盛。为了减轻农民的负担,削弱奢靡之风,明朝开国皇帝朱元璋诏令“罢造龙团,唯采芽茶以进”,废除了宋朝的龙团凤饼,改为以散茶进贡,茶风也为之一变。加工技术从原来的蒸青逐渐发展为炒青、烘青,其中炒青进入了发展的兴盛时期,经高温杀青、揉捻、复炒,最后烘焙至干。饮茶方式也从煎煮法改为撮泡法,即直接用沸水冲泡茶叶,以保留茶叶自然之味,这与如今人们的饮茶方法较为一致。

到了清朝,贡茶的产地进一步扩大,甚至有些贡茶的茶名是皇帝钦定的,如康熙皇帝赐名的碧螺春,必须每年采制进贡,又如乾隆皇帝指定的杭州西湖龙井村的十八棵御茶树所产之茶,也须年年进贡。清朝时的中国茶业经历了几番大起大落。在清朝初期,由于商品经济的发展,国外市场逐渐打开,茶叶的消费量也跟着有所上升。在鸦片战争以前,茶叶的产量、消费量显著增加;茶馆文化更是达到了鼎盛时期,城乡大街小巷遍布茶馆,为茶文化的传承奠定了基础。曹雪芹的《红楼梦》中对茶的描写无处不在,有茶名、茶具、茶俗、茶礼、用水、茶食及茶诗等,可谓是满纸茶香,堪称典范。

二、中国的茶俗茶礼

(一)以茶待客

说起以茶待客的历史,可以追溯到东晋时期。随着社会经济和茶本身的发展,至唐宋时期，喝茶待客已经变成日常，更出现了饮茶联系的形式。再到明清时期，饮茶待客会友都变得非常普遍。“寒夜客来茶当酒，竹炉汤沸火初红”，描述的是以茶待客的场景；“叹息老来交旧尽，睡来谁共午瓯茶”，是陆游的感叹；“无由持一碗，寄与爱茶人”，是白居易《山泉煎茶有怀》中的诗句。古代文人墨客的诗词，就能看出茶在他们的生活和社会交往中发挥着重要作用。如今，我们去亲朋好友家拜访，对方也总是会备好一壶茶热情招待，有些人家更是会端上茶食茶果，一同分享。在江南无锡一带，人们还会在茶中放入两颗青橄榄或是金橘，形如元宝，是对新的一年的美好祝愿。我国幅员辽阔，不同地区饮用的茶叶有所不同，在江南多以龙井、碧螺春等绿茶待客；在北方，则是一杯茉莉花茶；在内蒙古，一杯奶茶是最对客人最好的招待；而在西藏，一碗酥油茶则代表了主人对客人的热情与尊敬。

(二)茶与婚俗

茶在婚俗中代表着“纯洁、坚定、多子多福”的祝愿。那么，茶与婚姻的关系又是从何时开始的？目前认为，这种关系始于唐代。在文成公主与松赞干布成亲时，带去西藏的嫁妆中就有茶叶，这与茶在唐代的发展和地位有关。至宋代，茶为聘礼已经成为一种风俗习惯。《红楼梦》中也有描述：“你既吃了我们家的茶，怎么还不给我们家做媳妇呢?”可见，吃茶与婚姻相互联系。古人结婚以茶为礼，与茶的特点紧密关联。古人认为“茶性最洁”，可以代表爱情的冰清玉洁；“茶不移本”，表示爱情的坚贞不移；“茶树多籽”象征子孙绵延。在江浙地区，有吃三道茶的风俗，将婚礼称为“三茶六礼”；湖南一带则有“合枕茶”“谢媒茶”“新娘茶”等说法；云南地区有“闹茶”的习惯；贵州地区有饮“豆茶”的风俗。

(三)茶与祭祀

茶为高洁之物，最适宜敬奉神仙祖宗。因此，用茶祭祀在我国由来已久。如今，在民间依然保留着以茶祭祀的习惯。在寺庙，为佛祖敬一杯清茶是许多善男信女初一、十五必做之事。祭祀故去的祖先，也多有献茶的礼仪。用茶作祭通常分为三种：以茶水为祭；放干茶为祭；将茶壶、茶盅象征茶叶为祭。

(四)茶与丧葬

考古研究发现，在2100多年前，茶已经开始作为丧事的随葬品。在长沙马王堆西汉古墓中就已经出现。茶被作为殉葬品，有两种说法：一种认为茶是生活必需品；另一种认为茶是洁净之物，可以吸附异味，减少墓穴的污染。丧葬中的茶，大多为去世的人准备，也有些地区为活人准备，比如福建的福安，就有悬挂“龙籽袋”的习俗。丧葬中的茶礼茶俗，是茶叶特点的延伸，虽然有些封建迷信的色彩，但也能看出茶在中国的重要地位。

第三节　世界茶文化

丝绸之路让我国的茶文化开始向陆上的邻国，如俄罗斯、哈萨克斯坦等国传播，海上航线的开通让茶文化从中国传入日本和欧美各国。不同的文化历史背景，也自然催生出了各国特色的茶文化。

一、印度茶文化

印度是世界上最大的茶消费国家，也是世界上第二个茶生产国家。通过英国人从中国进口的茶品种，英国人在印度的茶事业得以发展。因此，有关印度茶，英国人有过不少的历史记载。1780 年，英国东印度公司从中国广州携茶籽至印度，种植在加尔各答。1833 年，英国政府废除了东印度公司在中国茶叶贸易中的特权，东印度公司开始在印度经营茶叶生产。英属印度时期，印度人尚无饮茶习惯，茶叶生产主要是为了出口。受世界经济危机及“二战”的影响，国际茶叶市场萎缩、茶叶囤积、茶价下跌，茶商才着力开发印度本土市场。1953 年，印度设立茶叶局，将原英属印度公司经营管理的茶园承包给大公司或者私人经营，茶叶生产种植的零碎化不但激发了民众的种植热情，也向民众普及了与茶相关的知识。政府当局和本土商人也通过文学、影视、艺术作品、广告宣传等形式介绍富有本土特色的饮茶知识和符合印度人口味的茶叶的熬煮方法。由此，茶逐渐成为跨地域、跨种族、跨宗教的全民饮料，印度成为世界上最大的红茶消费国，国内消费约占国家产茶总量的 80%。

与东亚地区的清茶不同，印度人习惯将茶叶（主要是红茶）、砂糖和牛奶一起放入锅中熬煮，另加入各种香料调味，这样制成的香料茶称为马萨拉茶。所加香料品种和数量决定了每家茶的独特味道。印度奶茶中含有较高热量，成为中午 12 点与晚上 9 点这两餐之间的抗饿佳选。在印度的北方，奶茶的做法是在煮沸的牛奶中加入红茶共煮，而印度的南方讲究“拉”，牛奶和浓茶在两个杯子间倒来倒去，在空中拉出一道棕色弧线。印度人喝茶时，把茶斟在盘子里，伸出舌头去舔饮，因此也称为“舔茶”。

二、英国茶文化

英国的茶文化浓郁深厚，其中也蕴含着英国的传统文化。17 世纪初，荷兰商人把茶叶从中国带到英国。但最初由于茶叶价格昂贵，饮茶没有在社会上盛行起来。葡萄牙作为最早接触茶文化的欧洲国家之一,饮茶文化在葡萄牙上层社会自然十分盛行,1662 年葡萄牙公主凯瑟琳嫁给英国国王查理二世,凯瑟琳公主的嫁妆中就有不少茶叶,是她将饮茶的爱好带入了英国宫廷。在她的引导下,饮茶很快成为英国上层社会的时尚,饮茶的文化开始在英国扎根。17 世纪后期,英国开始从荷兰进口茶叶。

19 世纪,英国在传统沙龙饮茶文化的基础上,发展出了下午茶文化。关于下午茶的由来也是众说纷纭,据说 1840 年的某日,贝德芙公爵要消磨她的午后时光,由于腹中饥饿,让女仆准备点心稍作果腹,同时伴着一些红茶食用。而在这种略随意的状态下,她发现在下午饮用茶饮料并搭配上英式点心着实是一种独特享受。由此,这种茶水搭配点心消磨午后的方式也在英国上层社会扩散开来。喝下午茶时,英国人通常会选择上等红茶,并配上雅致的茶具和精致的点心。下午茶成为英国人喜欢饮茶的特点让饮茶在英国经久不衰!

三、荷兰茶文化

荷兰是当时海上贸易最为发达的国家,也是第一批饮茶的欧洲国家。由于茶水的药性特点,荷兰称茶为“百草”,意指茶水具有治疗百病、疗养身体的功效。1607 年,荷兰商人通过航线的优势,将澳门的绿茶转运到爪哇,再运送至荷兰。出于尝试的心态,最早几批运送的茶叶量并不多,也就导致 17 世纪初期,茶叶的价格居高不下,因而成为贵族阶级和上层家庭偶尔尝用的奢侈品。人们以喝茶炫富,上流阶级以拥有品质良好的茶叶和奢华的茶具为荣。17 世纪下半期,由于饮茶文化的过度盛行,茶叶进口进入正常的贸易渠道。18 世纪初上映的《茶迷贵妇人》,就充分展现了那个时期饮茶文化在上层社会的盛行。饮茶大众化后,茶室、茶座等商业性设施在荷兰街道开始出现。同中国一样,荷兰也出现了以茶迎客的独特礼节:迎客、敬茶、寒暄、辞别都颇具独特礼仪。荷兰的茶文化展现出的,是中国古老文化与欧洲浪漫风情的结合。

四、美国茶文化

中国的茶叶自 16 世纪由荷兰人通过海上贸易传入欧洲,再由欧洲移民带入北美。17 世纪中叶纽约就已经有人饮茶。饮茶从 18 世纪初开始逐步风靡美国。1712 年,波士顿、纽约各地的药房都出现印有出售乌龙茶和绿茶的广告。到 19 世纪末 20 世纪初,美国已经成为世界茶叶主要进口、消费国之一。

美国人的饮茶习俗最初是参照英国,随后逐渐变得更随意、实用和时尚。首先,美国人生活节奏快,追求方便快捷,于是发明了袋泡茶、速溶茶和瓶装茶。其次,美国人开创了茶的冷饮方式——冰茶。红茶冲泡后去茶渣,或用速溶茶冲泡,放入冰箱中冷却,饮用时根据不同口味加入冰块、柠檬、果汁、薄荷、方糖或蜂蜜等。冰茶在美国市场的消费量巨大，且逐年上升。而在20世纪，美国的流行文化也让茶更多的是作为一种饮料，而非作为待客、交际的文化承载。

五、日本茶文化

在将中国的茶文化传播到日本的过程中，僧人们起到了很大的作用。753年，中国高僧鉴真大师东渡日本弘法，也将唐代的茶叶、饮茶风尚传到了日本。805年，日本僧人最澄在京都比睿山麓种下从中国带回的茶籽，形成了日本最早的“日吉茶园”。806年学成归国的空海和尚，将带回的茶籽献给了嵯峨天皇。1191年，荣西禅师学成归国，他将南宋时蒸青散茶的制法与点饮法传播到日本，还写了日本第一部茶专著《吃茶养生记》，梅尾茶和宇治茶都来源于他带回的天台山茶种。圆尔辨圆、永平道元等日本僧侣，参照中国的径山茶宴、禅苑清规等禅茶文化，发展出日本的寺院茶礼。1259年，南浦绍明禅师于我国学习饮茶礼仪并将这一礼仪带回日本，结合日本独特的士大夫文化，形成了一种奉行于日本大名阶级间的交流形式。并带回了中国的《茶道经》，成为日本茶道文化的参照典籍，日本茶道文化信奉的“和、清、静、寂”就源于其中。16世纪末，千利休继承、汲取了历代茶道精神，创立了日本正宗茶道。曾被提出的“谨、敬、清、寂”，千利休只改动了一个字，以“和、敬、清、寂”四字为宗旨，简洁而内涵丰富。自此，茶文化在日本发展为独树一帜的茶道，并作为日本重要传统文化之一流传至今。

六、韩国茶文化

韩国自新罗善德女王时代的遣唐使自中国传入饮茶习俗起，饮茶文化就在韩国萌芽。新罗第42代王兴德王三年（828年），遣唐使金大廉自中国带回茶种子种植于地理山，使韩国茶文化开始稳步发展。韩国茶文化中，茶礼更注重心性，以心性中“和、敬、俭、美”为茶礼核心，强调行茶人应待人以和，相处以敬，从事入俭，沁心致美。这种茶文化中流传的品性和思绪混糅在韩国的历史文化中，潜移默化地影响着一代代茶人。尽管现在茶文化的影响已不如旧日，但韩国仍尊崇着这一中国传入的优秀文化，并将每年5月25日定为茶日。

第四节　茶与健康

一、茶的健康成分

茶叶中含维生素、碳水化合物、氨基酸、蛋白质以及各种微量元素。经过科学分离鉴定的茶叶，已知含有的有机化合物超过450种，茶中含有的咖啡碱、可可碱等嘌呤碱类化合物可以刺激神经中枢，起到增强大脑皮层兴奋的作用，可以有效地减少疲劳。茶中含有的多种维生素不仅能起到提高机体免疫力的作用，还能预防夜盲症、角膜炎、坏血病等多种疾病。

（一）茶中的营养成分

1. 氨基酸和蛋白质

茶叶中的蛋白质含量较高，然而由于绝大部分蛋白质难以溶于水，所以很多蛋白质难以被人体所吸收。不过欧洲西方国家及我国少数民族，在制茶或饮茶的过程中，通常在茶水中加入少量的乳酪、酥油及牛奶等物质，使茶叶中的蛋白质在茶多酚的作用下，提升水溶质量和效率，促进人体的正常吸收。而在氨基酸层面上，茶叶中拥有大量的氨基酸物质，虽然氨基酸所占比例较少，但能够有效地提升人体的机能。

2. 脂肪

茶叶中的脂肪主要包括糖脂、硫脂、磷脂等，约占3%。其中的脂肪酸具体包括亚麻酸和亚油酸等物质，是人体必要的营养物质。茶叶中的矿物质含量较低，容易溶于沸水，能够被人体充分利用。在具体分类中，矿物质主要包括磷酸盐、铅、锰、铁、镁、钙等，与此同时也包括氟、硫、钠、锌、铜等微量元素。

3. 维生素

茶叶中拥有大量的维生素物质，含量最为明显的要数维生素C、维生素D和维生素E等，都是人体所不可缺少的。其中维生素C能够有效地促进人体细胞生成和分裂，是茶多糖和胶原糖等“间质”的形成要素。通过饮茶能够有效地帮助人体补充维生素等物质，提升人体机能。

（二）茶中的功效成分

功效成分，即能通过激活体内酶的活性或其他途径调节人体功能的化学成分。饮茶有助健康，即与茶叶中的功效成分相关，如茶多酚、咖啡因、氨基酸等。

1. 茶氨酸

（1）茶中的氨基酸有26种，而茶氨酸是其中含量最高、最特别的氨基酸。茶氨酸是一种在茶树中发现的独特的非蛋白氨基酸，是茶树中含量最高的游离氨基酸，在茶叶干重中占比1%～5%。它是20世纪50年代由日本酒户弥二郎从玉露茶新梢中所发现的，并命名为茶氨酸。此外，茶氨酸是茶树中一种比较特殊的氨基酸，在一般植物中较为罕见，从发现至今，仅在蕈（一种菌类）及部分山茶科植物中检出，其他植物中尚未发现。在茶汤中，茶氨酸浸出率可达80%，对绿茶滋味的形成具有重要作用。茶氨酸还能缓解茶的苦涩味，增强甜味。茶氨酸在饮料和食品中被广泛用作安全的食品添加剂，没有剂量限制。如果说咖啡碱提神，则茶氨酸是安神的。这两者相辅相成，让茶叶有提神的作用，但又不会过度兴奋。茶氨酸被称为“天然的镇静剂”，能够使人注意力集中。咖啡碱的作用是短期产生的，而茶氨酸的安神、增强记忆则是长时间的积累才会显现的。

（2）茶氨酸的生理功能

1）保护神经。茶氨酸具有抗局灶脑缺血作用，在临床上可能具有预防脑梗死效果。茶氨酸能抑制大脑皮层神经细胞迟发性神经元死亡，起到神经保护作用。茶氨酸也有助于在神经成熟期间，增强神经生长因子和神经递质的合成能力，促进中枢神经成熟，有助于脑健康。

2）放松精神。一般来说，在人的大脑表层会产生微弱的脑波，根据其频率可分为 α、β、δ、θ 波，其中 α 波与放松有关。相关研究表明，L-茶氨酸能促进大脑中 α 脑波的产生。因此茶氨酸具有精神放松的功能。

3）增强记忆。采用水迷宫法、跳台等方法的实验研究表明，茶氨酸能够提高小鼠的学习记忆能力，可以拮抗记忆获得性障碍的物质，提高记忆力。内在的机制可能与其清除自由基等功能相关。

4）抗疲劳。茶氨酸具有减轻运动性疲劳的作用，其机制可能与增加脑中多巴胺含量，与抑制 5-羟色胺合成、释放等效应有关。

5）其他。茶氨酸可以拮抗咖啡因引起的副作用（如兴奋、失眠），可以通过增强抗癌药物的效果、减轻某些抗癌药物的毒副作用、保持细胞代谢平衡等途径辅助抗肿瘤，减轻酒精引起的肝损伤，与锌形成复合物抗糖尿病，缓解抑郁症，抗病毒等。

2. 茶多酚

（1）茶多酚是茶叶中多酚类物质的总称，茶叶中拥有 30% ~40% 的茶多酚物质，能够有效地影响茶叶的口感和品质。包括黄烷醇类、花色苷类、黄酮类、黄酮醇类和酚酸类等。主要为黄烷醇（儿茶素）类，儿茶素占 60% ~80%。类物质茶多酚又称茶鞣或茶单宁，是形成茶叶色香味的主要成分之一，也是茶叶中有保健功能的主要成分之一。

（2）茶多酚的生理功能

1）抗氧化。茶多酚可以直接清除自由基、抑制自由基产生，并能抑制黄嘌呤氧化酶、细胞色素 P450 酶、脂氧化酶、环氧化酶等一些催化机体产生自由基的氧化酶，也可以激活或提高机体内的超氧化物歧化酶、过氧化氢酶、谷胱甘肽过氧化物酶、谷胱甘肽转移酶等能清除自由基的抗氧化酶的活性。同时，茶多酚也能与其他抗氧化物，如维生素 E、维生素 C 等起协同抗氧化效果。

2）抗衰老。随着年龄的增大，机体新陈代谢减缓，白发增多、骨密度降低、色素沉着等衰老现象出现。茶多酚具有抗衰老作用，无论是线虫模型、蝇类模型研究，还是细胞模型、动物模型研究，均表明茶多酚可以通过降低体内活性氧水平、提高抗氧化酶活性、调控衰老相关信号通路来延缓衰老。

3)抗肿瘤。不同水平的实验研究以及流行病学研究都已表明,茶多酚可以降低致癌因子引发的皮肤癌、肺癌、肝癌、胃癌、乳腺癌、前列腺癌等多种癌症的发生概率。在癌症的启动、促进以及进展阶段,茶多酚都能发挥抑制作用,其防癌、抗癌机制包括提高机体免疫、调节机体信号转导途径等。

4)免疫调节。茶多酚能增强机体巨噬细胞的吞噬能力,促进T淋巴细胞的增殖,提高胸腺、脾脏指数,提高机体的免疫能力。

5)其他。茶多酚具有抑制动脉粥样硬化、降低高血压和冠心病的发病概率、降血压、降血糖等作用,能够调节机体胆固醇水平。茶多酚对细菌、病毒具有广谱的抑制作用,能减轻炎症反应。

二、茶的保健功效

茶叶的药用价值和营养价值,可在我国的古籍中探寻一二。譬如“神农日遇七十二毒,得茶而解之”的传闻,便是对茶叶药理价值的充分肯定。如“饮茶有去腻、除烦、益思、明目、利尿、少睡、除痰、消食、止渴之才,遂人不可无茶也”。现代医学对茶叶的药理保健功效也进行了大量深入地研究,科学研究和临床实践都证明了茶叶的诸多功效,如“抗癌防癌”、“提高人体免疫力”、“提神醒脑”、预防和治疗“三高”(高血压、高血脂、高血糖)等。

1. 抗衰老

茶叶中的各种活性物质,可以起到显著的抗氧化作用,消除人体内过多的自由基,延缓人体衰老。饮茶可养生,起到缓解衰老的作用。

2. 提神益思

明朝著名医药学家李时珍在《本草纲目》中说:“温饮则火因寒气而下降,热饮则茶借火气而升散,又兼解酒食之毒,使人神思爽,不昏不睡,此茶之功也。”而现代研究中发现茶叶中含有咖啡碱,而咖啡碱具有兴奋大脑皮层的作用,能使人醒神,提高工作效率。

3. 脑损伤保护

茶叶中含有的茶多酚对神经退行性疾病具有有效的预防功能。国内外大量研究表明,饮用绿茶能够有效地防治各类认知功能障碍性疾病,多数研究表明绿茶中许多成分如绿茶中的茶多酚、茶氨酸、咖啡因等均已证明对认知功能有较好的保护与提高功能。

4. 降血脂

长期饮用茶叶饮品,可以降低人体血清中的甘油三酯和脂蛋白水平,抑制消化道脂肪酶活性,减少对脂肪的吸收,起到降脂减肥的效果。茶叶的降血脂作用,主要依赖于茶多酚。同时,茶叶中的多糖成分,可以延长人体的血凝时间,缩短血栓长度,缓解患者血栓引发的痛苦,具有很好的抗血栓、抗凝血作用。尤其对于老年人群体而言具有积极的保健意义，不仅可以降低血脂，还可以预防高血糖、高血压疾病的触发，建议老年人应保持日常饮茶的良好习惯。

5. 改善胃肠道功能

胃蛋白酶可以在酸性条件下降解蛋白质，实现对蛋白质的吸收利用。饮用茶水可以对胃蛋白酶活性起到促进作用，茶黄素、儿茶素、茶红素等活性物质可以有效提高胃蛋白酶活性，改善胃部的吸收功能。茶叶中的儿茶素、茶黄素、茶褐素、茶红素等活性物质可以抑制脂肪酶活性，减少对脂肪的消化吸收，不仅有助于减肥和降低体脂率，还可以在一定程度上降低胃肠道消化负担。茶叶中富含膳食纤维和多种活性成分，能够有效调节肠道菌群，促进肠道蠕动，改善肠道功能，缓解便秘、腹泻等胃肠道疾病情况。

6. 抗癌

茶叶的抗癌作用主要体现在对癌症的预防上，可以抑制强致癌物的合成，降低罹患癌症的可能性。人体内的癌症疾病往往是在强致癌物的作用下导致的，茶叶中含有茶多酚、咖啡碱等多种活性物质，这些物质能够有效阻止强致癌物的作用，保障人体健康。在抗癌方面作用最为突出的是绿茶、乌龙茶、黄茶等茶叶种类，绿茶中富含较多的茶多酚和丰富的维生素，二者均可抑制强致癌物的合成作用。

7. 抗辐射

抗辐射作用体现在茶叶中活性成分对人体辐射损伤的缓解作用。人类在日常生活中不仅受到来自电子产品的辐射，还时刻受到来自太阳紫外光的辐射，长时间、高强度的辐射会造成人体皮肤乃至身体机能的损伤。有研究结果表明，茶叶中的茶褐素可以通过增强抗氧化能力，缓解辐射损伤。

三、健康饮茶

1. 忌空腹饮茶

空腹饮茶会冲淡胃酸，还会抑制胃液分泌，妨碍消化，甚至会引起心悸、头痛、胃部不适、眼花、心烦等“茶醉”现象，并影响对蛋白质的吸收，还会引起胃黏膜炎。若发生“茶醉”可以口含糖果或喝一些糖水缓解。

2. 忌睡前饮茶

睡前 2 小时内最好不要饮茶，饮茶会使神经兴奋，影响睡眠，甚至失眠，尤其是新采的绿茶、咖啡因含量高的茶，饮用后，神经极易兴奋，造成失眠。失眠者要少饮茶。

3. 忌饮隔夜茶

因隔夜茶时间过久，维生素已丧失，而且茶里的蛋白质、糖类等会成为细菌、霉菌繁殖的养料。当然，未变质的隔夜茶在医疗上还是有些作用的。例如，隔夜茶含丰富的酸素、氟素，可以阻止毛细血管出血，如患口腔炎、舌痛、牙龈出血、皮肤出血、疮口脓疡等，可用隔夜茶治疗。

4. 糖尿病患者宜多饮茶

饮茶可以有效地降低血糖，且有止渴、增强体力的功效。糖尿病患者一般宜饮绿茶，饮茶量可稍增多一些，一日内可数次泡饮，使茶叶的有效成分在体内保持足够的浓度。

5. 腹泻时宜多饮茶

腹泻非常容易使人脱水，产生指纹凹陷，可多饮一些浓茶。茶多酚可刺激胃黏膜，对水分的吸收比单纯的喝开水要快得多，能给人体快速补充水分，同时茶多酚具有杀菌止痢的作用。

6. 其他

对于患有严重心脏病、心跳过速等患者饮茶要节制。贫血病人也不宜饮茶，这是因为茶中的鞣酸与铁结合，形成不溶解的化合物，难以被人体吸收利用，会使贫血更加严重。有胃病者宜喝红茶，不宜喝绿茶、清香型乌龙茶。中老年人或体质较弱者宜热饮或温饮，避免饮凉茶。溃疡病患者慎饮茶，肝脏病人、发烧患者忌饮茶。

小结

中国是茶的原产地，是最早发现并利用茶以及最早人工栽培茶的国家，这也得到了世界的广泛认可。由于加工工艺的差异，中国茶形成了不同风格的品质特征。中国茶按不同的初制技术和发酵程度可分为绿茶、红茶、乌龙茶（青茶）、白茶、黄茶和黑茶六大类。茶广泛分布于我国各地，主产于江南茶区、江北茶区、西南茶区与华南茶区等区域。我国茶文化历史悠久，从古至今，被广泛用于待客、婚俗、祭祀和丧葬等。由于我国茶文化的兴盛和丝绸之路的发展，茶文化逐渐向世界各地传播，自然也就催生出了各国特色的茶文化。茶中含有的多种营养成分和功效成分，如维生素 C、维生素 D、维生素 E、咖啡碱、茶氨酸、茶多酚等，在提高人体免疫力、抗衰老、提神益思、降血脂、改善胃肠道功能、抗癌和抗辐射等方面发挥了良好的作用。但是，饮茶也有其禁忌。为了我们自己的健康着想，健康饮茶就显得尤为重要了。忌空腹饮茶、睡前饮茶、饮隔夜茶，糖尿病患者和腹泻人群可以适当地多饮茶。重要的是，饮茶也要考虑人群所处的生理周期和疾病状态。当然，饮茶给人们带来益处的同时，也要注意饮茶的禁忌，唯有健康饮茶，方可维持良好的机体健康状态。

参考文献

[1]王岳飞,周继红,徐平.茶文化与茶健康——品茗通识[M].杭州:浙江大学出版社,2021.
[2]廖世杰,晋志海,钟琛,等.茶文化与健康[C].世界中药学会联合会亚健康专业委员会2018年学术年会暨第六届国际亚健康学术大会.第十一届中和亚健康论坛论文集.2018:87-89.
[3]邱佳雄,程曦.浅析茶对人身心健康的积极作用[J].福建茶叶,2021(10):91-93.

第十二章　酒文化与健康

第一节　酒文化概述

一、酒的起源

在中国神话中流传着仪狄作酒、杜康造酒、酒星造酒和黄帝酿酒等传说。中国先民对酒的启蒙知识来源于观察含糖野生浆果自然发酵成酒，而随着农业的发展，酿酒原料逐步从野生浆果发展为谷物。同时，陶器的使用为酿酒创造了先决条件，中国陶器使用的历史最早开始于距今8000年甚至10000年前。对于中国酿酒的起始时期学界说法不一，从考古发掘资料看，酒的起源早于史料记载的时间，也早于神话传说的界定时间（公元前2070—1600年），中国河南贾湖遗址的发掘将中国古人的酿酒史提前到距今约9000年前。

东汉时期，许慎任太尉南阁祭酒，从他所著的《说文解字》一书中对于“酉”部字的记载解说来看，“仪狄”以及“杜康”可能是酒的创造者。书中提道：“酉，就也。古者仪狄作酒醪，禹尝之而美，遂疏仪狄。杜康作秫酒。”根据这个说法，仪狄是黄酒的创始人，而杜康是高粱酒的发明者。当今，很多的地方都依然敬仪狄为酒神或酒祖。而在曹操所作的《短歌行》中，提到“何以解忧，唯有杜康”，“杜康”代指美酒，因而人们认为杜康是酿酒的祖师。

二、酒的分类

酒的品种繁多，酒的分类方法也很多，常用的分类方法有以下几种。

（一）按制造方法分类

按制造方法，酒可分为酿造酒、蒸馏酒、配制酒。

1. 酿造酒

酿造酒也称发酵酒，是用含糖或淀粉的原料，经发酵、过滤、杀菌后制得的酒，属低度酒，如黄酒、啤酒、清酒、葡萄酒、果酒等。

2. 蒸馏酒

蒸馏酒系指以含糖或淀粉的原料，经糖化、发酵、蒸馏制得的酒，为高度酒，如白酒（烧酒）、威士忌、白兰地、伏特加、朗姆酒等。

3. 配制酒

配制酒又称再制酒，是用酿造酒或蒸馏酒（或食用酒精）为酒基，配加植物性药材、动物性药材或花果类等物质，经过调味配制而成的酒。配制酒大多为中、低度酒，如药酒、滋补酒、利口酒等。

（二）按酒精含量分类

酒精含量一般以体积百分比表示，可将酒分为以下几种。

1. 高度酒

酒精含量在40%以上的酒类，即酒度40°以上。

2. 中度酒

酒精含量在20% ~40%，即酒度20° ~40°的酒类。

3. 低度酒

酒精含量在20%以下，即酒度20°以下的酒类。

（三）国际评比会分类法

按南斯拉夫卢布尔雅那国际酒精性饮料分类规则，饮料酒可分为啤酒、葡萄酒、天然蒸馏酒、高度蒸馏酒、利口酒及其他酒精性饮料六大类。其中生啤酒、葡萄酒是两个大类酒种，每个酒种还有很细的分类。

（四）我国酒的分类

1. 黄酒

黄酒是我国最古老的传统酒，其起源与我国谷物酿酒的起源相当，至今约有八千年的历史，它是以大米等谷物为原料，经过蒸煮、糖化和发酵、压滤而成的酿造酒。

2. 白酒

我国的白酒酿造有近千年的历史，作为世界六大蒸馏酒之一的中国白酒（其他五种是白兰地、威士忌、朗姆酒、伏特加和金酒），其制造工艺远比世界各国的蒸馏酒复杂，原料也是各种各样，风格各异，特殊的风味更是不可比拟的。

3. 果酒

我国人工发酵酿制果酒的历史则要晚得多，一般认为是在汉代，葡萄从西域传入后才出现的。果酒是以各种果品和野生果实，如葡萄、梨、橘、荔枝、甘蔗、山楂、杨梅等为原料，采用发酵酿制法制成的各种低度饮料酒，可分为发酵果酒和蒸馏果酒两大类。

4. 啤酒

虽然啤酒在世界历史上出现较早，但我国在20世纪初才开始生产啤酒，啤酒是以大麦和啤酒花为原料制成的一种有泡沫、特殊香味、味道微苦、含酒精量较低的酒。

5. 配制酒

中国配制酒滥觞的时代当于春秋战国之前。它是以发酵原酒、蒸馏酒或优质酒精为酒基，加入花果成分，或动植物的芳香物料，或药材，或其他呈色、呈香及呈味物质，采用浸泡、蒸馏等不同工艺调配而成。

第二节　中国酒文化

一、中国酒文化的发展

(一) 萌芽期

酒的起源可以追溯到史前时期。人类酿酒的历史约始于距今4万—5万年前的旧石器时代。当时人类有了足以维持基本生活的食物，从而有条件去模仿大自然生物本能的酿酒过程。然而人类最早的酿酒活动，只是机械地简单重复大自然的自酿过程。

真正称得上有目的的人工酿酒生产活动，是在人类进入新石器时代、出现了农业之后开始的。这时，人类有了比较充裕的粮食，而后又有了制作精良的陶制器皿，这才使得酿酒生产成为可能。《中国史稿》认为，仰韶文化时期是谷物酿酒的"萌芽"期，当时是用蘖(发芽的谷粒)造酒。公元前2800年—前2300年的中国龙山文化遗址出土的陶器中，有不少尊、盉、高脚杯、小壶等酒器，反映出酿酒在当时已进入盛行期。

(二) 发展期

中国古代在酿酒技术上的一项重要发明，是用酒曲造酒。酒曲里含有使淀粉糖化的丝状菌(霉菌)及促成酒化的酵母菌。利用酒曲造酒，使淀粉质原料的糖化和酒化两个步骤结合起来，对造酒技术是一个很大的推进。中国先人从自发地利用微生物到人为地控制微生物，利用自然条件选优限劣的制造酒曲，经历了漫长的岁月。

春秋战国时期，由于铁制工具的使用，生产技术有了很大的改进，农民"早出暮归，强乎耕稼树艺，多聚菽粟"，生产积极性提高，使生产力有了很大发展，物质财富大为增加。这就为酒的进一步发展提供了物质基础。

从商周至春秋战国时期，特别是北方游牧民族，其酒器主要以青铜制品为主。酿酒技术已有了明显的提高，酒的质量随之也有很大的提高，饮酒的方法是：将酿成的酒盛于青铜垒壶之中，再用青铜勺挹取，置入青铜杯中饮用。

秦朝繁荣的经济，使得酿酒业兴旺起来。秦汉年间出现“酒政文化”，统治者站在“讲政治”的高度屡次禁酒，提倡戒酒，以减少五谷的消耗，但最终仍是屡禁不止。汉代时期人们对酒的认识进一步加宽，酒的用途广为扩大，东汉名医张仲景便可用酒疗病，并研究出多种用酒的方法，例如，酒水合煎法、酒水送服法和酒洗药法等。调和人伦、献谀神灵和祭祀祖先是汉代基本酒文化功能，而以乐为本是汉人酒文化的精神内核。秦汉以后，酒文化中“礼”的色彩也愈来愈浓，酒礼严格。但在东汉末年，酒文化从以乐为本向以悲为怀转变。

两汉时期，酒曲的种类逐渐丰富，此外，饮酒逐渐与各种节日联系起来，形成了独具特色的饮酒日。汉代之酒道，饮酒一般是席地而坐，酒樽放在席地中间，里面放着挹酒的勺，饮酒器具也置于地上，故酒器的形体大多较矮胖。

三国时期作为我国酒文化的发展时期，不论是技术、原料，还是种类等都有很大进步，三国时期的酒风极“盛”，酒风彪悍、嗜酒如命。陶元珍先生评价三国酒风时曾引用这样一段话：“三国时饮酒之风颇盛，南荆有三雅之爵，河朔有避暑之饮。”三国劝酒之风也颇盛，喝酒手段也比较激烈。

秦汉年间提倡戒酒，到魏晋时期，酒有了合法地位，酒禁大开，允许民间自由酿酒，私人自酿自饮的现象相当普遍，酒业市场十分兴盛，并出现了酒税，酒税成为国家的财源之一，因此就有了“酒财文化”。魏晋南北朝时期名士饮酒风气极盛，借助于酒，人们抒发着对人生的感悟、对社会的忧思、对历史的慨叹。酒的作用潜入人们的内心深处，从而使酒的文化内涵也随之扩展了。南北朝时，制酒曲的技术已达到很高水平。北魏贾思勰所著《齐民要术》记述了12种制酒曲的方法。而这些酒曲的基本制造方法，至今仍在酿造高粱酒中使用。

唐宋时期，中国发明了红曲，并以此酿成“赤如丹”的红酒。宋代，制酒曲酿酒的技术又有进一步的发展。1115年前后，朱翼中撰的《酒经》中，记载了13种酒曲的制法，其中的制酒曲方法与《齐民要术》中记述的相比，有明显的改进。中国古代制曲酿酒技术的一些基本原理和方法一直沿用至今。

唐宋时期的酒文化是酒与文人墨客大结缘。唐朝诗词的繁荣，对酒文化有着促进作用，出现了辉煌的“酒章文化”，酒与诗词、酒与音乐、酒与书法、酒与美术、酒与绘画等，相融相兴，沸沸扬扬。唐代是中国酒文化的高度发达时期，唐代酒文化底蕴深厚，多姿多彩，辉煌璀璨。“酒催诗兴”是唐朝文化最凝练最高度的体现，酒催发了诗人的诗兴，从而内化在其诗作里，酒也就从物质层面上升到精神层面，酒文化在唐诗中酝酿充分，品醇味久。唐朝酒肆日益增多，酒令战风行，酒文化融入了中国人的日常生活中。

唐人崇尚“美酒盛以贵器”。其酒道，饮酒大多在饭（食）后，正所谓“食讫命酒”“食毕行酒”“烹鸡设食，食毕，贯酒欲饮”。当时的饮酒之道，是在食毕进行，饱食徐饮、欢饮，既不易醉，又能借酒获得更多的欢聚尽兴的乐趣。

宋朝酒文化是唐朝酒文化的延续和发展，比唐朝的酒文化更丰富，更接近我们现今的酒文化。酒业繁盛、酒店遍布，宋代酒店强调名牌的文化个性。此外，宋代发明了蒸馏法，从此白酒成为中国人饮用的主要酒类。金代北方民族素有豪饮之风，有着浓厚的酒文化底蕴，金代有着烧锅酒文化。烧酒则是在元代才开始兴起的。

明末起义烽烟不断，清末不御外侵，百姓四处迁徙避患，地域文化的形成促进“酒域文化”的产生。明清以后，酒已成为人们生活中不可缺少的饮品，每逢佳节节令，“专用酒”十分流行，如元旦饮椒柏酒、正月十五饮填仓酒、端午饮菖蒲酒、中秋饮桂花酒、重阳饮菊花酒。清代有“酒品之乡，京师为最”之说，当时京城的达官贵人们比较崇尚黄酒，中下层百姓则多喜欢价廉味浓的烧酒。

明清两代可以说是中国历代行酒道的又一个高峰，饮酒特别讲究“陈”之字，以陈作酒之姓，“酒以陈者为上，愈陈愈妙”。此外，酒道推向了一个修身养性的境界，酒令五花八门，所有世上的事物、人物、花草鱼虫、诗词歌赋、戏曲小说、时令风俗无不入令，且雅令很多，把中国的酒文化从高雅的殿堂推向了通俗的民间，从名人雅士的所为普及为里巷市井的爱好。

二、中国酒具、酒器的发展

中华民族的历史源远流长，在历史的长河中，中国酒器的发展可根据朝代划分为六个阶段，分别是原始时期、商周与春秋战国时期、秦汉时期、三国两晋南北朝时期、隋唐五代时期以及宋元明清时期。

（一）原始时期陶制酒器文化

从最早的中华五千年文明之前——史前时代，原始部落的人们采集的野果在经过长期的储存后发霉，然后形成酒的气味。经过最初的品尝后，他们认为，发霉后果子流出的水也很好喝，于是，就开始了酿酒文化。在原始社会，我国酿酒已很盛行，远古时期的酒，是未经过滤的酒醪，呈糊状和半流质，对于这种酒，不适于饮用，而是食用，故食用的酒具一般是食具，如碗、钵等大口器皿。

（二）商周与春秋战国时期青铜酒器文化

夏商周三代（约前 2070 年—前 256 年），是我国古代礼制的成熟期，也是中国古代礼制最为规范的时期。作为文化的代表，原始社会几千年的酒文化被不折不扣地继承下来，并得到了开拓。所谓“礼以酒成”，无酒不成礼。正因为夏商周时期酒礼最受重视，因此，酒器发展也最为迅速，青铜酒器也就成为夏商周三代青铜文明中最为辉煌的亮丽点。在商代，由于酿酒业的发达，青铜器制作技术提高，中国的酒器达到前所未有的繁荣。据统计，目前出土的青铜饮食器，至少有一半是酒器。如商朝前期出土的青铜容器中，烹炊器有鼎、鬲，水器有盘，酒器则有觚、爵、角、尊、壶、卣、盉等。商朝后期奴隶主贵族酗酒成风，青铜酒器更是蔚为大观。周人代商以后，厉行禁酗酒，因而西周的青铜酒器比商代少得多。

（三）秦汉漆制酒器文化

历史上第一次漆器工艺的兴盛繁荣出现在战国时期，且经久不衰，一直延续到西汉。目前出土的漆酒器，可能以湖北江陵发掘出土的战国时代的漆耳杯为最早。这种耳杯，呈椭圆形，两侧各有一短翼似的几何形图案，花饰色泽光亮，令人喜爱。据考古发掘的情况来看，西汉是贵族使用漆器酒器最兴盛时期。这可从长沙马王堆汉墓出土文物、扬州西郊汉墓出土文物中的饮食器具全是漆器得到佐证。同时也与历史文献记载“雕文彤漆、野王听器”相一致。其后，随着漆器工艺的普及发展，漆器酒器渐次从权贵的酒席筵上消失，而成为普通人的用具。

（四）三国两晋南北朝青瓷酒器文化

瓷制酒器大致出现于东汉前后，与陶器相比，不管是酿造酒具还是盛酒或饮酒器具，瓷器的性能都超越陶器。到了魏晋南北朝时，瓷质酒杯盛行。

三国时期的青瓷仍保留着前代的许多特点，它的胎质坚硬细腻，呈淡灰色，釉汁纯净，以淡青色为主，施釉均匀。器物上的装饰常见的有弦纹、水波纹、铺首、方格网纹和耳面印叶脉纹等。

西晋的制瓷技术愈加精巧，既实用又美观，青瓷的用途也扩大到人们日常生活的酒器、餐具和卫生用具等各个方面。东晋人口南移，南方出现城市繁荣，社会上对瓷器的需要量进一步增加。这时南方青瓷造型趋向简朴，装饰减少，有些器物只作简单的褐色斑点。

南朝时期，青瓷上出现莲花瓣装饰。北方青瓷在造型、胎釉、纹饰等方面与南方不同，一般器型较大，以尊、瓶、罐、钵之类居多。器物多以莲花瓣纹、忍冬纹作装饰，装饰方法有堆贴、模印、刻画多种。北方青瓷的莲花纹饰与佛教的盛行关系密切。

北朝青瓷的器型有碗、盘、杯、罐、壶、瓶、盒等，多为日常用品，包括各种酒具莲瓣罐，是北朝典型产品，最能代表北方青瓷生产水平的器物是河北景县封氏墓出土的 4 件莲花尊。其体积最大的一件高约 70 cm，口至肩部有三周贴花，饰飞天纹、宝相花纹、兽面纹和蟠龙纹。肩有六系，其下有六层堆塑上覆下仰莲瓣纹。

（五）隋唐五代酒器文化

隋唐时期，酒文化得到了长足的发展，并形成了以瓷酒器为主、金银酒器为辅的新的历史时期。1957 年，在陕西西安发掘的隋代李静训墓中出土了一批精美酒器，像“双身龙耳白釉瓶”“金扣玉杯”和“高足金杯”等皆优美秀致，给人一种清新挺拔的美感，代表了隋代酒器制作工艺的最高水平。

唐代是我国酒具发展的一个重要阶段。唐代富足的经济和繁荣的文化促进了酒业的大发展，酒已成为官民日常生活中不可缺少的物品。人们不仅品评酒的质量好坏，而且还重视酒器的美观。因此，唐代的酒器犹如百花齐放，争奇斗艳，更趋于精巧，其中有代表性的包括唐三彩、瓷酒器、金银酒器、夜光杯等，标志着我国酒器进入成熟时期。

（六）宋元明清时期酒器文化

宋代是陶瓷生产鼎盛时期，有不少精美的酒器。宋代人喜欢将黄酒温热后饮用，故发明了注子和注碗配套组合。使用时，将盛有酒的注子置于注碗中，往注碗中注入热水，可以温酒。北宋仍继承了隋唐酒文化的遗风，无论酒器的造型，还是酒器的装饰纹样和饮酒习俗等都包含着深厚的汉文化底蕴，瓷酒器完全占据酒器的主要领地，官、定、汝、钧、哥五大官窑以及景德镇等中外知名的窑址，都生产了大批精美的瓷制酒器。器形主要有瓶、杯、盏、温碗注子和倒装壶等。其中倒装壶为前代所未见，是宋代首创之酒器。

元世祖忽必烈至元十五年（1278 年），元帝国在江西景德镇设立了“浮梁瓷局”，为景德镇瓷业生产的发展创造了有利条件，使得代表这一重要时代特点的景德镇窑出现了空前的繁荣，创烧出了诸如高温颜色釉瓷、卵白釉（枢府）瓷和成熟青花等新的品种，不但“釉彩明亮”，而且还采用描金技术，在中国瓷酒器发展史上具有重要地位。如釉里红高足转杯、蓝釉爵杯、青花诗文菊花杯、白釉描金高足杯等酒器，无论在器型上还是釉色上都比以前有了很大的提高，而且以诗文词句装饰酒器的现象也颇为普遍，大大丰富了酒文化的内容。

明清两代是中国瓷器生产最鼎盛时期，瓷器生产的数量和质量都达到了高峰。景德镇作为“瓷都”的确立，使景德镇窑代表明清两代瓷坛数百年，直至今日。当时，各种颜色釉瓷和彩绘瓷是景德镇制瓷水平的突出代表。明代的瓷制品酒器以青花、斗彩、祭红酒器最有特色。清代瓷制酒器具有清代特色的有珐琅彩、素三彩、青花玲珑瓷及各种仿古瓷。

第三节 世界酒文化

一、世界特色酒文化

世界上每个国家都有属于自己的酒文化,世界各地都有其独特的酿酒传统和风味特点,但有几种特色酒可谓是家喻户晓,如葡萄酒、啤酒、白兰地和威士忌。

(一)葡萄酒

葡萄酒文化是法国传统文化的一部分。圣经中多提到葡萄酒及葡萄园。法国葡萄酒的生产可以追溯到公元前1世纪。公元前600年左右,希腊人来到了法国马赛地区,并带来了葡萄树栽培技术。公元前51年,凯撒征服了高卢地区,正式地葡萄树栽培便在此展开。最初的葡萄种植在法国南部罗讷河谷,2世纪时到达波尔多地区。公元6世纪,随着教会的兴起,葡萄酒的需求量急增,加之富豪对高品质葡萄酒的需求,加快了法国葡萄酒业发展的脚步。中世纪时,葡萄酒已发展成为法国主要的出口货物。历史悠久的传统葡萄种植技术和酿造工艺,与最现代、最严格的葡萄酒酿造方法相结合,使法国葡萄酒更具贵族气质。法国葡萄酒是采用完全自然环境下栽培的葡萄榨汁精心酿制而成的。不同的气候、种植土壤、酿造工艺、储存环境及时间,会使葡萄酒的风味各具特色。

法国葡萄酒是法国优雅文化的表现,凝聚着法兰西历史。岁月更迭,葡萄酒也发生了深刻的变化,但法国葡萄酒业始终保持着自己的传统酿造工艺,法国葡萄酒被世人奉为经典极品。葡萄酒是用新鲜葡萄果实或果汁,经完全或部分酒精发酵酿制而成的饮料。法国葡萄酒按酒的成品颜色分类,分为白葡萄酒、红葡萄酒和桃红葡萄酒。按含糖量分的话,由低到高分为四类:干葡萄酒、半干葡萄酒、半甜葡萄酒、甜葡萄酒。按酒中是否含有二氧化碳可分为三类:不含二氧化碳的静态葡萄酒,人工添加二氧化碳的汽酒,自然发酵产生二氧化碳的起泡酒。

依据酿造方法可大致分为三类。

1. 平静葡萄酒

平静葡萄酒也称静止葡萄酒或静酒,20 ℃时不起泡的葡萄酒。红葡萄酒:采摘后连同葡萄皮一起压榨酿造,酒红色来自葡萄皮的颜色。通常,红葡萄酒是用红葡萄和紫葡萄酿造的。白葡萄酒:酿造时只用葡萄汁,而不要葡萄皮,通常是由白葡萄或绿葡萄酿造的。通常所讲的葡萄酒一般就是指平静葡萄酒。

2. 气泡葡萄酒

通常是香槟酒,属于采用二次发酵工艺酿制的葡萄酒。由于原产地命名的原因,只有法国香槟产区内生产的气泡葡萄酒才能命名为“香槟酒”，其他的起泡葡萄酒不能称香槟酒，只能叫气泡葡萄酒。

3. 蒸馏葡萄酒

蒸馏葡萄酒是指采用蒸馏酒工艺酿制的葡萄酒。通常所讲的干邑、XO 就属于此类。

（二）啤酒

啤酒是以大麦为主要原料，经过麦芽糖化，加入啤酒花（蛇麻花），利用酵母发酵制成的。酒精含量一般在 2% ~7.5%，是一种含有多种氨基酸、维生素和二氧化碳等多种营养成分的、高热量的、低度酒的饮料酒。啤酒的历史距今已有八千多年，最早出现于美索不达米亚（现属伊拉克）。公元前 6000 年前，居住在美索不达米亚地区的苏美尔人，他们用大麦芽酿制成了原始的啤酒，不过那时的啤酒并没有丰富的泡沫。大约在公元前 3000 年左右，波斯一带的闪米人学会了制作啤酒，而且他们还把制作啤酒的方法刻在板上，献给农耕女神。公元前 2225 年，啤酒在古巴比伦人中得到了普及，他们用啤酒来招待客人。古埃及人和古巴比伦人注意到了啤酒的药用价值，纷纷用啤酒制作药物。希腊人也非常热爱喝啤酒，他们从埃及人那里学会了酿制啤酒的方法。公元 4 世纪时，啤酒传遍了整个北欧。啤酒种类开始变得丰富，其中英国人用蜂蜜和水混合酿制而成的蜂蜜酒是比较有名的一种。英国出现的一种黑啤酒也非常有名，与现代的黑啤酒已经很相似。公元 1 世纪，爱尔兰人自行酿制出了一种跟现代的淡色啤酒相仿的啤酒。

19 世纪，有了冷冻机，人们开始对啤酒进行低温后熟的处理，这一发明使啤酒冒出了泡沫。1900 年，俄罗斯技师首次在中国哈尔滨建立了啤酒作坊，中国人开始喝上了啤酒。1903 年，英国人和德国人又在中国建立了英德啤酒厂，就是青岛啤酒厂的前身。

（三）白兰地

白兰地，最初来自荷兰文 Brandewijn，意为“烧制过的酒”。狭义上讲，是指葡萄发酵后经蒸馏而得到的高度酒精，再经橡木桶贮存而成的酒。白兰地是一种蒸馏酒，以水果为原料，经过发酵、蒸馏、贮藏后酿造而成。以葡萄为原料的蒸馏酒叫葡萄白兰地，常讲的白兰地，都是指葡萄白兰地。白兰地通常被人称为“葡萄酒的灵魂”。世界上生产白兰地的国家很多，但以法国出品的白兰地最为驰名。而在法国产的白兰地中，尤以干邑地区生产的最为优美，其次为雅文邑（亚曼涅克）地区所产。除了法国白兰地以外，其他盛产葡萄酒的国家，如西班牙、意大利、葡萄牙、美国、秘鲁、德国、南非、希腊等国家，也都有生产一定数量风格各异的白兰地。独联体国家生产的白兰地，质量也很优异。

白兰地起源于法国，在公元 12 世纪，法国干邑生产的葡萄酒就已经销往欧洲各国，外国商船也常来夏朗德省滨海口岸购买其葡萄酒。13 世纪到法国沿海运盐的荷兰船只将法国干邑地区盛产的葡萄酒运至北海沿岸国家，这些葡萄酒深受欢迎。至 16 世纪，由于葡萄酒产量的增加及海运的途耗时间长，使法国葡萄酒变质滞销。这时，聪明的荷兰商人利用这些葡萄酒作为原料，加工成葡萄蒸馏酒，这样的蒸馏酒不仅不会因长途运输而变质，减少海运的船舱占用空间及大批出口所需缴纳的税金，并且由于浓度高反而使运费大幅度降低。干邑镇的酒商把葡萄酒加以蒸馏浓缩后出口，然后输入国的厂家再按比例兑水稀释出售。葡萄蒸馏酒销量逐渐增大，荷兰人在夏朗德地区所设的蒸馏设备也逐步改进，法国人开始掌握蒸馏技术，并将其发展为二次蒸馏法，但这时的葡萄蒸馏酒为无色，也就是被称为原白兰地的蒸馏酒。公元17世纪初，法国其他地区已开始效仿干邑镇的方法去蒸馏葡萄酒，并由法国逐渐传播到整个欧洲的葡萄酒生产国家以及世界各地。公元1701年，法国卷入了“西班牙王位继承战争”，法国白兰地也遭到禁运。酒商们不得不将白兰地妥善储藏起来，以待时机。他们利用干邑镇盛产的橡木做成橡木桶，把白兰地贮藏其中。1704年战争结束，酒商们意外发现，本来无色的白兰地竟然变成了美丽的琥珀色，酒不但没有变质，而且香味更浓了。于是从那时起，橡木桶陈酿工艺就成为干邑白兰地的重要制作程序。而这种制作程序，也很快流传到世界各地。

（四）威士忌

威士忌（Whiskey），是一种由大麦等谷物酿制，在橡木桶中陈酿多年后，调配成43°左右的烈性蒸馏酒。根据苏格兰威士忌协会的说法，苏格兰威士忌是从一种名为“生命之水”的饮料发展而来的。威士忌原产苏格兰，用经过干燥、泥炭熏焙产生独特香味的大麦芽作酵造原料制成的。其酿制经六道工序即将大麦浸水发芽、烘干、粉碎麦芽、入槽加水糖化、入桶加入酵母发酵、蒸馏两次、陈酿、混合。苏格兰威士忌在使用的原料、蒸馏和陈年方式上各不相同，可以分为四类：单麦芽威士忌、纯麦芽威士忌、调和性威士忌、谷物威士忌。苏格兰威士忌至少要在苏格兰贮存3年以上，15～20年为最优质的成品酒，超过20年质量会下降，色泽棕黄带红，清澈透亮，气味焦香，带有浓烈的烟味。

威士忌广义的分类主要有三种，分别是指麦芽威士忌、谷类威士忌以及调和威士忌，其中麦芽威士忌又分为单一麦芽威士忌和纯麦威士忌，同时威士忌的主要产国有苏格兰、爱尔兰、美国、加拿大等国家，品质各具特色。

1. 麦芽威士忌

麦芽威士忌味道较为甜美，每间酒厂都会有不一样的风格，通常以铜制蒸馏器经过两次蒸馏而成，成本较高。又可依照制作过程不同分成以下两类。

（1）单一麦芽威士忌（Single Malt）。单一麦芽威士忌指使用同一个酒厂里运用大麦芽酿造、储存于不同橡木桶中，并加水稀释调配的威士忌，酒精浓度40%～50%，是台湾最常见也最受消费者喜爱的种类。其中，单一麦芽威士忌还有“原桶强度”及“单一桶”两种，前者不经稀释直接调配装瓶，浓度较高；后者则是从单一橡木桶取出、直接装瓶出厂的威士忌，通常酒标会标明桶号及其他酿造明细等，数量少，相当受收藏家的欢迎。

（2）纯麦威士忌（Pure Malt）。以往被称为Blended Malt，但后来苏格兰重新正式定名为 Pure Malt，指的是使用了两个酒厂以上、运用大麦芽酿造、调配装瓶制成的威士忌。

2. 谷类威士忌

以谷类为原料，用同样制程蒸馏、陈年而成，味道较为辛辣，带着颇为浓烈的谷物香气与口感，通常是以连续蒸馏器大量生产，成本较低；较少单独出售，通常会与麦芽威士忌混合做成调和威士忌出售。

3. 调和威士忌

以麦芽威士忌与谷类威士忌混调而成，占了全世界威士忌八成以上的销量，追求甜美圆润、平滑顺口，每个品牌都有各自的特色。

二、世界各国酒文化

随着酿酒业的发展，不同种类的酒已逐渐遍布世界各地。狄奥尼索斯是希腊神话中的酒神，也是酿酒业和葡萄种植业的庇护神。酒神精神由古希腊的酒神崇拜活动演变而来，酒神或者说酒神祭祀活动在古希腊文化中具有举足轻重的地位。在古希腊悲剧中，德国哲学家尼采将酒神精神上升到理论高度，认为醉酒可以带来情绪的发泄，具有高昂的生命意志，还有狂醉状态中的反抗、苦难后的清醒等特质，从酒里可以获得极大的人生快意。而东方，除了中国以外，还有日本等国家，同样也因酒而产生了具有各自特色的酒文化。

（一）法国酒文化

法国的葡萄酒历史比较悠久，可追溯至公元前 600 年左右，希腊人来到了法国马赛地区，并带来了葡萄树和葡萄栽培技术。公元前 51 年，凯撒征服了高卢地区，正式地葡萄树栽培便在此展开。随着葡萄种植区域不断向北扩展，公元 3 世纪，Bordeaux 和 Burgundy 开始为供不应求的葡萄酒市场酿制葡萄酒。公元 6 世纪，随着教会的兴起，葡萄酒的需求量急增，加之富豪对高品质葡萄酒的需求，加快了法国葡萄酒业发展的脚步。中世纪时，葡萄酒已发展成为法国主要的出口货物。19 世纪时，法国的葡萄种植面积创历史新高。

法国人喝酒重在“品”，法国人重视的是品酒，越是好的酒，就越要慢慢地喝，细细地品，好好地回味。法国人对酒很讲究，一餐中可以饮几种不同的酒，而且先后次序分得清清楚楚。大致上分为餐前酒（又叫开胃酒）、餐酒及餐后酒。餐酒要根据食物来搭配，通常是红葡萄酒配肉类，白葡萄酒配海鲜。餐后酒为香槟，搭配餐后甜点饮用。另外，不同的葡萄酒要用不同的酒杯来盛放，不同产区的葡萄酒对酒器也有各自不同的要求。品一顿丰盛的法国大餐，品饮与之适配的酒，已经不仅仅是“吃饭”，它还代表着一种礼仪、一种品味、一种浪漫，甚至一种精致的享受。

（二）英国酒文化

威士忌酒是闻名世界的佳酿，主要产地是英国的苏格兰。英国人把威士忌视为自己国家的一宝，并以痛饮威士忌为人生一大乐事。在苏格兰，威士忌是新年前夜的必备酒。因此，受邀参加别人的新年家庭聚会，威士忌通常是必备礼品。

英国人喝酒讲究的是快意，当夕阳西下，忙碌的一天结束了，很多人喜欢到酒吧里喝上几杯啤酒，一般人都是喝大杯的度数偏高的啤酒，而且不管是多少度，往往都是一饮而尽。在英国，喝酒的目的很简单，人们只想欣赏和享受酒。毫无疑问，酒在英国也有交际的功能，但人们认为最重要的东西是享受酒，获得快乐，忘记悲伤。

（三）俄罗斯酒文化

据考证，俄罗斯酿酒业的出现归功于制蜜业的发展，在公元880—890年，“蜜酒”开始在民间出售，其酿制工艺与葡萄酒极其类似，产生于921年的桦汁酒香气四溢，同时，人们开始在蜂蜜中加入啤酒花。早在996年，民间就习惯对蜂蜜进行蒸煮。1284年，俄罗斯拥有了自己的啤酒，15世纪40年代至70年代，伏特加终于千呼万唤始出来，被称为国酒的伏特加甚至被一些西方人当作了俄罗斯的代名词。

俄罗斯是个冰天雪地的国家，其位于欧洲东部和亚洲大陆的北部，纬度较高，冬季严寒而漫长。也许正是气候原因，饮酒可以促进血液循环，从而达到取暖目的。而伏特加这种高浓度烈酒更是俄罗斯民族豪迈、奔放的性格体现。

（四）日本酒文化

日本酒的种类繁多，既可热饮，也可冷饮，适合在一年四季不同的气候、不同场合下饮用。从其类型来分，大致有清酒、烧酒、梅酒、葡萄酒、啤酒等。日本的清酒几乎成为日本酒的代称，清酒也被称为日本的国酒，以至于人们把日本酒习惯地统称为清酒。

国家与国家之间的礼仪是不同的，日本人在喝酒的时候也与我们有很多区别，一般的日式酒馆，气氛随和且轻松，同行的伙伴都会相互为对方斟满啤酒以示友谊。日本特有的喝酒场所“居酒屋”非常能体现日本人的饮酒方式及文化。居酒屋的历史从镰仓时代的小酒馆开始，到江户时期逐渐成形，并开始给客人提供饭菜以满足顾客的需要。居酒屋的饮酒习俗和饮酒文化，既承载着日本人谦和礼让的传统美德，也是日本人生活方式的生动显现。

第四节　酒与健康

一、酒中的健康成分

酒中的一些健康成分对人体有益，尤其是药酒；但酒中也有许多有害物质，会引起各种疾病。小酌怡情，大饮伤身，我们需要了解并学会科学饮酒的方法。

（一）白酒中的健康成分

白酒是用粮食或其他含有淀粉的农作物为原料，以酒曲为糖化发酵剂，经发酵蒸馏而成。白酒中含有较多的香味素，其中，不少香味素都是人体健康所需要的有益物质。白酒中乙醇（酒精）含量较多。少量酒精进入人体，能够提高血液中的高密度脂蛋白和降低低密度脂蛋白水平，从而有助于减少因脂肪沉积引起血管硬化阻塞。

（二）黄酒中的健康成分

黄酒是以大米等谷物为原料，经过蒸煮、糖化和发酵、压滤而成的酿造酒。黄酒中的主要成分除乙醇和水外，主要含有糖分、糊精、有机酸等，特别值得称道的是它含有天门冬氨酸、亮氨酸、缬氨酸、赖氨酸、苏氨酸、苯丙氨酸、异亮氨酸等 17 种人体所需的氨基酸。其特点是具有较高的营养价值和对人体有益无害。因此无论是从药用价值、烹调价值和营养价值，还是从振奋民族精神、继承民族珍贵遗产来讲，黄酒都应该成为我国上下普遍饮用的第一饮料酒，也是我国最有发展前途的酒种之一。

（三）啤酒中的健康成分

啤酒是以大麦为原料，啤酒花为香料，经过发芽、糖化、发酵而制成的一种低酒精含量的原汁酒，通常人们把它看成一种清凉饮料。其酒精含量为 2°～5°。啤酒的特点是有显著的麦芽和啤酒花的清香，味道纯正爽口。啤酒含有大量的二氧化碳和丰富的营养成分，能帮助消化，促进食欲，有清凉舒适之感，所以深受人们的喜爱。啤酒中含有的多种氨基酸、维生素以及烟酸、泛酸、钙、糖、啤酒花渗出物等都是人体所需的营养保健成分。啤酒中大部分都是水，比牛奶的热量还低，属于低热量食品；啤酒中含有丰富的矿物元素，含有钾、钠、钙、镁、铁、铜、锌等，在人体健康方面起着重要的作用。得益于原料和酵母的代谢，啤酒中几乎含有所有 B 族维生素，且含量相较其他食品属于中高水平，有着“液体维生素”的美誉。啤酒至少含有大部分常见氨基酸，可以满足人体的正常需求。

（四）葡萄酒中的健康成分

葡萄酒是指用纯葡萄汁发酵，经陈酿处理后生成的低酒精度饮料。葡萄酒也是一种富有营养的饮品，它含有糖类、果胶质、酸类、氨基酸、无机物质、维生素等成分，有重要的保健作用。

（五）果露酒中的健康成分

果露酒中含有丰富的营养物质，诸如糖类、有机酸类、各种维生素等，都对人体有益，特别是苹果酸、柠檬酸、蛋白质、氨基酸、矿物质等，保健价值更高。

二、酒中的有害成分

酒中还含有对人体健康有害的成分，其中最主要的有以下五种。

1. 乙醇

乙醇即酒精，既是白酒的主要成分，也是各类酒的共有成分。酒对人体的危害主要来自酒精。过多酒精进入人体，会引起各种不良反应，产生程度不同的酒精中毒症。比如，当血液中达到0.05%的酒精含量时，便会使人出现“酒意”；达到0.1%时，就会出现各种“醉相”，实际上就是一般性酒精中毒——舌根发硬、口齿不清、头重脚轻；达到0.2%时，便会“大醉”，即严重中毒；达到0.4%时，人便会失去知觉；若是血液中的酒精含量再升高，致死风险会增加。

2. 甲醇

甲醇有毒，甲醇继续分解产生的甲醛、甲酸毒性更大，并能蓄积于人体，形成潜在危害。甲酸可导致酸中毒。甲醛对视网膜有特殊毒性。甲醇急性中毒严重者会昏迷数日直至死亡。

3. 杂醇油

杂醇油的毒性比酒精大十几倍。饮入含杂醇油多的酒类会引起剧烈头痛，特别容易使人酩酊大醉。

4. 氰化物

氰化物有剧毒，可引起人体组织缺氧，轻者咽喉发痒、头脑发晕，重者昏迷不醒，以致死亡。尤以用木薯、果核为原料酿制的白酒氰化物含量较高。

5. 铅

蒸馏白酒所用蒸馏器、冷凝管等设备中的铅成分溶进酒液超过一定量，便会导致人饮用后产生急、慢性铅中毒。铅对人体各种组织都有毒性作用。尤其是对神经系统、造血系统和血管方面的危害更显著。

三、药酒与健康

(一)药酒与保健酒的区别

一般来说,药酒是指用蒸馏酒浸提药材而制得的澄清透明的液体制剂。我们通常所说的药酒,是药准字号药酒(以下简称“药酒”)与营养类保健酒(以下简称“保健酒”)的通称。药酒与保健酒在我国已有几千年的历史,这是我国传统酒文化的精华部分。药酒与保健酒存在着异同,在中国古代却没有区别开来,由于时代的局限,只是笼统地称之为“药酒”。20 世纪 70 年代后药酒与保健酒科学有了清晰的界定,这是重大的历史进步。

药酒与保健酒相比,其相同之处,是酒中有药,药中有酒,均能起到强身健体之功效,但二者却有着明显的差异:①从定义上来说,保健酒首先是一种食品饮料酒,具有食品的基本特征;而药酒则以药物为主,具有药物的基本特征。②从特点上来说,保健酒以滋补、强壮、补充、调节、改善为主要目的,还用于生理功能减弱、生理功能紊乱及特殊生理需要或营养需要者,以此来补充人的营养物质及功能性成分,它的效果是潜移默化的;而药酒则是以治病救人为目的,用于病人的康复和治疗其病理状态。③从饮用对象来说,保健酒适于健康人群、有特殊需要之健康人群、中间状态人群(介于健康与疾病之间的成年人)饮用;而药酒则仅限于患有疾病的人群饮用,它是大夫开的一剂方药,它有明确的适应人群、禁忌、限量、限期,必须在医生监督下饮用。

(二)酒在药酒中的作用

1. 酒可以行药势

酒可以行药势,使药力外达于表而至颠,使理气行血药物的作用得到较好的发挥,也能使滋补药物补而不滞。

2. 酒有助于药物的有效成分析出

酒是一种良好的有机溶剂,大部分水溶性物质均可溶解于水,而需用非极性溶剂溶解的某些物质,均可溶于酒精之中。中药的多种成分都易溶解于酒精之中。酒精还有良好的通透性,能够较容易地进入药材组织细胞中,发挥溶解作用,促进置换和扩散,有利于提高浸出速度和浸出效果。

3. 酒具有防腐作用

一般药酒都能保存数年时间不变质,这就给饮酒养生者以极大的便利。在古代,用酒治病,特别是制成药酒来防治疾病的现象十分普遍,因而古人视“酒为百药之长”。例如,用酒泡大黄、白术、桂枝、桔梗、防风等制成的屠苏酒,是古代除夕男女老幼必用之品。还有端午节饮艾叶酒,重阳节饮菊花酒以避瘟疫等。

(三)药酒的优点

1. 适应范围广

药酒,既可治病防病,许多常见多发病和部分疑难病症均可治疗;又可养生保健、美容润肤;还可作病后调养和日常饮酒使用而延年益寿,是中国医学宝库中不可或缺的一部分。

2. 便于服用

饮用药酒,不同于中药其他剂型,可以缩小剂量,便于服用。有些药酒方中,虽然药味庞杂众多,但制成药酒后,其药物中有效成分均溶于酒中,服用起来也很方便。又因药酒可多次购进或自己配制而成,可较长时间服用,不必经常购药、煎药,减少了不必要的重复麻烦,且省时省力。

3. 吸收迅速

饮用药酒后,吸收迅速,可及早发挥药效。因为人体对酒的吸收较快,药物之性(药力)通过酒的吸收而进入血液循环,周流全身,能较快地发挥治疗作用。临床观察,一般比汤剂的治疗作用快到 4 ~5 倍,比丸剂作用更快。

4. 能有效掌握剂量

汤剂一次服用有多有少,浓度不一,而药酒是均匀的溶液,单位体积中的有效成分固定不变,按量(规定饮用量)服用,能有效掌握治疗剂量,一般可放心饮用。

5. 易被接受

服用药酒,既没有饮用酒的辛辣呛口,又没有汤剂之药味苦涩,较为平和适用。习惯饮酒的人喜欢饮用,即使不习惯饮酒的人,因药酒多掺有糖和蜜,具有一定的矫味和矫臭作用,避免了药物的苦涩气味,故也乐于接受。

6. 酒较其他剂型的药物容易保存

因为酒本身就具有一定的杀菌防腐作用,药酒只要配制适当,遮光密封保存,便可经久存放,不至于发生腐败变质现象。

四、健康饮酒

(一)适量饮酒有益健康

1. 可佐餐助兴,适情怡神

逢年过节、家人团聚、宾朋相会,以美酒佐餐,气氛会顿显热烈,令人精神愉快。

2. 可丰富营养,增进健康

不少酒中含有丰富的营养素和强壮剂,可以满足人体健康的需要。如啤酒中含有 11 种维生素和 17 种氨基酸。

3. 可消除疲劳,促进睡眠

有经验表明,当人们因为过分紧张或精神不宁难以入睡时,喝少许(不超 100 g)甜酒或一小杯烈酒便能安然入睡。

4. 可防腐杀菌,助治疾病

葡萄酒可以降低胆固醇,有预防结石的作用,还可以防治贫血。欧洲人甚至常以饮用葡萄酒治疗感冒。啤酒可以辅助治疗神经衰弱、脚气病、贫血、肺结核、肠胃病、高血压、肾脏病等。许多药酒更是良好的医药辅助剂。

5. 可和肺助气,强心提神

酒对味觉、嗅觉的刺激可造成反射,增加呼吸量。所以,当人晕倒、虚脱时,在缺医无药的情况下,灌一杯白酒,可以使呼吸中枢兴奋,促使病人苏醒。适量酒精进入人体可以降低胆固醇,保护心血管。葡萄酒里含有的烟酸和肌醇还可以降低血脂和软化血管,防止冠状动脉血管壁的病变。美国哈佛医学院的研究表明,少量饮酒可以减少冠心病及其引起死亡的危险性。适量饮酒,能够促使血管扩张,加快血液循环,从而使人精神振奋。

6. 可化食健胃,消暑散热

山桂酒是消积、健脾、开胃的特效果酒。当吃了年糕、粽子后感到消化不了时,喝下两杯啤酒,腹胀之感可随着二氧化碳的排出而消失。夏季人们常常饮用的清凉饮料"麦清汽水"就是一种原麦汁、浓度较低的啤酒性饮料。各类啤酒都是夏季理想的冷饮佳品。

7. 可引药上行,提高药效

《黄帝内经》中说:"经络不通,病人于不仁(即神经肌肉麻痹),治之以按摩醪药。""醪药"即酒和药。这说明,早在纪元前我国古代医药家就认识到酒能通利血肠引药上行,有增加药物吸收的功效,并且开始用药酒来治疗风湿麻痹病。用酒冲服中药、用酒煎服中药、浸制药酒饮服就是利用酒的这种功能提高药效和疗效的传统方法。中医药用酒一般都是白酒和黄酒。

(二)过量饮酒的危害

在世界著名医学杂志《柳叶刀》上,全球疾病负担研究组通过数据分析发现,在全球每年因各种原因死去的3200 多万人中,喝酒直接导致了280 万人的死亡,是第七大致死和致残因素。饮酒需适量,过量饮酒对人体有害。

1. 引起视力减退

酒中甲醇继续分解出来的甲醛对人的视网膜有特殊毒性,长期饮酒,视网膜持久受到伤害,就会使视力减退,甚至失明。

2. 引起记忆力减退

喝醉酒的人大脑中会出现大量较轻的溢血现象。长期喝酒与不喝酒的人的大脑进行测量比对,所得到的结果表明,喝酒的人左半脑密度比不喝酒的人要低,说明脑组织因饮酒而变得疏松,此外从大脑的断层照片来看,可以明显看出喝酒的人大脑萎缩出现脱水状态,其大脑的重量也比不喝酒的人轻得多。这说明,长期大量饮酒对大脑的功能、记忆力等影响特别大。

3. 引起营养缺乏

酒精过多会抑制食欲,好酒的人常常多饮(酒)少吃(菜)就是例证。同时,酒类所含有的热量是没有营养成分的,酒后发热,还会消耗体内原有的大量热能;多饮少吃又使人体得不到及时有效的营养补充,时间久就会造成营养不良。

4. 引起消化道病变

经常饮用烈性酒,食道和胃黏膜就会长期受到刺激,从而引起充血,导致食管炎、胃炎和胃溃疡。酒精对肝脏的损害尤其大,因为90% ~95%的酒精都是通过肝脏进行氧化分解而代谢的,肝细胞长期负重就会受到损伤,逐渐失去解毒能力,最终导致肝炎、肝硬化。酒精还能引起十二指肠球部的炎症和十二指肠乳头水肿,一次性的大量饮酒造成的急性酒精中毒还会引起急性出血坏死型胰腺炎。更值得注意的是,嗜酒酗酒还是这些部位发生癌变的重要因素。据统计,肝癌就是嗜酒者中最常见的死亡率最高的病症。

5. 引起呼吸道病变

长期嗜酒酗酒会使呼吸道防御病毒的功能降低。资料表明,嗜酒者肺结核发病率比不饮酒者高9倍,肺结核、支气管扩张的病人饮酒后,由于酒精刺激,病灶部位的血管迅速扩张,可引起咯血。

6. 引起心血管病变

酒精的长期刺激会使心脏发生脂肪变性,减弱心脏的弹性和收缩力,影响其正常功能。长期过量喝啤酒容易造成心脏扩大,医学上称"啤酒心"。心肌的损伤还会引起乙醇性心脏病。晚期心脏病人饮酒会招致严重后果。长期过量饮酒还会使血液中的脂肪物沉积在血管壁上,使管腔变小,血压升高,给心脏带来威胁。

(三)科学饮酒

1. 适量饮酒

所谓"适量",是以不伤身体为原则,因人而异,量可高可低。因酒性辛温,故饮酒适度可舒筋通络、活血逐淤,但如饮酒太过或酗醉,则可伤气、伤神、伤精、伤体,故喝酒之人一定要掌握"适度"两字。世界卫生组织研究指出,正常情况下,男性每日摄入的纯酒精量应不超过20 g,女性摄入量应该更少一些。《中国居民膳食指南(2022)》中指出儿童、青少年、孕妇、乳母以及慢性病患者不应饮酒,成年人如饮酒,一天饮酒的酒精量建议不超过15 g。换算成不同酒类,15 g酒精相当于啤酒450 mL(4%计),葡萄酒150 mL(12%计),50 g白酒(38%计)度,30 g高度白酒(52%计),喝酒时应摄取较足量的食物,使胃内容物中的酒精浓度不超过0.5%(表12-1)。

表 12-1　各类酒中的酒精含量

酒种类	体积	
	酒精含量 15 g	酒精含量 25 g
啤酒(4%计)	450 mL	750 mL
葡萄酒(12%计)	150 mL	250 mL
白酒(38%计)	50 g	75 g
高度白酒(52%计)	30 g	50 g

数据来源:《中国居民膳食指南(2022)》。

2. 饮酒时间

一般认为,酒不可夜饮。《本草纲目》有载:“人知戒早饮,而不知夜饮更甚。既醉且饱,睡而就枕,热拥伤心伤目。夜气收敛,酒以发之,乱其清明,劳其脾胃,停湿生疮,动火助欲,因而致病者多矣。”此外,关于饮酒的节令,一些人从季节温度高低而论,认为冬季严寒,宜于饮酒,以温阳散寒。

3. 饮酒温度

现在一般喝酒的人大多认为酒的度数高则易醉易损人,而对酒的温度则很少注意。在这个问题上,一些人主张冷饮,而也有一些人主张温饮。主张冷饮的人认为,酒性本热,如果热饮,其热更甚,易于损胃。如果冷饮,则以冷制热,无过热之害。古代养生家在一首《真西山先生卫生歌》中就曾总结了“不问四时俱暖酒”这么一句话,这说明,喝酒如要获益,还是暖酒后再喝的为好。民间俗语也说:“喝凉酒,花赃钱,早晚是个病。”

4. 辩证选酒

根据中医理论,饮酒养生较适宜于年老者、气血运行迟缓者、阳气不振者,以及体内有寒气、有痹阻、有淤滞者。这是就单纯的酒而言,不是指药酒。药酒随所用药物的不同而具有不同的性能,用补者有补血、滋阴、温阳、益气的不同,用攻者有化痰、燥湿、理气、行血、消积等的区别,不可随便使用。体虚者用补酒,血脉不通者则用行气活血通络的药酒;有寒者用酒宜温,而有热者用酒宜冷。有意行药酒养生者最好在医生的指导下作选择。且宜久服,持之以恒。

5. 饮酒要吃菜

饮酒大多讲究配佳肴,因为饮酒会影响身体的新陈代谢,损耗体内的蛋白质,因此食用一些含蛋白质多的下酒菜,如松花蛋、花生米、煮毛豆、鸡、鸭、鱼等菜肴都很适宜。为保持体内酸碱平衡,喝酒时还需吃些碱性食物如各种水果等。酒精对肝有一定的刺激作用,因而饮酒选菜时要考虑到有利于保护肝脏的菜肴。最好准备一些带糖的菜肴,如拔丝山药、糖水水果罐头、糖醋鱼等。可吃一些醋制菜和豆制品,以加快乙醇从人体中排出,减轻酒精的毒害。饮不同的酒类,佐餐肴馔亦应有所区别。啤酒含碳水化合物较多,不宜辅之大鱼大肉,否则会因摄取过多的脂肪而造成体内热量过剩,使人发胖。白酒等酒精浓度高的酒则应佐之含蛋白质较高的蛋类、禽类、水产类和肉类等。饮黄酒、果酒类则以配水果、甜味菜为宜。

6. 不要借酒浇愁

“借酒浇愁愁更愁”,在痛愁之时,往往借酒浇愁,殊不知,喝“闷酒”最伤身。人在情绪异常时,肌体各系统的功能都处于低下状态,此时以酒浇愁浇不掉,对人体的危害犹如雪上加霜,因为此时人体对酒精的解毒功能减弱。另外,“以酒御寒寒更添”,喝酒只能起到短暂的暖身作用,以酒御寒是达不到目的的,相反可能会引发一些不良后果。

7. 不要喝酒成性

不论白酒或啤酒都含有一定量的致癌物,如多环烃和亚硝基胺等。这些物质都含有亲电分子特性,直接作用于DNA,使血液基因发生突变,如慢性酒精中毒者的血中白细胞可发现异常染色体,孕妇饮酒不但会发生畸胎,长期饮酒,还可使肝脏及其他组织中微粒体酶增加,从而激活某些致癌物质。另外,长期饮酒可引起维生素及各种微量元素的不足,促使癌症发生。如果长期大量的喝酒,还猛喝烈性酒,是绝对不可取的。

8. 不要喝医用酒精

医用酒精和其他工业用酒精,其中含有毒性物质,若兑水饮用,可直接引起中毒或死亡。因为食用酒是用粮食发酵配制而成的,而医用酒精的酿制原料往往是代用品,这些酒精含有多种有害物质,如甲醇、氰化物等。这些有害物质的含量往往超出食用酒的10倍,甚至数百倍。甲醇损害神经系统,会引起头痛、头昏、双目失明。另外,甲醇在人体内还会转化为甲酸。甲酸可直接引起脑水肿,严重可导致死亡。

9. 不要酒后看电视

中国传统医学认为,酒使人眼睛充血,易伤目。现代科学证实,长期饮酒,酒中有害物质,如甲醛,对眼睛损害很大,它能使视神经萎缩。一个人若在正常情况下连续观看电视4 ~5 h,视力就会发生减退,尤其在光线昏暗的情况下,对视力损害就更大。看电视时会因大量消耗视网膜上圆柱细胞中的视紫红质,使视力衰退。而饮酒又损伤视神经,因此,酒后看电视对视力损伤就更大。

10. 不要酒后驾车

研究发现,饮酒后人体的肌肉特别松弛,神经反应迟钝,工作节奏变慢,因而遇到紧急事件时就来不及应变。我国早已制定了“酒后不准驾车”的法规,世界各国也都有酒后不准驾车的法律规定,酒后开车肇事已成为社会一大公害。为了自己的幸福,他人的安全,喝酒者务必守法,开车不喝酒,喝酒不开车。

小结

酒是一种特殊的食品，是属于物质的，但又同时融于人们的精神生活中。经过漫长岁月的发展，酒已经成了世界各地最为流行的一种饮料，也不再仅仅是酒，更代表了一种文化，不同的国家不同的酒，不同的文化演变出不同的酒文化。中国酒文化也是一种艺术文化。数千年来，诗与酒结下了不解之缘。古代帝王祭祀山川、祖宗和举行朝廷大典，都会吟诵颂诗；唐朝在乡试饮酒礼中要诵《鹿鸣》之诗，称为“鹿鸣宴”。从宫廷到民间，酒与诗不仅是人们物质生活的需要，也成为人们的一种精神生活需要。

中国酒文化历史悠久，长期形成的酒礼、酒德和行酒令等与人们的日常生活息息相关。适量饮酒有益健康的观念已深入人心，控制酒精的有害使用面临着极大挑战。首先，我们应该甄别酒文化中的精华和糟粕，正确引导人们对酒文化的认知，提高饮酒有害健康的意识。其次，可参考慢性病及其他危险因素的干预策略，设立全民戒酒日或戒酒宣传周，开展戒酒大赛，扩大健康生活方式行动的影响力，在全国范围内形成良好的戒酒氛围。再次，加强对儿童和青少年的健康教育，广泛开展健康促进活动，防止新的饮酒者加入，对于减少成人饮酒率和饮酒量，以及酒精依赖等具有重要意义。

参考文献

[1]徐兴海. 中国酒文化概论[M]. 北京：中国轻工业出版社，2010.
[2]王赛时. 中国酒史[M]. 济南：山东大学出版社，2010.
[3]王俊. 中国传统民俗文化：中国古代酒具[M]. 北京：中国商业出版社，2015.
[4]林裕森. 葡萄酒全书[M]. 北京：中信出版社，2010.

第十三章　素食饮食文化与健康

第一节　素食文化概述

一、素食的定义和分类

(一)素食的定义

“素食”(vegetarian)是由拉丁文“vegetus”演化而来,原意为“原生,健康,新鲜,活力”。“素”原指白色的生绢,也指色白,空,后引申为平常、质朴、不华丽。与“素”字相对的“荤”字,原指葱、姜、韭、蒜一类有辛臭刺激性气味的菜蔬,后引申为用辛臭类菜烹制成的鱼肉之类的菜肴。在古代中国,素食原有三层含义:其一,不劳而食,如尸位素餐;其二,指与熟食相对的生食;其三,平常之食。后又有一些引申义,如由植物原料制成的食品;斋食:吃素制食品的饮食行为;平日的饮食。可见,素食的含义相当广泛,在不同的情形下具有不同的意义。现代意义的素食一般具有三层含义:一是指以植物性原料制成的少油腻且较清淡的食物;二是指只食用由植物构成的严格的素食,又称为“全素”;三是以植物性食料为主,兼及蛋、奶,甚至鱼类,仅拒绝牲畜类红肉的一种行为模式或生活方式。可见,素食的内涵在不同宗教、不同人群及地域间是存在着一些差异的。如在佛、道两教里便将一些植物列为荤——佛教以大蒜、小蒜、兴蕖、慈葱、茖葱“五辛”为荤;道教以韭、薤、蒜、芸苔、胡荽为荤。

(二)素食的分类

1. 严格素食

严格素食者不但不食用任何有生命动物的肉,而且连蛋、奶制品甚至蜂蜜都排斥在外,也就是说,只靠植物类食品维持生命,凡来源于动物的食品一律不沾。除了食物之外,严格素食者也不使用动物制成的商品,例如皮衣、皮鞋、皮带、皮包等皮制品和含动物体成分的化妆品。

2. 奶素食

这类素食者不吃蛋及蛋制品，但会食用奶类和其相关产品，像是奶酪、奶油或酸奶。

3. 蛋素食

这类素食者不吃奶及奶制品，可食用蛋类和其相关产品。

4. 蛋奶素食

蛋奶素食也称为“不严格”素食，这类素食者不吃肉，但会食用奶类蛋类和其相关产品，像奶酪、奶油或酸奶以及蛋类。

5. 鱼素食

鱼素食（pescatarian diet）的英文前缀“pesca”来自意大利语“pesce”，其意是“鱼”。此类型的素食包括海鲜（以鱼为主），但通常会戒食红肉、禽类肉食。鱼素食是否包括乳制品和蛋类，往往因人而异。

6. 弹性素食

弹性素食（flexitarian）指的是一种新的素食方式。这个英文单词也是新创的词语，由flexible（灵活的）和vegetarian（素食者）拼合而成。弹性素食者有以下几种特点：在大量食用植物性食物的基础上，根据个人情况适度食用动物性食物，一般一周一次，最多不超过三次；动物性食物主要以鱼类为主，而尽量避免肉类；尽量保持健康的烹饪方式，同时注意食物品种多样化，以实现营养均衡。他们这样选择的主要出发点是健康，而不是动物权益、道德或者环保等因素。

二、素食文化的起源

素食者最早的记录来自公元前9世纪，灌输对所有生物的宽容。Parshwanatha 和 Mahavira 分别是耆那教的第23代和第24代圣徒和先知，分别在公元前8世纪至公元前6世纪复兴并倡导了禁食者和耆那教素食者，这是最全面、最严格的素食者形式。在印度文化中，数千年来，素食者与对动物的非暴力态度（在印度称为ahimsa）密切相关，并受到宗教团体和哲学家的推动。有关素食和动物的古印度著作可追溯至公元5世纪之前，明确无误地强调避免肉食和不杀生是普通人的美德。在希腊人、埃及人和其他人中，素食者有医疗或仪式净化的目的。古希腊也有素食者，希腊最早的素食理论和实践的可靠证据可以追溯到公元前6世纪。Orphics 是当时在希腊传播的宗教运动者，也是实践和推广素食者。希腊教师毕达哥拉斯提倡轮回利他者学说，他提倡严格的素食，他的虚构写照出现在奥维德的《变形记》中。正是通过这种描绘，毕达哥拉斯在整个早期时代为英语使用者所熟知，并且“素食者”一词出现之前，在英语中被称为“毕达哥拉斯”。大约六个世纪后，Moesi 部落（居住在今天的塞尔维亚和保加利亚）在色雷斯北部地区的另一个实例（公元前 30 年至公元 50 年）也实行素食者，以蜂蜜、牛奶和奶酪为食。

公元 675 年，日本天武天皇明令禁止在农忙四月至九月期间杀戮和食用肉类，但不包括食用野生鸟类和野生动物。这种禁令和几个世纪以来的其他禁令，在 19 世纪明治维新期间被推翻。在中国历史上的宋朝时期，佛教美食盛行，出现了素食餐厅，厨师使用豆类、麸质、根茎类蔬菜和蘑菇等食材制作猪肉、家禽、鸡蛋和蟹黄等肉类类似物。甚至今天使用的许多肉类替代品，如豆腐、面筋和魔芋，都起源于中国的佛教菜肴。古罗马时期，基督教的修行者认为肉食是一种残暴的奢侈行为。在《圣经 · 旧约》中，天主说："但凡有生命的带血的食物，你们不可吃。我一定会追讨害你们生命的血债；向一切野兽追讨，也向人追讨；向每一个人，我将追讨他兄弟的灵魂。"在古代晚期罗马帝国基督教化之后，素食者实际上从欧洲消失了，就像在印度以外的其他地方一样。中世纪欧洲的几位修道士出于苦行的原因限制或禁止食用肉类，但没有一个人避开鱼类。此外，中世纪对"鱼"的定义包括海豹、鼠海豚、海豚、藤壶鹅、海雀等动物。

素食者在文艺复兴时期重新出现，在 19 世纪和 20 世纪变得更加普遍。1847 年，第一个素食协会在英国成立；德国、荷兰和其他国家紧随其后。1886 年，素食殖民地 Nueva Germania 在巴拉圭成立，尽管它的素食面貌被证明是短暂的。国际素食联盟，一个成立于 1908 年的国家协会。人是"生命主体"，因而人拥有"天赋价值"，动物也是自己的"生命主体"，动物也拥有"天赋价值"，动物与人都有获得尊重的平等权利。人与动物平等，都是自然的一部分，应该和谐相处。但随着经济的发展，人类成为地球的主宰，为了得到肉食，将动物圈养，大肆虐杀动物来满足自己的口腹，导致动物失去了自由和生命。1975 年，彼得 · 辛格在其《动物解放》中描述了人类对动物的行为，提出人和动物是平等的。越来越多的人意识到了自己的错误并开始反省，素食者也得到了进一步发展。

随着物质生活的不断提高，越来越多的人饱受"富贵病"的折磨，美国食品药物管理局的一份报告称，食物中 95% 的毒性来源于肉类、蛋类等，主要原因是动物饲料中含有添加剂等有害物质，从而引发多种疾病。现有证据表明，合理搭配的素食可以满足人体的需求，既无须担心肉食中的各种添加剂给人们带来的各种危害，也无须担心食肉对生态环境造成的影响。在 20 世纪素食者越来越受欢迎。

三、素食文化的现状

（一）素食文化的兴起

近年来，在全世界范围内素食成为一种潮流，有调查显示，全球素食者数量呈加速上升趋势。现代素食已不单是宗教的必需品，素食主义的群体更朝着年轻化发展。环保、健康和时尚因素驱使各类仿荤的素产品日趋完善，很多城市相继举办"素食文化节"，不少地区成立素食协会,并且在食堂开设素食专区,人们开始高度重视包含素食饮食结构的完整性。

(二)素食文化兴起的原因

1. 宗教信仰

佛教发展至今,形成诸多流派,其中许多流派并不完全禁荤食,包括印度佛教、西南小乘佛教和西藏密宗(黄教和红教)。我国自南朝梁武帝颁布《断酒肉文》以来,寺庙皆持斋食素,饮食的内容与形式都围绕修行展开,而素食则被认为有助于修行者心空性净,同时能戒除杀生之举。此外,神圣庄严的仪式增加了人们对素食的敬畏感,使人们在世俗与神圣的空间转换,创造出一种与“日常”截然不同的神圣情境。道教追求“本性自然,尊生贵德”。有流派认为酒肉厚味使人偏离自然本性,主张素食修道。还有些流派甚至较为极端,如食朝露灵花、辟谷等。西方素食者的研究,基本秉承动物拥有或应该拥有道德地位的理念。先后有彼得·辛格的动物解放论、利奥波德的大地伦理学、泰勒的生物中心伦理学、施韦泽的敬畏生命伦理学、汤姆·里根的动物权利论等。此后,素食主义论者波姆、圣马斯·摩尔、洛克,人类中心主义者潘恩、莱布尼茨、休谟、卢梭等分别从各自的角度论述了人与动物之间的关系。

2. 健康需求

我国古代医学将素食作为重要的养生之道,主张少肥腻厚味、多清淡素食。多部医学养生典籍都曾记载素食对于健康的益处,如《备急千金翼方》《黄帝内经》等。现代营养学也认为素食具有防癌、降低肝肾负担、预防心脑血管疾病等作用。

3. 饮食简美需求

宫廷素食最早源于皇族祭天活动,多采用素料仿荤的制作方法。不但口感绝佳,而且将素菜之“形”与器皿之“美”相结合。同时,命名也注重文化韵味,赋予素食浓重的文学色彩。简单一道素食,可从审美角度去欣赏,也可从文化角度去玩味,体会到食物的不同层面,形成色香味俱全、形神统一的美食文化具象。

4. 低碳环保需求

联合国粮食与农业组织(Food and Agriculture Organization of the United Nations,FAO)在一份题为《畜牧业长长的阴影:环境问题与选择》的报告中指出,由于牲畜饲养业飞速发展,牲畜产生的温室气体已经远远超过了汽车。世界观察研究所的报告指出:“目前全球饲养动物的方法让大自然付出极大的代价:从最直接的影响——草原面积的缩小和氮污染到最深远的——气候变暖和物种灭绝。过度发展、资源消耗密集型的畜牧业是与地球生态保护相矛盾的。”动物规模化养殖、人的健康权、生物科技的发展以及野生动物保护等问题,都迫使我们减少对肉类副食品的消耗,从而利于生态平衡。

第二节　中国素食文化

一、中国素食文化的发展

中国是一个农耕大国，也是一个以素食为主的大国，饮食历来以谷物、蔬菜、瓜果等为主。中国的历史悠久，不同时期的饮食也各具特色。周秦时期是饮食文化的成形时期，素食已有雏形，人们以谷物、蔬菜为主食，在祭祀或重大典礼时实行“斋戒”。除了沐浴更衣外，最主要的是不吃荤食，只吃素餐，以表示对祖先、鬼神的崇敬。中国古代先哲儒家的代表人物孔子、孟子，道家代表人物庄子，以及法家集大成者韩非子等，都反对奢侈的肉食，主张以素食为主。

汉代时期是中国饮食文化的丰富发展时期，也是素食发展的时期。传说西汉初期，淮南王刘安发明了豆腐，从此，素菜出现了一个新品种豆腐菜。但是，这只是传说，从考古和文献上还没有确凿的证据。后来汉代开通了丝绸之路，打开了东西方文化交流的大门。汉代和西域饮食文化交流，引进了西瓜、甜瓜、黄瓜、菠菜、胡萝卜、扁豆、葡萄等瓜果蔬菜，还传入了一些烹调方法，同时，佛教的传入也推动了素食文化的发展。

魏晋南北朝时期，佛教在中国历史上得到了较大的发展。梁武帝针对传统佛教僧伽的流弊，提倡菩萨慈悲、严守戒行的新精神，以“断酒肉”为实践之始，来匡正佛教，中国佛教素食传统由此形成。佛教宣扬的“戒杀放生”与儒家的“仁”相结合，使素食之风大盛，出现了有目的地专门吃素的人群。此后，吃素不再仅仅是普通平常事，蒙上了宗教色彩，并出现了供寺院僧人专用的“寺院素菜”。

隋唐五代时期，素菜得到很大发展，已形成独特风味。在这一时期出现了中国十大名厨之一、大型风景花色拼盘的创始人梵正。她是五代时的尼姑，以创制“辋川小样”风景拼盘而享誉当时。梵正依照唐代诗人王维所画的《辋川图二十景》，用素食原料创制了“辋川小样”风景拼盘，开创了中国花拼菜肴的先例。梵正的这一惊世之作，为中国烹饪史增添了光辉的一页。

宋代，中国饮食文化到达一个高峰期，也再次掀起了素菜的高潮。在唐代及之前，人们皆以肉食为美，蔬菜往往作为主食分量不足时的补充，比如剁碎了混在谷物中做成蔬菜饭，或者在鱼羹、肉羹中作为佐料出现。到了宋代，素菜才开始以独立菜系的面目出现。宋朝航运发达，南北交通往来便利。南方的水稻、水产品和水果大量运输到北方，北方的面食也逐渐进入南方，首次实现了食物的“大一统”。当时，蔬菜种类已经相当齐全，甚至出现了以销售为目的的专业化蔬菜生产基地，黄瓜、茄子、芹菜、萝卜、白菜、冬瓜、竹笋、菌类都是畅销产品。宋代人食用的蔬菜,大体可分为人工培育蔬菜和野生蔬菜两大类。到了南宋时期,在武林(今杭州)已有专门的素菜馆。

到了清朝时期,素菜发展达到了很高的水平,成为与享有盛名的四大菜系并立的又一菜系。并且素食形成了三大派系,即寺院素食、宫廷素食和民间素食。

武汉饮食文化学者谢定源将中国素食的演变简单归纳为以下四个时期。

(一)无荤素之分时期

从远古到陶烹时代,是人类从生食到熟食的漫长历史阶段,这个阶段只求果腹而已,食物来源无可靠的保证,树叶、草根、鱼虾鸟兽,有什么吃什么,在人们的主观上并无食素或食荤的观念。王子辉也认为,人类一开始就是采集与狩猎并重,既有植物吃,也有鱼肉吃,他们并不是从思想上排斥食肉或食素,更不像以后人那样有目的、有选择的专门食荤或食素。

(二)萌芽期

夏商周三代,食素只是在祭祀荒年等特定的时间、事件中才施行的偶尔的、零星的、间断的饮食行为,斋戒期外,仍可食荤。也有论者认为《礼记·王制》中"诸侯无故不杀牛,大夫无故不杀羊,士无故不杀猪,庶人无故不食珍。"是一种对于肉食的限制。又有论者以《黄帝内经》中所说的"五谷为养,五果为助,五畜为益,五菜为充,气味合而服之,以补精气"证明素食在膳食生活中占有重要的地位。

(三)形成期

两汉魏晋南北朝时期,随着道教的成立及佛教在各地的传播发展,加上曹魏时代上层社会的自奉节俭,两晋时代文人学士的崇尚清淡、断绝酒肉等思想,催化了中国素食的形成,尤其是梁武帝笃信佛教,制"断酒肉诏",推动南朝全面奉行素食;继梁武帝之后,北齐文宣帝也以食肉断慈的理由开始奉行素食,并规定全国民众每月的六斋日及每年的三长斋月都要奉持斋戒;从此素食不分南北,成为整个中国佛教奉行的传统。

(四)发展期

唐宋以后,素食开始进入市肆、民间,素菜渐成气候。当时杰出的医学家孙思邈强调:"善养性者,常须少食肉、多食饭。"此外,有关食经、食方、食法与饮食相关的著作较多,而素食材料者就占半数以上。东京、临安市面上,出现了素食店、素道、象形素菜,并有标志素食发展的专著,食品不断翻新,素食在市面流传,俗人食素也渐趋普及。宋朝时期,素食文化迅速发展,《山家清供》这一部重要烹饪著作也产生于这一时期,作者林洪是南宋晚期泉州晋江人,对诗文、饮食、园林均具有深厚的研究。该书内容丰富,寄情怀于美食,记录了肴馔的名称、用料、烹制方法及大量相关历史掌故、诗文。操作简单、文字优美,极富山野情趣,以较多篇章叙述了菜、羹、饭、粥、面、糕点的美味,绝大部分为家蔬、野菜、花果、中药、粮米等来自乡间农村随手可取之物，虽用料简单平常，但烹饪方法独特，《山家清供》中虽收载有少数荤菜或荤素搭配菜肴，但以素食居多，从其以素代荤的肴馔及“尚俭不嗜杀”的论述来看，其提倡素食之意十分明显。

解励诚对元代以后的素食发展亦有精要的叙述：元代饮膳太医忽思慧，把历代王朝享用的奇珍异馔、汤煎膏造及诸家本草、方医方术，并同日常所必用谷肉果菜，取其性味补益者，集成《饮膳正要》一书，对素食的烹饪、品类及原料做了深入的研究。可见素食到了元代已进入集结的阶段。

明清时期，可以说是中国古代素食登峰造极的时期。明代伟大的药物学家李时珍，把当时已知的素食原料全面系统地投入其旷世巨著《本草纲目》中，并评述形态、产地、性味与功用。朱棣的《救荒本草》，更把素食原料扩大到野生植物，卢和的《食物本草》深刻地论述了素食的营养价值。明清素食的成就更多地反映在近两百种养生著作里，从养生的角度讨论了素食的价值。烹饪的技艺更是日益精湛。清代宫廷御膳房设有精工烹制素食的“素局”，专门负责皇帝的斋戒素食。庙宇“香积厨”的“释菜”在手工上也大为提高，民间素食品种更是花样翻新。据清末薛宝辰的《素食说略》记载，仅北京、陕西两地，就有型制分别、色彩各异、风味独特的素食品种两百余种，还有不少几可乱真的象形菜，真是极尽人间奇巧。由此可见明清素食受到各个阶层的重视，具有一定普遍化。

经过数千年的发展，今天的素食已是地域有别、风格各异了。样式上有京津典雅、苏杭小巧、川湘艳丽之分；风味上有南甜北咸、东辣西酸之别；分类素食，搜集各类素食之长，仿民素用料之平易，学官素技艺之精湛，取佛素风味的纯正，使素菜在形、色、味各方面都达到了很高的水准。

时至今日，素食在饮食界中也是别具一格。现代科学的素食力求美味，力求营养。从古至今，素食风格可分为“全素”“以荤托素”两种，而现代科学的素食则以仿真为风格。清朝时期“仿荤”素菜已发展到一定的水平，如用山药、腐皮做成的“素烧鹅”等。从用料上可以看出当时的仿荤只是形的模仿，在当时可称得上美味素菜了。现代素菜的仿真可谓神形兼备，它的美味堪与荤食大菜媲美，甚至更胜一筹。

二、中国素食文化

（一）素食文化圈

素食文化圈是中国历史一个特殊的饮食文化圈，它不像其他饮食文化圈那样比较长久（甚至自始至终）附着在某一特定的地域之上，也没有它们那种比较清晰的区域界限。它以穿插渗入的方式重合于上述若干饮食文化地域之中，是中华饮食史上的一种“侨郡”现象。与其他饮食文化区域性类型比较，它似乎更像一种饮食习惯和风格，但习惯和风格则过于流动、过于漂浮了，从根本上说还是一个有着相对稳定附着地域和明确稳定文化主体,并长久地存在了14~15个世纪之久的一种特别的区域性饮食文化类型。中国历史上素食文化圈的形成,大约经历了东晋至南北朝这一段历史的3个多世纪的时间。其大致区域是黄河中游以下、长江中游以下的广大地区,包括京津区、黄河中游区、黄河下游区、长江中游区、长江下游区、东南区及西南区等部分地区。素食文化圈的存在,是以佛、道教众为主体,包括素食隐士、处士、居士,各种类型的上层社会素食者及整个社会受素食观念与习俗影响而奉行素食者的食者群,还包括那些介于素食与杂食二者之间定期斋食的更广大的食者群。至于那些经常波动于果腹线上,连免于饥饿都不敢奢望的广大饿乡之民来说,他们那种无可选择的糠菜蔬食状态,只能视为“准”素食者的饮食文化现象。

(二)素食流派

一般认为,中国素菜有三大流派、两大方向。所谓三大流派是指宫廷素食、寺院素食和民间素食;所谓两大方向是指“全素派”和“以荤托素派”。全素派主要以寺院素食为代表,不用鸡蛋和葱蒜等“五荤”。以荤托素派主要以民间素食为代表,不忌“五荤”和蛋类,甚至用海产品及动物油脂和肉汤等。

1. 寺院素食

所谓寺院素食泛指佛家寺院和道家宫观中的素食佳肴,为中国素菜的“全素派”,禁用“五荤”调味,且大多禁用蛋类。据《清稗类钞》记载,清朝“寺庙庵观素馔之著称为时者,京师为法源寺,镇江为定慧寺,上海为白云观,杭州为烟霞洞”。公元629年9月,唐太宗因念及当年“十三棍僧”救驾之功,亲访少林寺。昙宗和尚以60款素菜摆设“蟠龙宴”招待唐太宗。公元1292年,元世祖前往少林寺寻访他的好友福裕大和尚,寺中为其特设“飞龙宴”,多达90道菜。据统计,少林寺曾用少林素食在寺中先后招待过唐太宗、元世祖、清高宗等20多位帝王。

2. 宫廷素食

宫廷素食起先发展于宫廷,主要供帝王享用,后流传于民间,追求用料的奇珍、考究的烹调技法、外形的美观。清宫御膳房曾下设荤局、素局、饭局和点心局。其中素局专门负责烹调素菜,其特点是制作极为精细,配菜规格繁杂。因御厨最先选拔于民间,年老退休后也回到民间。如清朝的御厨年老要退休离宫,退休后他们也开饭馆或传艺他人,使御膳也流传于民间。宫廷素食来源于民间,发展于宫廷,最后亦流传于民间。

3. 民间素食

民间素菜是指民间的素菜馆和家常烹制的素菜,亦有自己的流派,如川菜素食等。民间素菜用料广泛,美味而经济,为人们普遍接受。民间烹饪的突出特色就表现在质朴自然、原汁原味的鲜明个性上。民间菜在烹制过程中,绝无刻意雕塑之态,却有活泼、自然、拙朴之美。在选料时,并不像经典烹饪那样严谨,他们思想上无拘无束,随意驰骋,这种无意创作出来的东西，其风格自然是质朴的、本味的。

（三）素食观念

1. 儒家素食观

在中国的饮食文化传统中，素食原本是居丧之礼，同时也是孔子所赞扬的一种安贫乐道精神的表现。孔子对待祭祀的态度很慎重，他认为祭祀鬼神应该有虔诚的精神。《论语·述而》就指出“子之所慎，斋、战、疾。”可见，孔子讲到斋戒时，衣服注意整洁，居处要清静，饮食时首先提了“食不厌精，脍不厌细”的大原则。孔子的这些言论，虽然是针对“斋必变食”的前提而讲的，但强调在临祭祀之前的斋戒，必须改变日常的食品（不饮酒，不茹荤），以示虔敬及守礼。以下为儒家素食观的相关具体内容。

（1）祭祀的素食化。根据《礼记·礼器》之说，古代中国人设计的一套完整的“礼”，目的在于帮助我们安乐和顺地完成人生的终始过程，尤其是养生送死这一方面。在各式各样的礼节仪式当中，祭祀之礼一直受到中国人的重视。《礼记·祭统》开宗明义说：“凡治人之道，莫急于礼。礼有五经，莫重于祭。夫祭者，非物自外至者也，自中出生于心也；心怵而奉之以礼。是故，唯贤者能尽祭之义。”因此，有学者指出，祭祖的最大意义是一种“祖宗崇拜”，也是一种道德意义的“功德崇拜”，以仪礼的方式不断陈示与提醒子孙勿忘祖先功德，让参与祭祖仪式的子孙以祖宗为典范，兴起效法为善去恶的志趣。

《中庸》说：“鬼神之为德，其盛矣乎！视之而弗见，听之而弗闻，体物而不可遗。使天下之人齐明盛服，以承祭祀。洋洋乎！如在其上，如在其左右。”鬼神是条把的对象，原不易见也不易听闻，但是经过“齐明盛服”之后，就能如在左右仿佛如见其状。可见古人对鬼神的感通经验关键在于“齐明盛服”，也就是“斋戒”。“斋戒”是祭祀前的重要准备，也是体现“礼”与“敬”的重要过程。因为祭品无论如何丰富，祭礼的过程无论怎样长，繁文缛节的外在形式都不是最重要的，透过“斋戒”保持一颗至诚的清明之心，才是沟通天人的重点。斋者要忌离气味荤浊的东西，这是一个非常重要的规矩。《论语·乡党》云：“齐，必有明衣，布。齐，必变食，居必迁坐。”可以看出孔子斋戒的目的是为祭祀做准备。

（2）儒家的仁与素食。儒家思想中于素食最相关的就是“仁”的观念，这种观念在先秦的儒家经典中即已出现。如《礼记·玉藻》：“君无故不杀牛，大夫无故不杀羊，士无故不杀犬豕。君子远庖厨，凡有血气之类，弗身践也。”照儒家的看法，为了祭祀或日常食用等原因而宰杀牛羊犬家是必要的，只要不亲自操刀或无故乱杀生即可。在《礼记·玉藻》的说法之上，孟子更提出“仁术”的观念：“君子之于禽兽也，见其生，不忍见其死；闻其声，不忍食其肉。是以君子远庖厨也。”朱嘉进一步解释：“盖人之于禽兽，同生而异类。故用之以礼，而不忍之心施于见闻之所及。其所以必远庖厨者，亦以预养是心，而广为仁之术也。”孟子认为所谓的“仁术”，就是对于禽兽“见其生”就“不忍见其死”，“阳其声”就“不忍食其肉"。“仁”强调的就是对于见闻之所及的东西有“为忍之心”，亦即所谓“恻隐之心”。

(3)儒家居丧之持素尽孝。中国所谓的“孝”,可用《孝经》中的一段话来说明:“孝子之事亲也,居则致其敬,养则致其乐,病则致其忧,丧则致其哀,祭则致其严。五者备矣,然后能事亲。”照《孝经》的看法,从生前的奉养至死后的祭祀,符合这五项条件才能算是孝。其中“丧礼”和“祭礼”两项虽然都是在父母去世后才需要做的事,却占有重要的地位。丧礼时子女要以“尽哀”来表现自己的孝亲之情,如何“尽哀”? 主要就是要哭泣,另外就是饮食不求甘美,“君子所贵乎丧者,以其内心者也”。“食旨不甘,然后为之疏食水饮以致其菲。”《仪礼·丧服》与《礼记·间传》两篇中,都有提到为父母服斩衰之丧,饮食上不得饮酒食肉的规定。由于中国有重视孝道的传统,“素食”成为一种孝行表现。

从生前的奉养到死后的祭祀,丧礼期间子女都以素食来表现自己的孝亲之情。正如孟子所谓的“见其生”就“不忍见其死”,“闻其声”就“不忍食其肉”。

2. 道家和道教素食观

道家思想主张道法自然、天人合一,提倡人与自然和谐相处。道家认为,人是秉天地之气而生的,应先除欲以养精、后禁食以存命,在日常饮食中,须禁食鱼羊荤腥及辛辣刺激性食物,以素食为主,以免使人的先天元气变得混浊污秽,尤应多食水果,因为日啖百果能成仙。先秦道家宣扬清静无为,以尘世为秕糠,以富贵为物累,一心向往无何有之乡,有超然的生命观。道教以此为出发点,慢慢形成出世的宗教人生。

受道家思想的影响,道教重视个人身心洁净的修持,进行斋戒。《道经》云:“斋食(即素食)者,洁净身心,涤除邪秽。”“圣人以此斋(素食)戒,以神明其德夫。”王常月祖师亦云:“心不持斋,神性若不能改,则本心不定;本心不定则元神不归,元神不归,真性必不能见矣。”以上可见道教斋戒的素食行为。道教是一个重生、乐生的宗教,认为世间之物皆由天地精气所化,如同人类一样,它们一样拥有平等的生存权利。素食者则是反对戒杀的具体表现,如“勿食蛇兽等肉,食则令人折算寿,神气不安,慎勿杀生”“仙道记十败,七为勿食一切肉”。历史上张天师世家还有“四不吃”的规矩:不食牛,因其“善”;不食乌鱼,因其“孝”;不食鸿雁,因其“贞”;不食狗,因其“忠”。

3. 佛教素食观

素食,不等于素斋,并不为佛教所独有,佛教也不是完全的素食者,而是在一系列因素的影响下达成共识形成的素食观。佛教创立于2500年前的印度,原始佛教并没有规定僧人吃素,而是随缘随化。在化斋的时候,不能跟施主说自己吃什么、不吃什么,而是施主给什么就吃什么,不能挑剔。当时他们还是吃肉类产品的,但是他们只吃“三净肉”(即眼不见杀、耳不闻杀、不为己所杀的肉)。

以慈悲为本的大乘佛教经典明文指出不应食一切众生肉。如《梵网经》云:“若佛子一切肉不得食,断大慈悲佛种子,一切众生见而舍去,是故一切菩萨不得食一切众生肉,食肉得无量罪。”《涅槃经》佛陀也向迦叶尊者宣示：“夫食肉者，断大慈种。”迦叶又问：“何故先食三净肉乃至九净肉？”佛告迦叶：“是因事渐次而制，当知即是现断肉义。迦叶，我从今日，制诸弟子不得食一切肉也。”在《大乘入楞伽经》中，大慧菩萨向释迦牟尼佛提出的诸多问题中，也有关于断绝食肉的问题，并从因果轮回的理论上阐明了食肉的过失。大乘佛教中的五戒是：一不杀生，二不偷盗，三不邪淫，四不妄语，五不饮酒，此为佛门四众弟子的基本戒，不论出家在家皆须受持，即有断荤食素的规定。除此之外，佛教吃素也有一些其他的原因，如他们甘于淡泊，清心寡欲，一心向道，不以物喜、不以己悲等。佛教徒是需要修行的，即为“戒、定、慧”。由于“凡是肉食，于出家人悉是不净”是佛教大忌，因而食肉无法达到佛教涅槃的修行境界，不能修成正果。大乘佛法有慈悲教义的精髓，人们认为吃素有助于生出慈悲之心，随着时间的推移，吃素的习俗也一直在佛教僧徒中沿袭至今。

第三节　世界素食文化

一、世界素食文化的发展

在早期，印度出现了以非暴力对待活生物的理念。公元前 3 世纪，印度皇帝阿育王皈依佛教，并禁止一些动物献祭等做法。他主张素食者，并大力鼓励他的子民仿效。在地中海地区，最先践行素食运动的是公元前 6 世纪的希腊哲学家毕达哥拉斯。他认为动物被赋予灵魂，人类与动物有相同的构成，死后灵魂会轮回转生，人类和动物之间有自然与超自然的亲属关系。他的这种素食者有伦理的意义，善待非人动物也成为追随者必须遵守的信条，他倡议人们用豆类等素食替代肉食。

随着时间的流逝，从柏拉图起，就出现了以伊壁鸠鲁和普鲁塔克等为代表的非基督教哲人提倡素食，还包括恩裴多克里斯、泰奥弗拉斯托斯、波菲里等哲学家。在这些杰出的人物中，比较突出的是波菲里。波菲里的素食主张与其他哲学家的主张大不相同。他认为素食是节俭的生活方式，它本身是美德的一部分。波菲里认为，动物拥有知觉、理性与记忆力。人类无法了解动物语言，而不是动物不能驾驭我们的语言，人和动物之间是否有任何社会契约并无所谓，因为两者之间存在着内在的自然联结，因而形成一种包括动物在内的道德社群。

文艺复兴之前，人们一直认为素食是劣等人的食品，并不屑于食用素食。文艺复兴时期的欧洲，由于财富和权力的增长，使素食日渐流行。其主要原因并不是因为素食的本身，而是由于当时的储藏方式以及设备并不科学完善，致使肉食极易变质、腐烂。这样的肉食使人们失去了食欲,其营养成分基本丧失。未储存好的肉食,食用后对人们的身体健康也造成了威胁。那一时期涌现了许多主张素食的著名人物,如但丁、达·芬奇、莎士比亚等,都是素食的倡导者。

托马斯是 17 世纪突出的素食倡导者,他主张完全弃绝以“动物同伴的肉体”为食,到了 18 世纪,一大批各界精英如本杰明·富兰克林、伏尔泰,还有雪莱、萧伯纳、爱因斯坦等,也都成为素食者的拥护者,极力推崇素食。

近几十年,国际素食运动蓬勃发展,出现了许多关于素食的专门著作,如约翰·罗宾斯的《食物革命》、彼得·辛格的《动物解放》、杰里米·里夫金的《肉食的终结》、霍华德·莱曼的《我为什么会成为素食者》等。其中,最具代表性的就是彼得·辛格,其《动物解放》被誉为“素食者的宣言”。进入 21 世纪后,素食的人数剧增,许多国家都涌现了素食的新潮流。

二、世界素食文化

(一)印度素食文化

印度作为世界上素食者最多的国家,其食物在世界上独具特色,具有明显的民族和宗教色彩。印度吃素的人占印度人口一半以上,因此,可以毫不夸张地说,印度是素食王国,素食文化是印度饮食文化中最基本的特色之一。由于多数人喜欢吃素,印度开有不少素食饭店。印度流行吃素,既是饮食习惯问题,更体现了印度的民族文化。并且,在印度,食物必须贴上标签,以区分素食产品和非素食产品。

1. 历史沿革

“非暴力、不杀生”长久以来都是印度传统宗教,特别是印度教、佛教、耆那教等的中心思想。他们认为人应该以一种伤害其他众生最小的方式存活着,吃肉、鱼、家禽和蛋类是一种间接参与对动物王国残酷与暴力的行动;相反的,厌恶伤害与杀伐,自然会导致素食。除了与宗教相关,素食文化在全印度广泛流行还与其历史环境相关,印度天气炎热,一到雨季就发洪水,等洪水退去后,遍地都是动物与人的尸体。由于气温高,尸体很快腐烂发臭。食物匮乏的人们免不了靠吃腐肉充饥,结果中毒而死,人们开始对肉食产生恐惧,逐渐形成素食习惯。

2. 耆那教素食

耆那教是印度传统古老宗教之一。耆那教饮食是完全素食。基于“不害”的原则,耆那教反对食用肉类、鱼类和蛋。对耆那教徒来说,奶素是必须的。由于植物只有一个感官(触觉),是发育程度最低的生物,因此耆那教徒只允许食用植物来源的食物,以及乳制品。饮食中含有死去的动物或蛋的食物是不可接受的。

耆那教徒尽最大的努力避免伤害小昆虫和其他小动物,因为他们相信无论是无心或故意造成的伤害，都应同样受到谴责。因此，在预备餐饮，乃至进食、喝水的过程中，他们都竭尽全力地确保没有对细小的生物构成伤害。

耆那教徒在日常生活中尽最大的努力避免伤害植物，他们只接受为了人类生存而必需的暴力，所以他们有防止对植物构成不必要暴力的指引。因此，对于植物，他们也只能吃特定种类的特定部分，未发芽、未长虫的谷物、豆类、菜籽是最佳食品。严格的耆那教徒不会食用根茎类蔬菜，例如马铃薯、洋葱，它们在梵语中称为“ananthkay”，意思是包含无限生命的个体。根茎类蔬菜如马铃薯，尽管在表面上只是一个个体，却已包含无限的生命。在拔起植物时会伤害到微小的生命。

（二）日本素食文化

1. 历史沿革

日本曾经是一个素食者盛行的国度，这与日本的地理地质环境，以及气候有关。日本位于亚欧大陆东端，是一个四面临海的岛国。日本属于温带海洋性季风气候，终年温和湿润，四季分明，每个季节均有独特的自然景观。夏秋多台风，6 月多梅雨。这样的气候条件使得日本水资源充裕，动植物种类丰富。渔业发达，多以鱼类为其主要的肉类食物。

由于其全国 68% 的地域是山地，平原较少，难于饲养牲畜，对于禽肉、红肉等肉类的食用较少。

古代日本由于国土面积狭小，资源匮乏，加之地震和台风等自然灾害，使得日本普通人民难以负担起食肉的压力，逐渐养成了食用素食的习惯。

随着时代的发展，出于对动物权利、全球环境问题和人类健康等问题的关心，在日本成立了日本素食者协会，掀起了素食的潮流。

2. 日本特色素食

精进料理（SHOJIN-RYORI），一种日本本土的烹饪法。“精进（SHOJIN）”二字，是梵文“VYRIA”一词的日文翻译，意思是“存善远恶”。日本佛教的天台宗和真言宗的创始人在创建各自的宗派前曾于公元 9 世纪在中国学习。这两个宗派的佛教弟子们将从中国寺庙中学来的素食烹饪传承了下来。这种素食烹饪是和佛陀的教导保持严格一致的。公元 13 世纪，禅宗中曹洞宗派的创始人道元禅师正式确立了日本素食烹饪——精进料理。宋朝的时候，道元禅师在中国修习了禅宗。他制定了一套规则，目的在于建立纯素食生活的饮食习惯，同时也作为一种训练心灵的方法。

禅宗在日本人饮食习惯上的另一个影响体现于“SADO”——日本茶道。人们普遍认为是临济宗派的创始人荣西禅师将茶引进到日本，喝茶是禅宗修习者的一种习惯。这种保存在禅宗教义中的习惯形成了一种系统的规矩，即 SADO。日本茶道房的房间格局是仿造寺院住持所在的房间格局而建的。茶道仪式中的食品，被日本人称作“怀石”，该词的字面意义是:胸口里的一块石头。坚持实行禁欲者的和尚们曾经在胸口上压上炽热的石头,以抑制他们的饥饿感。后来“怀石”的意义逐渐演变为“精进料理”上的便餐,并且“怀石”对日本的饮食文化产生了巨大的影响。

(三)西方素食文化

1. 历史沿革

在西方,历史上最早的素食者主义者出现在公元前 6 世纪的古希腊,哲学家毕达哥拉斯主张杜绝肉食,代之以豆类及其他素食。自柏拉图起,许多非基督教的哲人,如伊壁鸠鲁和普鲁塔克等也提倡素食。公元前 5 世纪的另一位希腊哲学家安培多克勒也是素食主义者。

文艺复兴时期欧洲广泛流行素食。很大一部分原因是当时拙劣的贮藏方式导致肉食很容易变质腐臭。地理大发现之后,由地中海和南欧发起的掠夺贸易引进了香料,它们可以有效地帮助肉食的储藏,又能使之变得更美味,这个时期,荤腥在人们的餐桌上再度复苏。凯瑟琳·德·美第奇太后进入法国后,推广了一些新的饮食措施,其影响力几乎涵盖全欧洲,法国人民重新接纳了曾被香料革命挤掉的素食。

19 世纪初,英国是素食思想在欧洲最受欢迎的地方,英国素食者尤其热衷于践行他们的原则。在英国,素食者在北部和中部地区,特别是城市化地区最为强烈。随着这项运动在全国的蔓延,越来越多的工人阶级开始认同素食者的身份,尽管与肉食者的数量相比,这个数字仍然很小。素食团体在英格兰各地成立,但该运动未能获得民众的支持,被 19 世纪后期其他更令人激动的斗争淹没。1847 年,现代西方世界第一个素食协会在英国成立。到 19 世纪末,该组织吸引了近 4000 名成员。英国素食者是一个小而积极的群体。此后,素食者运动也在其他西方国家流行开来,绝大多数西方国家都相继成立了自己的素食协会。1908 年,国际素食者联合会(IVU)诞生,为素食主义在世界各国的推广起到了重要的作用。

2. 西方特色素食

色拉是 salad 的音译,又译为沙拉、沙律。沙拉是由各种食物混合而成的菜肴,通常至少含有一种生食材,是西方国家的特色素食。在西方饮食中,蔬菜和水果生吃的情况十分多见。西方人与我们的饮食习惯不同,他们对于食物的烹饪最常见的就是炸、煮、烧,而且他们口味偏淡。沙拉作为一种使用生的蔬菜水果佐以不同的沙拉酱制作的食物,很符合西方人的饮食习惯,色拉就是这一饮食习惯的产物。

西方的沙拉其实有很多分类。根据食材可分为水果沙拉、蔬菜沙拉、其他沙拉;根据餐前餐后时间段的不同,可以分为餐前沙拉(助于开胃)、配菜沙拉(可作为正餐辅食)、主菜沙拉(可直接作为主食)、甜品沙拉(饭后甜点)。不同的沙拉品类与其食材酱料的搭配均有不同,细到每一份配料的比例,在西方高级餐厅中均有讲究。当然,除了食材搭配，要做一份美味的沙拉，沙拉酱也是至关重要的，毕竟生菜算不得好吃，还是要靠调味的。经典的沙拉酱分为奶油类和油醋类，奶油类偏黏稠（包括蛋黄酱、酸奶油等，还可以搭配其他香料），而油醋类（主要是橄榄油、醋和香料的搭配）则基本为水状。

第四节　素食与健康

一、素食的健康益处

（一）改善肥胖

高能量的摄入会影响体重，相比于素食者，杂食者的体重更高，体重指数（body mass index，BMI）往往也更大。研究证明不同饮食模式人群的体重、BMI、体脂和基础代谢率的差异按以下顺序排列：杂食者>弹性素食者>素食者>纯素食者。

2021 年曾有学者将纯素饮食与地中海饮食对肥胖患者干预 16 周后进行了比较，结果地中海饮食组的体重减轻了 1.5 千克，而纯素食组体重减轻了 9.16 千克，也证明了纯素饮食比杂食性饮食更可能会显著减轻体重。素食对有代谢性疾病的患者如糖尿病、高血压患者的体重也有控制作用。

（二）改善心脑血管疾病和代谢综合征

1. 降低心脑血管疾病的发病率和死亡率

心血管疾病包括致死性和非致死性冠心病以及致死性和非致死性中风，全球已有超过 30% 的死亡率。素食和低频率的肉类消耗，可明显降低冠心病的死亡风险。植物性饮食通常脂肪含量低，碳水化合物含量相对较高。这种低脂肪、高碳水化合物的饮食与心脏保护性高密度脂蛋白胆固醇减少有关。不论何种素食膳食，对心血管疾病均具有一定的保护作用。素食干预后总胆固醇和低密度脂蛋白的浓度都有下降的趋势。与非素食者相比，素食者心血管疾病的相对风险可降低 15%，而缺血性心脏病的相对风险降低 21%。

2. 降低 2 型糖尿病等代谢疾病的发病风险和相关指标的水平

素食饮食与糖尿病风险呈负相关。素食能明显降低糖尿病等代谢性疾病的发病率，从非素食者转变为素食者可降低 53% 的糖尿病风险，吃鱼但不吃其他肉类的素食者比杂食者有更能降低患糖尿病的概率，这可能与素食改善细胞功能和增加胰岛素敏感性有关。素食还能降低血压、胆固醇和低密度脂蛋白水平。在纯素饮食后收缩压和舒张压会呈现降低趋势。此外，与杂食动物相比，纯素饮食能够降低血脂，特别是胆固醇水平，素食者的血清总胆固醇浓度和高密度脂蛋白比值往往较低,遵循素食饮食的受试者往往表现出比杂食动物更低的低密度脂蛋白值。

(三)降低某些癌症发生风险

素食,尤其是豆类不但可以降低患结肠癌、胰腺癌的风险,而且也与降低患肺癌、前列腺癌和乳腺癌的风险相关。在牛津素食研究和欧洲癌症与营养前瞻性调查综合研究中,素食及纯素食能够降低胃癌、淋巴和造血组织癌症以及骨髓瘤的总体癌症发病率。英国生物银行的队列分析表明,与肉食者相比,素食者患所有癌症尤其是结肠癌(主要是结肠癌和近端结肠癌)和前列腺癌的风险较低,素食主义者患癌症和黑色素瘤的风险同样降低。

(四)抗衰老、降低全因死亡率

素食含有大量的抗氧化成分,可能与端粒长度相关,具有抗衰老、延长寿命的作用。端粒磨损已被证明会因氧化应激和炎症而加速,较短的端粒与预期寿命缩短和与年龄相关的慢性病发病率增加有关。由于植物性食物含有大量抗氧化和抗炎特性的化合物,因此长期食用它们可能有助于抵消端粒损耗。

(五)其他

欧洲癌症与营养关系的前瞻性调查,报告了其他几种疾病和条件的风险分析。素食者患结肠憩室疾病的风险比肉食者低 31%;当素食者被细分为乳蛋素食者和纯素食者时,后者患憩室疾病的风险比肉食者低 72%。其他相关分析表明,素食者(包括纯素食者)在降低眼白内障的风险方面与肉食者相比在逐步减少,素食者患肾结石的风险也比高肉类饮食者低31%。对美国一项大型队列研究中的分析表明,高肉类消费与较高的退行性关节炎和软组织疾病患病率相关;与非素食者相比,素食者患代谢综合征的风险显著降低。在同一项研究中,与杂食者相比,吃鱼者、乳蛋素食者和纯素食者自我报告的甲状腺功能亢进症患病率显著降低。

二、素食中的关键营养成分

(一)蛋白质

如果素食做到多样化并满足能量的需要,那么来自植物的蛋白质就可以提供足够的氨基酸。研究认为,健康人在吃素的同时不需要额外补充蛋白质,一天中摄取的各种来源的氨基酸可以保证体内的氮有足够的保存量和使用量。虽然素食的总蛋白质量比肉食低,但即便是完全素食者,其蛋白质的摄入量亦可达到或者超过推荐的蛋白质供给量。在营养价值上,大豆蛋白质不亚于高质量的动物蛋白质,是植物中唯一类似于动物蛋白质的完全蛋白质。素食者在饮食过程中应当多食用如豆腐、豆腐干、烤麸、豆浆等大豆制品。此外，素食者还可以采用蛋白质互补原则，比如豆类蛋白质含有较多的赖氨酸，而谷类蛋白质氨基酸组成中赖氨酸含量相对较低，如果将豆类和谷类组合进行食物的烹调，即可扬长避短，达到两者蛋白质互补的效果。

(二)矿物质

许多植物食品中的钙能被人体很好地吸收，在食物中经常有包括含钙丰富的食品，目前还有很多新型素食是经过加钙强化的，能够提供足够的钙。膳食营养素供给量认为食物中铁的吸收率为18%，但却是基于杂食者，杂食者铁的来源包括亚铁血红素铁和非亚铁血红素铁。植物食品只包含非亚铁血红素的铁，它比亚铁血红素的铁对影响铁吸收的抑制因子和强化因子更敏感。由于人体对来自植物食品的铁的吸收情况较差，只有10%，所以虽然素食的含铁量比肉食高，但素食者体内铁的存量却较低。因此，对素食者，铁的推荐摄入剂量为杂食者的1.8倍。对于绝经前女性，推荐剂量为32 mg/d(杂食者为18 mg/d)；对于成年男性和绝经后女性，推荐剂量为14 mg/d(杂食者为8 mg/d)；后者较容易达到，但对于绝经前女性，应定期检测血铁浓度，必要时口服强化食品或者营养制剂。

素食中维生素C含量较高，素食者可以充分利用富含维生素C及有机酸的水果，如猕猴桃、橙子等，改善膳食结构以帮助铁的吸收。研究表明，素食者锌的摄入量比非素食者低或与之相当，大多数研究显示素食者头发、血清和唾液中的锌水平处于正常范围。补偿机制可能帮助素食者适应锌含量低的食物，但是由于植物锌的生物利用率低，又由于锌水平变化的边际效果还不清楚，所以素食者应该努力达到或超过锌的推荐饮食量。值得一提的是，豆类中的植酸、蔬菜中的草酸等抗营养因子会阻碍钙、铁、锌的吸收。只有通过合理烹饪和膳食搭配来改善吸收率和利用率，才能避免素食者矿物质的营养缺乏。蔬菜烹调时需要先焯水以去除草酸，豆类可以先进行室温浸泡以降低植酸含量，放入碱性水中烹调可将低聚糖的含量降低76%以上。

(三)维生素

虽然植物食品表面的残留土壤可能含有维生素B_{12}，但这并不是素食者可靠的来源。螺旋藻类、海生植物、大豆发酵食品和日本豆面酱所提供的维生素B_{12}是缺乏活性的维生素B_{12}的类似物，而不是有活性的维生素。虽然奶制品和蛋类含有维生素B_{12}，但研究显示奶蛋素食者血液中的维生素B_{12}水平是低的。因为维生素B_{12}的需要量不大，而且它在体内可以储藏和重复利用，所以缺乏维生素B_{12}的症状会推迟多年出现，建议素食者，尤其是全素食者，使用维生素B_{12}补充剂或强化食品。

(四)不饱和脂肪酸

营养学上比较重要的脂肪酸包括亚麻酸以及α-亚麻酸。这两种均来源于植物，但却需要在动物体内进行架构延长和去饱和化以形成二十碳五烯酸以及二十二碳六烯酸，它们是大脑和视网膜中的脂膜结构。鱼或蛋以外的食物缺乏这些不饱和的长链脂肪酸，因此完全素食者这种脂肪酸的水平可能比较低。以上几种成分的来源见表 13-1。

表 13-1 几种关键营养成分的素食来源

营养成分	素食来源
钙	牛奶以及奶制品[a]，高钙饮料[b]（如豆浆、橙汁），豆腐，低草酸多叶菜（如紫甘蓝、西蓝花、芥蓝菜）以及杏仁
铁	暗绿色多叶菜，豆类，谷类，坚果，高铁粗粮[b]；增加维生素 C 摄入（如柑橘类水果、多叶菜、大青椒、马铃薯、花菜）以促进铁的吸收
锌	豆类（如炒豆、鹰嘴豆），豆制品，奶制品[a]，坚果，谷类，高锌食品[b]，发酵面包植酸含量低可以促进锌的吸收
维生素 B_{12}	牛奶以及奶制品[a]，鸡蛋[a]，植物食品中并无维生素 B_{12}，但是强化食品可以提供（如仿肉豆制品、强化豆奶、发酵粉）
维生素 D	强化牛奶[a]，强化汁[b]（如豆制饮料、米制饮料），强化橙汁；维生素 D_2 是完全素食者的维生素 D 来源
ω-3 脂肪酸	鸡蛋[a]，亚麻籽，核桃，大豆油，大豆以及芥花油

注：[a]完全素食禁用。[b]强化食品政策因不同国家和地区而异，成分也有所不同。

三、素食的营养误区

素食是一种有益于自身健康和自然环境的饮食习惯和生活方式。但单一的饮食方式不能满足机体对所有营养素的需求，素食也不例外。素食不等于绝对健康，也要注意合理搭配、营养均衡和饮食习惯等问题。当下，特别是在全民健康背景下，素食者越来越多，素食人群从年长者到青年人都不在少数，如果过于强调饮食绝对素食，会产生一些负面影响，特别是对于婴幼儿、学龄前儿童、孕妇与乳母等特殊生理状态人群。为了个人及家庭的健康，素食者要注意以下营养误区。

（一）微量元素缺乏

一般而言，大多数素食口味清淡，如果过度加工会丧失多数营养物质，而维生素、矿物质等营养素与人类的生长发育、组织再生及生殖功能有着密切的关系。如，维生素 C 参与机体的氧化还原反应，与贫血、亚硝胺引起的癌症有关。维生素 C 在碱性、加热、空气中不稳定，炒、炖的方式会对食品中的维生素 C 有所影响。又如，锌元素是很多酶的组成成分或酶的激活剂（人体内有 200 多种酶中含有锌），然而植物性食物中植酸、草酸、纤维素等抗营养因子，会抑制人体对锌元素的吸收。

（二）糖和油的摄入量增加

植物性食物相对于动物性食物脂肪含量较低，但在食品加工时加入过多的单糖和植物油，无异于动物性食物摄入过多，同样会因能量摄入增加，从而导致肥胖、高血压、高血脂，对健康是不利的。特别是老年人更应慎重，甜食和脂肪还会影响其胃肠道功能，引起反酸、嗳气、腹泻等问题。

（三）生冷硬食物摄入过多

不少人认为素食中蔬菜只有生吃才能保存其营养价值，因而喜欢凉拌的方式。事实上，一方面，果蔬表面可能会有农药残留，如果清洁不当会对身体有害；另一方面，蔬菜中的很多维生素（维生素 A、维生素 D、维生素 E 等）是脂溶性的，要配合油脂才能有效吸收或发挥功效。例如，胡萝卜富含维生素 A 的前体 β-胡萝卜素，生食胡萝卜不能使人体完全吸收其营养物质，要用适当的油脂翻炒后，胡萝卜素才能转变成维生素 A 发挥作用，或是这一餐中至少有一道菜是富含油脂的。总之，均衡膳食才有益健康。

四、素食的适用人群

素食并不适合所有的人，以下人群就不适合素食：①处于特殊生理阶段，如在生长发育期的婴幼儿、儿童、青少年，营养需求增加的孕妇、乳母等；②营养不良、贫血、免疫功能差的人群；③老年人也不主张完全吃素。

对患有慢性代谢病，如肥胖、糖尿病、冠心病的人群，素食也只是一种可选择的饮食方式。

五、健康的素食

（一）素食金字塔

素食金字塔主要体现了均衡素食的原则。金字塔的最底层强调的是我们每餐都必须吃的食物，包括水果类、蔬菜类、全谷物类（藜麦、稻米、大麦、小米、燕麦、面包、谷类）；中间层是每日需要补充的食物，包括豆类、坚果、种子、蛋白、植物油；金字塔的尖端是一些甜品，可以不吃或者少量吃。除了坚持食用这些食物外，每天还要做适量的运动，而且还要喝大量的水。素食金字塔如图 13-1 所示。

图 13-1 素食金字塔

(二)建议的素食模式

第一，保持食物多样化是素食者的基本原则，每天摄入的食物种类至少在 12 种以上，而每周不少于 25 种，例如谷物、大豆、坚果、菌菇类、绿叶蔬菜、水果等，这样才能较好达到能量和各类营养素的需要。

第二，在可选择的植物类食物范围内，膳食应以谷类为主，特别是全谷物要占到一半左右(120～200 g)；谷类可提供碳水化合物、B 族维生素、矿物质和膳食纤维等。合理搭配膳食，避免因缺少动物性食物而引起蛋白质、维生素 B_{12}、n-3 多不饱和脂肪酸、铁、锌等营养素缺乏的风险。

第三，增加大豆及其制品的摄入，常选用发酵豆制品，每天 50～80 g 大豆或等量的豆制品；大豆是素食者的重要食物，大豆含有丰富的优质蛋白质、不饱和脂肪酸、B 族维生素等，发酵豆制品中含有一定量的维生素 B_{12}，可以弥补因缺乏动物制品导致的维生素 B_{12} 的缺乏。

第四，常吃坚果、海藻和菌菇，总量在 25～40 g；坚果中富含蛋白质、不饱和脂肪酸、维生素 E、B 族维生素、钙、铁等；新鲜蔬菜水果和菌菇类含有丰富的维生素和矿物质；可作为素食者维生素（尤其维生素 B_{12}）和矿物质（如铁、锌）的重要来源。真正在体内合成 DHA、EPA 和 DPA 的是海洋生态系统的生产者们——海洋藻类。藻类中含较多的二十碳和二十二碳 n-3 多不饱和脂肪酸。

第五，蔬菜和水果量与其他人群一致，特别是深色叶菜要占 2/3；食用各种植物油，满足必需脂肪酸的需要；α-亚麻酸在亚麻籽油和紫苏油含量最为丰富，是素食者膳食 n-3 多不饱和脂肪酸的主要来源。因此应多选择亚麻籽油和紫苏油。推荐素食者使用大豆油和（或）菜籽油烹饪，用亚麻籽油和（或）紫苏油拌凉菜。表 13-2 是《中国居民膳食指南（2022）》推荐的素食人群膳食构成。

表 13-2　全素和蛋奶素成年人的推荐膳食组成

全素人群		蛋奶素人群	
食物种类	摄入量/（$g \cdot d^{-1}$）	食物种类	摄入量/（$g \cdot d^{-1}$）
谷类	250～400	谷类	225～350
其中全谷物和杂豆	120～200	其中全谷物和杂豆	100～150
薯类	50～125	薯类	50～125
蔬菜	300～500	蔬菜	300～500
其中菌藻类	5～10	其中菌藻类	5～10
水果	200～350	水果	200～350
大豆及其制品	50～80	大豆及其制品	25～60
其中发酵豆制品	5～10	—	
坚果	20～30	坚果	15～25
烹饪用油	20～30	烹饪用油	20～30
—		奶	300
—		蛋	40～50
食盐	5	食盐	5

小结

中国的素食文化发展经过无荤素之分时期、萌芽期、形成期后，到如今的发展期已基本形成以京津地区、黄河中游地区、黄河下游地区、长江中游地区、长江下游地区、东南地区为代表的文化圈，并衍生出宫廷素食、寺院素食、民间素食三大流派和儒家、道教、佛教不同的素食观念。在世界范围内，无论是东方还是西方，素食因其能改善肥胖、降低心脑血管疾病和代谢综合征、降低癌症的发生风险和抗衰老、降低全因死亡率等十分受欢迎。需要注意的是，素食并不适合所有人，我们建议根据不同的生命阶段和生理状况选择合适的饮食模式，食素者应参照素食金字塔，保持食物多样性，在可选择的植物类食物范围内，以谷类为主，增加豆类及奶制品的摄入，常吃坚果、藻类和菌菇，尽可能食用深色蔬果，足量饮水，健康运动，才能拥有健康体质。

参考文献

[1]袁枚. 随园食单(图文版)[M]. 南京:凤凰出版社,2006.
[2]关明. 人文素食[M]. 昆明:云南科技出版社,2009.
[3]林洪. 山家清供[M]. 北京:中华书局,2013.
[4]鲁永超. 我行我素[M]. 武汉:武汉大学出版社,2014.

第十四章　地中海饮食文化与健康

第一节　地中海饮食的起源与发展

地中海(Mediterranean Sea)位于亚洲、欧洲、非洲之间,东西长约4000 km,最宽处约1800 km。其沿岸有20多个国家,包括:欧洲国家——西班牙、法国、摩纳哥、意大利、马耳他、斯洛文尼亚、克罗地亚、波斯尼亚和黑塞哥维那、黑山、阿尔巴尼亚、希腊;亚洲国家——土耳其、叙利亚、塞浦路斯、黎巴嫩、以色列、巴勒斯坦;非洲国家——埃及、利比亚、突尼斯、阿尔及利亚、摩洛哥。

地中海饮食源自于1940—1950年环地中海地区及国家(希腊、意大利南部及西班牙)的传统饮食形态,泛指希腊、西班牙、法国和意大利南部等处于地中海沿岸的特有饮食,这些地区的饮食习惯存在某些相似之处——以蔬菜水果、鱼类、五谷杂粮、豆类和橄榄油为主,也称克里特岛饮食,是很受现代营养学推荐的一种饮食模式,现也用"地中海式饮食"代指有利于健康的,简单、清淡以及富含营养的饮食。大量观察性研究发现意大利、希腊(克里特岛)、西班牙、葡萄牙等位于地中海地区的一些国家,是全球成年人预期寿命最长的区域之一。

与此同时,该区域心脏疾病和部分癌症发病率也是欧洲国家中最低的,研究发现地中海饮食可以降低患心脏病的风险,还可以保护大脑免受血管损伤,防止发生中风和记忆力减退。地中海周边饮食文化与当地的社会行为和生活方式密切相关,特殊的地理环境、农业和饮食习惯造就了健康特色的饮食模式,现已被联合国教科文组织认定为非物质文化遗产。

第二节　地中海饮食文化的特点

一、地中海饮食的特色

(一)橄榄油

橄榄油是地中海饮食主要的食用脂肪来源,这与地中海地区居民广泛种植橄榄有关,所以他们一般建议选用特级初榨橄榄油来烹调食物。当地居民普遍有生吃橄榄的习惯,并用橄榄油作为食用油来烹饪、烘烤食品和调拌沙拉、蔬菜。橄榄油味道辛辣,富含不饱和脂肪酸,是非常健康的油脂,有助于降低胆固醇水平。当胆固醇沉积在动脉血管中时,橄榄油能使血液变稀,防止形成微小的血液凝块,从而防止心肌梗死等心脏疾病的发生。轻榨优质橄榄油尤其富含有利健康的好脂肪、营养素和矿物质。

(二)全谷物、蔬菜、水果

地中海饮食提倡大量使用全谷物、蔬菜及水果类食物,主要是因为燕麦片、面包、意大利面等全谷物食物含有丰富膳食纤维的同时,也富含其他生物活性成分,如多酚、类胡萝卜素、维生素等。大量数据表明,饮食中全谷物摄入量的增加,有助于降低心血管疾病、2 型糖尿病等慢性疾病患病的风险。包括地中海饮食在内的各种饮食模式,都建议每日大量摄入水果和蔬菜,欧洲心脏病学会(ESC)强烈认同使用水果和蔬菜来降低心血管疾病风险这一建议。水果和蔬菜的潜在益处可能源于减少总热量摄入,以及提供更多的微量营养素,现也有确凿证据肯定了二者的抗氧化特性带来的健康益处,如降低冠心病的死亡率。

(三)鱼类、海鲜及其他

鱼、海鲜可以给食用者提供大量健康的蛋白质。金枪鱼、鲱鱼、沙丁鱼、三文鱼、鳊鱼富含对心脏有益的亚麻脂酸(ω-3 脂肪酸)。地中海海域盛产沙丁鱼,沙丁鱼肉中含有丰富的ω-3 脂肪酸,有助于降低血液黏稠度和血压,保持正常的心律,提高有益的高密度脂蛋白的水平。科学研究发现,如果人体摄入较多的 ω-3 脂肪酸,能够大大降低心脏病发病的风险和预防心跳停止导致的猝死,对关节炎、抑郁症等疾病的发生也有很好的控制作用。

诸多体外及体内的临床数据显示了红酒对心脏的保护作用,并将其归因于红酒中多酚化合物等复杂植物化学物质。除此之外,适量摄食坚果和豆类、低脂乳制品、蛋类等同样会对人体产生积极的影响。

(四)单一作用与整体作用

一般常将地中海饮食的益处归因于多样且丰富的食物摄入,但尚不明确地中海饮食究竟是通过各单一组分还是整合各饮食组分来发挥作用。事实上,地中海地区的适宜气候和人文精神将该地区的各组成部分塑造成了一个平衡的生态系统,地中海饮食是其中最显著的一种表现形式,各饮食成分的和谐统一并逐渐成为地中海饮食中不可分割的一部分。单一食物可能有其特殊的健康益处,但其潜在益处尚未得到充分证实,地中海饮食与健康或疾病之间的关联,可以借助复杂的食物组合来探索。地中海饮食的特色组成及各饮食组分的潜在益处见表14-1。

表14-1　地中海饮食的特色组成及潜在益处

特色饮食	推荐食物频率	特殊成分	潜在益处
橄榄油	— (主要食用脂肪来源)	单不饱和脂肪,酚类化合物	抗炎、抗氧化、神经保护、心脏保护、抗癌、抗肥胖、抗糖尿病、抗菌和抗脂肪变性
全谷物	1~2份/餐 (25~30克膳食纤维/天)	膳食纤维、铁、锌、锰、叶酸、镁、铜、硫胺素、烟酸、维生素B_6、磷、硒和核黄素	降低心血管疾病和2型糖尿病患病率的风险
水果、蔬菜	1~2份水果/餐 ≥2份蔬菜/餐	膳食纤维、钾、维生素A、维生素C、维生素K、铜、镁、维生素E、维生素B_6、叶酸、铁、硫胺素、烟酸和胆碱、黄酮类化合物等抗氧化物质	减少总热量负担,降低冠心病的死亡率
鱼类、海鲜	≥2次/周	ω-3多不饱和脂肪酸	改善认知能力,降低心血管疾病的发病率和死亡率
红酒	适量/餐	多酚化合物	抗氧化和抗炎能力,降低心血管疾病风险
其他	适量/天	—	初步预防心血管疾病

二、地中海地区的饮食文化

(一)生食蔬果

研究发现,人类健康必需的某些生物活性物质遇到55 ℃以上的温度就会变性失活,丧失功能。所以在一些发达国家,生吃蔬菜是一种相当流行的食用方法。生吃蔬菜可最大限度地保留蔬菜中的营养,有防癌抗癌和预防多种疾病的作用,蔬菜中大都含有一种免疫物质干扰素诱生剂,它作用于人体细胞的干扰素基因,可产生干扰素,成为人体细胞的健康“卫士”,具有抑制人体细胞癌变和抗病毒感染的作用。然而,这种“干扰素诱生剂”不能耐高温,只有生食蔬菜才能发挥其作用。所以,凡是能生吃的蔬菜,最好生吃;不能生吃的蔬菜,也不要炒得太熟,尽量减少营养的损失。生食蔬菜中的营养物质含量不仅远远超过熟食,而且具有阻止上皮细胞发生恶变的作用,因此可阻断致癌物质与宿主细胞的结合。如生蔬菜中的β-胡萝卜素、木质素、挥发油、酶等,被人体吸收后可以激发巨噬细胞的活力,增强免疫力,把已经癌变的细胞吞噬掉,起到积极的抗癌作用。生吃蔬菜除了以上好处外,还可以少摄入油、盐、糖、味精等调味品,有利于身体健康。

(二)低温烹调

低温烹调能减少高温烹饪时致癌物出现的概率,还可以降低33% ~40%的高温烹调时产生的诱发动脉硬化、心脏病、中风等多种致命性疾患的有害物质,又最大限度地保存了食物中的维生素等养分。

(三)以红酒或茶作为佐餐

红酒和茶当中存在多种生物活性物质,对心血管系统有多种有益作用,以红酒和茶进行佐餐,可以解腻,有利于胆汁和胰液的分泌,不仅增强胃肠道对食物的消化吸收,还可以调整结肠的功能。

第三节　地中海饮食模式

一、地中海饮食结构组成

(一)饮食结构

(1)以种类丰富的植物食品为基础,包括大量水果、蔬菜、土豆、五谷杂粮、豆类、坚果、种子。

(2)对食物的加工尽量简单,并选用当地、应季的新鲜蔬果作为食材,避免微量元素和抗氧化成分的损失。

(3)烹饪时使用植物油(含不饱和脂肪酸)代替动物油(含饱和脂肪酸)以及各种人造黄油,尤其提倡使用橄榄油。

(4)脂肪占膳食总能量的35%,饱和脂肪酸只占不到7% ~8%。

(5)适量吃一些奶酪、酸奶类的乳制品,最好选用低脂或者脱脂的。

(6)每周吃两次鱼或者禽类食品。

(7)一周吃不多于7个(也有建议不多于4个)鸡蛋,包括各种烹饪方式。

(8)用新鲜水果代替甜品、甜食、蜂蜜、糕点类食品。

(9)每月最多吃几次红肉,总量不超过7~9两(340~450 g),而且尽量选用瘦肉。

(10)适量饮用红酒,最好在进餐时饮用,避免空腹。男性每天不超过两杯,女性每天不超过一杯。

(11)除平衡的膳食结构之外,地中海式饮食还强调:适量、平衡的原则,健康的生活方式,乐观的生活态度,每天坚持运动。

(二)结构特点

1. 谷物、蔬菜和水果

谷物、蔬菜和水果是维生素、矿物质、能量、抗氧化剂和纤维的重要来源,合理搭配有助于良好的健康和体重控制。

一个人饮食模式中的大部分谷物应该是全谷物,包括小麦、燕麦、大米、黑麦、大麦和玉米。这些谷物最好以最简单的方式食用,因为加工过程通常会带走一些有价值的营养物质,如纤维和麸皮。蔬菜是地中海沿岸所有国家人民的一种重要饮食方式,能够提供充足的营养和饱腹感。这些蔬菜通常被烹饪或淋上橄榄油,二者协同保护人体健康。生蔬菜也是一种健康的蔬菜选择。新鲜水果在地中海无处不在。水果汁和整个水果的营养价值差不多,但不能充分发挥水果的健康作用,需要注意摄入的分量和总热量。

2. 橄榄和橄榄油

橄榄和橄榄油是地中海饮食的核心。在地中海沿岸的国家,人们普遍食用整颗橄榄,并将其用于烹饪和调味。橄榄油是膳食脂肪的主要来源,用于烹饪、烘焙、沙拉和蔬菜的调味。特级初榨橄榄油含有最多的有益健康的脂肪、植物营养素和其他重要的微量营养素。

3. 鱼类和贝类

鱼类和贝类是地中海人健康蛋白质的重要来源。金枪鱼、鲱鱼、沙丁鱼、鲑鱼和鲷鱼富含对心脏有益的ω-3脂肪酸,贝类和甲壳类动物,包括贻贝、蛤和虾也有类似的好处。

4. 奶酪和酸奶

在传统的地中海饮食中,奶酪和酸奶是经常食用的,但数量较少或适中。奶酪和酸奶中的钙对骨骼和心脏健康很重要。低脂和脱脂乳制品缓解了人们对较高乳制品消费量的不良后果的担忧。

5. 坚果、豆类和种子

坚果、豆类和种子是健康脂肪、蛋白质和纤维素的良好来源。它们为地中海菜肴增添了风味和质感。

6. 香草和香料

香草和香料可以增加食物的风味和香味，减少烹饪时添加盐或脂肪的需要。它们还富含促进健康的抗氧化剂，在地中海沿岸菜肴中广泛使用。

7. 鸡蛋

鸡蛋是优质蛋白质的良好来源，对不吃肉的人尤其有益。在地中海国家，鸡蛋常用于烘焙。

8. 瘦肉

地中海人喜欢食用瘦肉，他们只吃小份的肉。家禽是瘦肉蛋白质的良好来源，不像某些红肉那样含有高水平的饱和脂肪。对于肉，90% 的瘦肉或 10% 的脂肪是一个合理的选择。

9. 甜食

在地中海地区，人们很少吃甜食。水果经常出现在地中海的餐桌上，这是一种结束一顿饭常见的方式。人们每周会吃几次冰激凌和冰沙，但每次都是小份的。

10. 饮酒

在地中海地区，人们会定期适度饮酒，除非受到宗教信仰的影响。“适度”是指女性每天喝一杯 5 盎司的葡萄酒，男性每天喝两杯 5 盎司的葡萄酒。个人应该只在生理上允许的情况下饮酒，并应向医生询问更多信息。

11. 水

水对生命至关重要，适当的水合作用有助于健康、幸福和精力水平。个体的体型、新陈代谢率和活动水平的差异意味着有些人每天应该比其他人喝更多的水。

12. 食物的分量

因为位于金字塔底部的食物可能会被更大量、更频繁地食用，所以在金字塔的上部，食物的分量和食用频率会下降。

13. 适度饮食

均衡健康的饮食包括大部分的食物和饮料，只要适度和明智的选择是关键。例如，享受一小块生日蛋糕，品尝几片烤牛排，与家人和朋友放松时喝一两杯葡萄酒或啤酒。

14. 健康的生活习惯

日常体育活动对整体健康很重要。这包括剧烈运动，如跑步和有氧运动，以及更休闲的活动，如步行、做家务或庭院劳动，用走楼梯替代乘电梯。

15. 陪伴进食

地中海饮食是以享受和愉悦为基础的。如果可能的话，最好是和别人一起品尝食物和饮料。

16. 控制体重

了解健康的体重范围，并以此为指导。如果超过这个范围，应减少饮食，增加锻炼，或者两者同时进行。对大多数人来说，过分地计算卡路里不仅会影响他们享受食物、饮料和饭菜，而且从长远来看也不会有很好的效果。

二、地中海饮食金字塔

简单来说，红肉和甜品要少吃；禽肉、蛋类、奶酪、酸奶要适量食用；鱼和海产品可以经常食用，每周至少两次；水果、蔬菜、全谷物、橄榄油、豆类、坚果等推荐每天食用，但也要控制量；传统的地中海饮食建议每天少量饮用葡萄酒，但对肝脏疾病患者显然不推荐。地中海饮食金字塔如图 14-1 所示。

图 14-1　地中海饮食金字塔

三、传统的地中海饮食食物清单

1. 蔬菜和块茎

洋蓟、芝麻菜、甜菜、花椰菜、抱子甘蓝、卷心菜、胡萝卜、芹菜、块根芹、菊苣、羽衣甘蓝、黄瓜、蒲公英、茄子、茴香、蘑菇、芥菜、荨麻、秋葵、洋葱（红、甜、白）、豌豆、辣椒、土豆、马齿苋、萝卜、芜菁甘蓝、大葱、青葱、菠菜、红薯、西葫芦等。

2. 谷物

大麦、荞麦、碾碎的干小麦、蒸粗麦粉、硬质小麦、法老小麦、青麦、小米、燕麦、玉米粥、大米、小麦。

3. 水果

鳄梨、苹果、杏子、樱桃、小柑橘、大枣、无花果、葡萄柚、葡萄、柠檬、甜瓜、油桃、橄榄、橘子、桃子、梨、石榴、南瓜、草莓、橘子、西红柿。

4. 坚果、种子和豆类

杏仁、豆类(意大利白豆、鹰嘴豆、蚕豆、绿豆)、腰果、榛子、扁豆、松子、开心果、芝麻、豌豆、核桃。

5. 香草和香料

八角、罗勒、月桂叶、辣椒、丁香、孜然、茴香、大蒜、薰衣草、马郁兰、薄荷、牛至、香菜、胡椒、迷迭香、鼠尾草、香薄荷、漆树、龙蒿、百里香。

6. 鱼类及海鲜

鲍鱼、蛤、蟹、鳗鱼、比目鱼、龙虾、鲭鱼、贻贝、章鱼、牡蛎、鲑鱼、沙丁鱼、鲈鱼、虾、鱿鱼、罗非鱼、金枪鱼、海螺、黄尾鱼。

7. 家禽和鸡蛋

鸡、鸭、鸡蛋、鸭蛋、鹌鹑蛋。

8. 奶酪和酸奶

布里干酪、山羊奶酪、羊乳酪、哈罗米芝士、希腊酸奶。

9. 甜品

由水果、坚果、全谷物和少量糖制成的零食果仁蜜饼、饼干、奶油焦糖、巧克力、冰激凌、土耳其软糖、慕斯巧克力、冰糕。

10. 肉类

牛肉、山羊肉、羊羔肉、羊肉、猪肉。

第四节　地中海饮食与健康

一、地中海饮食的健康功效与疾病防治

地中海饮食的植物性成分(例如,蔬菜、水果、全谷物和坚果)、橄榄油和低至中等酒精摄入量(特别是红酒)含有大量多酚,已被证明可降低胰岛素抵抗并改善心脏代谢危险因素。地中海饮食在改善氧化应激、炎症、血栓形成、胰岛素敏感性、脂质谱、内皮功能障

碍和肠道微生物群方面均显示出有益作用。

(一)改善肥胖和腹部肥胖

地中海饮食富含植物性食物,不饱和脂肪摄入量高,膳食含大量复合碳水化合物,蔬菜、水果摄入量高,对减轻超重和腹部肥胖有良好的作用。与低脂饮食相比,肥胖女性更能坚持地中海饮食,尤其是那些服用了补充特级初榨橄榄油的地中海饮食的人,体重和身体质量指数(BMI)明显下降,并且高血压以及高密度脂蛋白胆固醇水平都得到了改善。

(二)改善心血管疾病和代谢综合征

1. 地中海饮食降低了心血管疾病的发病率和死亡率

很多研究发现,地中海饮食对心血管系统有健康作用,对地中海饮食的依从程度越高,一般人群脑卒中、冠心病、糖尿病和死亡率的风险越低。随机对照试验的荟萃分析显示,地中海饮食可降低心血管疾病的总发病率和总心肌梗死发生率。前瞻性队列研究的元分析比较了最高和最低类别的地中海饮食的依从性,发现其与心血管疾病总死亡率、冠心病发病率、冠心病死亡率、卒中发生率、卒中死亡率和心肌梗死发生率呈负相关。目前的研究表明,地中海饮食在预防人群心血管疾病(包括糖尿病患者)方面具有有益的作用。

2. 地中海饮食降低了代谢综合征相关指标

代谢综合征的诊断标准一般指患有肥胖、高血糖、高血压及血脂紊乱中的四者或全部。与无干预或最小干预相比,地中海饮食降低了总胆固醇水平,将地中海饮食干预措施与其他用于一级预防的饮食干预措施进行比较时,发现低密度脂蛋白胆固醇和甘油三酯略有降低。地中海饮食对血脂的有益作用集中在单不饱和脂肪酸和多不饱和脂肪酸,用高质量的植物蛋白来源代替红肉(而非鱼或低质量的碳水化合物代替红肉)会导致血脂和脂蛋白发生更有利的变化。采纳地中海饮食的受试者具有更好的人体测量、代谢和炎症风险参数,他们的体重、BMI 和腰围、总胆固醇、C 反应蛋白和白介素-6 水平降低,高密度脂蛋白-胆固醇水平增高。长期采用地中海饮食模式可降低收缩压和舒张压水平,有学者发现地中海饮食依从者的内皮功能(通过血流介导的扩张)也有所改善,血流介导的扩张百分比高出 3.95%。地中海饮食的依从性与糖尿病风险呈负相关,遵循地中海饮食的人群患 2 型糖尿病的风险得到极大降低。

(三)改善神经退行性疾病

1. 地中海饮食与认知功能

地中海饮食代表了一种高质量的饮食模式,能够满足最必需营养素的需求,促进生命早期的大脑结构和认知发育,并降低成年后认知能力下降的风险。地中海饮食模式包括几种具有抗氧化特性的营养素，如食用油性鱼类的必需脂肪酸，橄榄油中的多酚，色素水果和蔬菜（即浆果、西红柿、胡萝卜）、维生素（即维生素 C 和维生素 E）和矿物质（即硒、锌）。较高的地中海饮食依从性与更好的整体认知和情景记忆、更低的认知障碍风险和神经退行性疾病风险相关。与最低的依从性类别相比，地中海饮食得分最高的类别患认知障碍的风险更低。

2. 地中海饮食与帕金森病

帕金森病目前被认为是一种多因素疾病，虽然病因尚不完全清楚，但有证据支持氧化损伤与疾病发病机制有关。由于其高能量需求，与高代谢率和氧气消耗有关，大脑特别容易受到氧化损伤。大多数与帕金森进展率降低相关的食物都是地中海饮食的代表，例如新鲜蔬菜、新鲜水果、坚果和种子、非油炸鱼、橄榄油、葡萄酒、新鲜香草和香料；而帕金森进展较快的食物包括罐装水果和蔬菜、油炸食品、牛肉、冰激凌、酸奶和奶酪。总地来说，地中海饮食富含抗氧化剂、抗炎剂、矿物质和维生素。

（四）对抗某些癌症

有研究发现，高依从性的地中海饮食依从性与较低的直肠癌、乳腺癌、胃癌、肝癌、头颈癌和前列腺癌风险以及癌症死亡率有关。在具有高地中海饮食依从性的受试者中，患结肠直肠癌、乳腺恶性肿瘤的风险和癌症死亡率显著降低。食用水果、蔬菜、全谷物、豆类和低至中等剂量的酒与地中海饮食抗癌效果十分相关，有利于降低结肠癌发生的风险及乳腺癌和卵巢癌等恶性肿瘤的死亡率。酒类含有大量的乙醇，考虑到它被国际上归类为人类第一组致癌物并且被世界癌症研究基金会列为口腔、咽、喉、食道、胃、肝、结肠和乳腺恶性肿瘤致癌物，将抗癌作用归因于红酒消费似乎有争议，然而，酒精或葡萄酒摄入的毒性没有剂量反应效应。此外，葡萄酒还含有高剂量的生物活性化合物，如黄酮类化合物，可能具有某种抗癌作用。一方面，来自坚果或鱼类的多不饱和脂肪酸可以缓解轻度炎症状态，从而降低癌症风险。另一方面，适度摄入红肉和加工肉类（替代更健康的选择）也有助于抗癌效果。食用红肉与罹患结直肠癌、肺癌和胰腺癌的风险增加有关，而食用加工肉与罹患结直肠癌、乳腺癌、胃癌、前列腺癌的风险增加有关。

（五）其他

地中海饮食的潜在益处并不仅限于以上几种慢性疾病，相关研究尝试探讨了地中海饮食在预防成人骨折、降低孕妇早产风险、改善炎症性肠病患者的生活质量和 BMI、改善抑郁症、预防听力损失、改善类风湿性关节炎等方面的作用。地中海饮食中的橄榄油、鱼类、红酒等成分对预防成年人髋部骨折有益，但系统分析的相关证据尚不完善。地中海饮食依从性与超重或肥胖妇女的早产风险降低相关，孕期的饮食干预极其复杂，地中海饮食作为其中的一种干预方式，有望进一步为妊娠营养研究提供理论依据。对患有炎症性肠病（包括克罗恩病和溃疡性结肠炎）的成年人进行为期 6 个月的地中海干预，结果显示他们的生活质量得到提高，肝脏中的脂肪含量、BMI 和腰围减少。与不遵循地中海饮食的人相比，中年时对地中海饮食依从性较高的女性晚年患抑郁症的风险较低；严格遵循地中海饮食的人发生听力损失的可能性比不遵循地中海饮食的人低 30%。此外，研究者建议基于抗炎地中海饮食治疗类风湿性关节炎，每周至少食用两次油性鱼类或 ω-3 多不饱和脂肪酸补充剂，均衡饮食。

二、地中海饮食与中国饮食的比较

如何将地中海饮食中国化？传统的地中海饮食习惯会降低动脉粥样硬化、冠心病、代谢综合征的发生率和胰岛素抵抗等的发生。对习惯于中式饮食的居民来说，有以下几点需要了解和调整。

（一）适当增加乳制品的摄入

地中海膳食奶制品相对较少。奶制品应是获取动物蛋白质和钙的重要来源，尤其是钙，是不能缺少的营养物质。我国居民奶类摄入量很低，绝大多数人不超过 250 g，低于国外每日 500 ~ 1000 g 的水平，也很少吃高脂肪的奶酪。所以无须刻意选择低脂奶或减少乳制品的摄入，应适当增加奶制品和豆制品摄入。根据中国营养学会推荐，一般成年人每日应摄入钙 800 mg，青少年应为 1000 mg，孕妇和乳母则高达 1200 mg。

（二）适当增加蔬菜、水果的摄入

我国的膳食模式以植物性食物为主，以动物性食品为辅，以大米为主食。蔬果类摄入量略低，因此应增加蔬菜及水果的摄入。蔬菜每天摄入 300 ~ 500 g，深色蔬菜应占1/2。水果每天摄入 200 ~ 350 g。在胃肠功能状态良好的情况下，建议食用生的水果，能生吃的蔬菜尽量生吃，同时应适当增加饮水量，成年人每天 1500 ~ 1700 mL。

（三）烹调油及膳食盐仍需控制

地中海饮食中的液体植物油主要用以烹饪做沙拉和煮菜。但是我国居民习惯于用液体植物油炒菜，比较重油重盐，烹调多以高温爆炒和油炸，会产生有害的氧化聚合物质。所以，按膳食指南把每日烹调油控制在 25 ~ 30 g 才是关键所在，烹调方式以低温清炒为主。脂肪摄入过多是引起肥胖、高血脂、动脉粥样硬化等多种慢性疾病的危险因素之一，即使植物油中富含不饱和脂肪酸也不该大量食用。此外，膳食盐的摄入量过高与高血压的患病率密切相关。应根据中国居民膳食指南的要求，吃清淡少盐膳食。

（四）零食点心要限量

地中海饮食提到了少吃甜食。糕点类甜食及冰激凌采用了大量的糖、奶油、黄油制作，其中必定含有大量的脂肪和糖类。含糖饮料更是添加糖的主要来源。食用过量，不仅违背地中海饮食的原则，更会增加患 2 型糖尿病的风险。建议不喝或少喝含糖饮料和食用高糖食品。

（五）减少白酒，适量增加葡萄酒消费

葡萄酒因含有大量花青素等抗氧化物质而对人体健康有益。地中海居民喝酒以葡萄酒为主。而我国葡萄酒的产量有限，整体质量也不及地中海地区的葡萄酒，喝进口葡萄酒价格又较贵，从习惯上来说中国人更喜爱喝白酒。所以要让我国人达到与地中海饮食中的蔬菜、水果摄入这一标准，每餐少量喝点葡萄酒是很不现实的。最好的办法是适度增加葡萄酒的使用量，不足部分以高粱等粮食酿制的白酒替代。但要注意，每天白酒饮用量不能超过 50 mL，一旦长期超过这个量，只会有害无益。

小结

地中海饮食营养均衡，种类丰富，包括大量橄榄油、全谷物、蔬菜、水果、海鲜类食物及红酒。因其富含优质蛋白质、多不饱和脂肪酸、膳食纤维、维生素、矿物质和植物化学物，并且烹饪过程中能最大程度地减少营养成分流失，在改善肥胖、心血管疾病、代谢综合征、神经退行性疾病以及对抗癌症等健康功效方面发挥重要作用。中国居民应当在保持现有蔬菜量的基础上增加水果、奶类、豆类、坚果和海鲜的摄入；改善烹饪方式，用橄榄油替代大豆油，减少食盐用量，尽可能保留食物的原汁原味；限制零食点心和白酒的消费；同时还要适量进食，鼓励共同用餐；足量饮水，坚持运动，养成健康的生活习惯。

参考文献

[1]张紫怡，依莱诺拉·格拉索. 地中海健康饮食[M]. 北京：电子工业出版社，2020.
[2]高键，弭守玲. 28 天吃出心健康：中国本土化地中海饮食[M]. 上海：复旦大学出版社，2021.

第十五章　发酵食品文化与健康

第一节　发酵食品概述

一、发酵食品的概念

“发酵”原来指的是轻度发泡或沸腾状态，发泡是早期判断发酵进程的标志。英语中发酵一词 fermentation 源于拉丁文 fervere（发泡），原意为“翻腾”，它描述酵母作用于果汁或麦芽浸出液时的现象。发酵食品是指通过所需的微生物生长和食品成分的酶转化而制成的食品，常见的发酵食品有酸奶、奶酪、泡菜、酱油、食醋、豆豉等。经发酵后，食品的稳定性大大提高，保质期延长，易于贮存。发酵食品含有大量的益生菌及营养素，风味独特，不仅能促进肠胃的消化吸收，还能提高食欲、增强免疫力，有益于机体的健康。

二、发酵食品的分类

发酵食品历史悠久、产品种类繁多，主要包括豆类食品（酱油、豆豉、纳豆、丹贝等）、奶类食品（酸奶、干酪等）、谷物食品（食醋、面包、啤酒等）、果蔬食品（泡菜、酱腌菜、果醋、葡萄酒等）、肉类食品（火腿、香肠等），还有发酵茶（如康普茶）等，如图 15-1 所示。

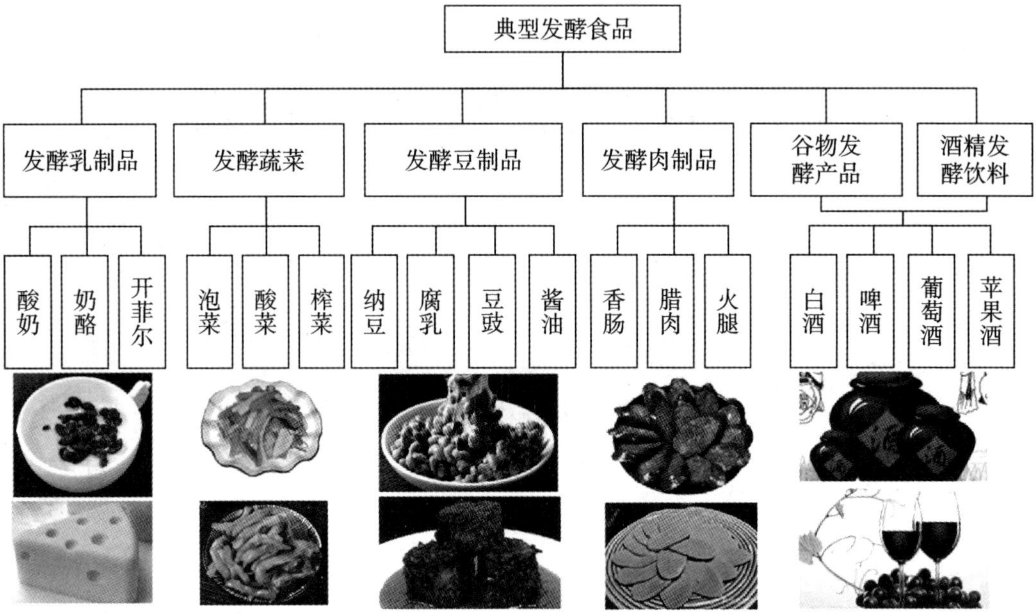

图 15–1　典型发酵食品

(一)发酵豆类食品

发酵豆类食品是以豆类为主要原料,经过发酵制成的食品。我国传统的发酵豆类食品有酱油、豆豉、豆酱、腐乳等,国外的有日本的纳豆、味噌和印度尼西亚的天培等(图 15–2)。世界上的豆类品种繁多且产量巨大,为发酵提供了充足的原料。经过发酵制成的食品香气浓郁、味道迷人,营养更加丰富,不仅可以助消化,还有促进人体造血的作用,既可以减慢血管老化、增强脑力,又可以提高肝脏的解毒功能。

1. 酱油

酱油起源于中国,最初是由酱、豉演变而来的。酱油是以大豆或脱脂大豆、小麦或小麦粉为原料,经微生物发酵制成的具有特殊色、香、味的液体调味品。酱油含有大豆多肽、大豆异黄酮、类黑精、大豆皂苷、呋喃酮等生理活性物质。酱油是人们生活中不可缺少的调味品,在烹调时加入一定量的酱油,可增加食物的香味和鲜味,调整色泽、促进食欲。根据酱油着色力不同,用途存在差异,可将酱油分为生抽和老抽。

2. 豆豉

豆豉是我国南方地区的传统发酵食品之一,生产历史悠久,西汉初年时豆豉就已相当普遍。豆豉是以黄豆或黑豆为主要原料,利用毛霉、曲霉或者细菌蛋白酶的作用,将大豆蛋白质分解到一定程度时，利用加盐、加酒、干燥等方法，抑制酶的活力，延缓发酵过程而制成。产品呈黑褐色或黄褐色，颗粒完整，美味回香，既可以作为调味料，也可以直接食用。根据产品含盐量可以将豆豉分为淡豆豉和咸豆豉。

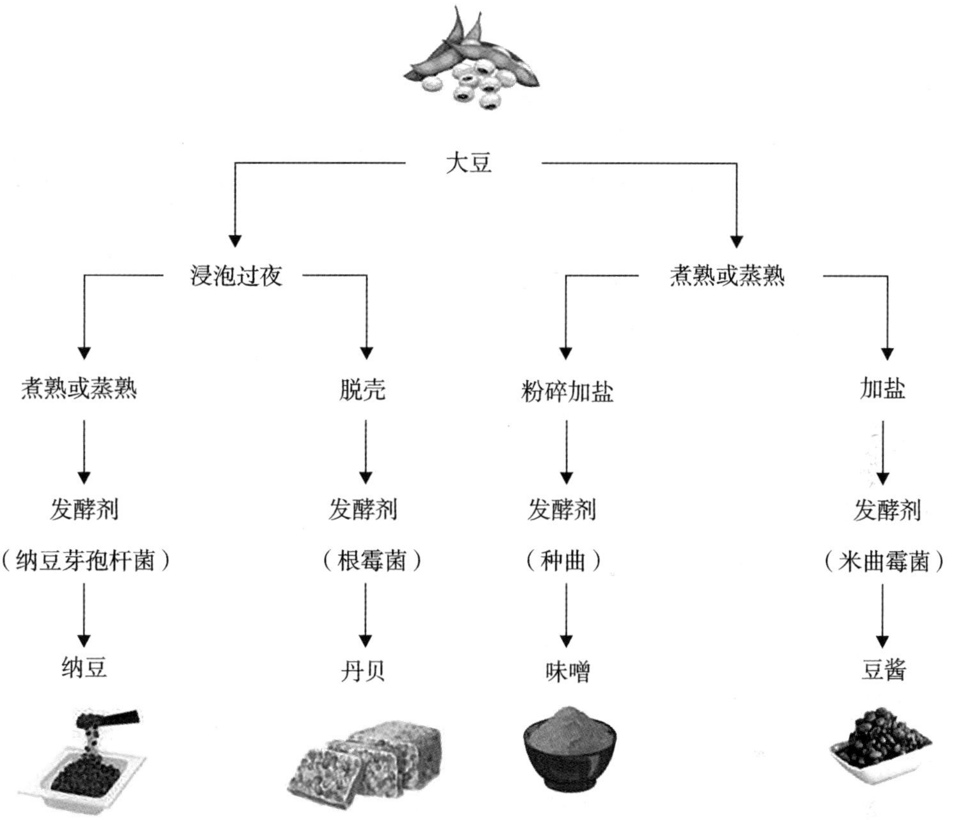

图 15-2　以大豆为原料的各种发酵豆类食品

3. 豆酱

中国是世界上最早发明酱的制作方法的国家，制酱技术的起源可以追溯到公元前千余年，其生产历史比酱油久远。豆酱是以大豆和面粉为主要原料，以米曲霉为主要微生物，经过发酵而制成的半流动态的发酵食品。豆酱又称黄豆酱、大豆酱、黄酱，我国北方地区称其为大酱。其色泽为红褐色或棕褐色，鲜艳，有光泽，有明显的酱香和酯香，咸淡适口，呈黏稠适度的半流动状态。豆酱不仅可以调味，而且营养丰富，极易被人体吸收。

4. 腐乳

腐乳是我国特有的发酵制品之一，至今已有 1000 多年的历史。早在公元 5 世纪，北魏时期的古书上就有“干豆腐加盐成熟后为腐乳”之说。腐乳是以大豆为原料，经过加工磨浆、制坯、培菌、发酵而制成的调味、佐餐制品。腐乳因地而异被称为豆腐乳、南乳、猫乳。腐乳风味独特,滋味鲜美,组织细腻柔滑,同时富含植物蛋白质、不饱和脂肪酸、B族维生素、钙、铁等多种营养素及风味物质。18世纪,腐乳制作技术漂洋过海,传到日本及东南亚各国,而今腐乳已成长为具有现代化工艺的发酵食品。按照加工工艺,可以将腐乳分为红腐乳、白腐乳、青腐乳和酱腐乳。

5. 纳豆

纳豆(natto)起源于中国,唐朝鉴真东渡时期传入日本,并在日本得到了发展。纳豆是以大豆为原料,经过蒸煮后接种纳豆芽孢杆菌(纳豆菌)发酵而成的产品。纳豆中含有丰富的维生素成分,如B族维生素、维生素E、维生素K等,以及纳豆激酶、生物多糖、超氧化物歧化酶、异黄酮、亚麻酸等上百种生理活性物质。纳豆经过发酵,所含的一半以上的蛋白质都是水溶性蛋白质,易于消化吸收,并且含有全部的人体必需氨基酸,是良好的氨基酸来源食品。近代,纳豆由日本传至朝鲜、菲律宾、印度尼西亚等地,深受各地居民青睐,并逐渐演化出三个品种,即传统纳豆、滨纳豆和印尼大豆。

6. 味噌

味噌(miso)是日本一种非常流行的大豆发酵食品,中文的意思就是酱。味噌最早发源于中国或泰国西部,它与通过霉菌繁殖而制成的豆酱、豆豉等很相似。味噌,也叫日式大豆酱,是一种以大豆为主要原料,加入食盐等调味料,以霉菌为主导发酵制得的一种有咸味的半固态酱状调味品。味噌中含有较多的蛋白质、脂肪、糖类以及铁、钙、锌、维生素B_1、维生素B_2等营养物质。根据种曲的不同,可以将味噌分为米味噌、麦味噌和豆味噌。

7. 丹贝

丹贝(tempeh),又叫天培、摊培,起源于印度尼西亚,已有数百年的历史,深受东南亚人民的青睐,是世界上唯一可作为主食的大豆发酵食品。丹贝是一种以大豆为原料,经根霉菌发酵而成的带菌丝的黏稠状饼块食品。新鲜丹贝是细密菌丝覆盖的饼状物,外观呈白色具有光泽,触感富有弹性,无任何豆腥味,并具有独特的清香。根据丹贝的储存方式和加工工艺的不同,可将丹贝分为脱水丹贝、冰冻丹贝、速成丹贝、油炸丹贝和丹贝粉。

(二)发酵奶类食品

通常现今所述的发酵乳制品是指奶牛、绵羊、山羊、水牛和骆驼等动物乳经乳酸菌发酵工艺而制成的一大类乳制品。发酵奶类食品种类很多,包括酸奶、干酪、开菲尔、酸奶油、酪乳、马奶酒等。动物乳及其制品是膳食中蛋白质、钙、磷、维生素A、维生素D和维生素B_2的重要来源之一,且发酵过程中加入了微生物或特定发酵剂(富含益生菌),因而发酵奶类食品是兼备保健和营养健康功能的符合人们需要的理想食品之一。

1. 酸奶

酸奶(yoghourt),在国际中被定义为酸乳。联合国粮食与农业组织(FAO)、世界卫生组织(WHO)与国际乳品联合会(IDF)将酸乳定义为:乳或乳制品(杀菌乳或浓缩乳)在保加利亚乳杆菌和嗜热链球菌的作用下发酵而成的酸性凝固型乳制品。在保质期内,该类产品中的特征菌必须大量存在,并能继续存活和具有活性。我国食品安全国家标准中的定义为:酸乳为以生牛(羊)乳或乳粉为原料,经杀菌、接种嗜热链球菌和保加利亚链球菌(德氏乳杆菌保加利亚亚种)发酵制成的产品。酸奶除保留牛奶的全部营养外,还含有大量的乳酸及对人体肠道健康有益的活性乳酸菌。

2. 干酪

干酪(cheese),又称为奶酪、芝士、乳酪、起司等。根据联合国粮食与农业组织(FAO)和世界卫生组织(WHO)的定义,干酪是以乳、稀奶油、脱脂乳或部分脱脂乳、酪乳或这些产品的混合物为原料,经凝乳酶或其他凝乳剂并分离乳清而制得的新鲜或发酵成熟的产品。我国食品安全国家标准中的定义为:干酪是成熟或未成熟的软质、半硬质、硬质或特硬质、可有涂层的乳制品,其中乳清蛋白/酪蛋白的比例不超过牛奶中的比例(18∶82)。据不完全统计,全世界共有干酪900余种,较著名的有400余种。干酪种类的划分和命名,主要是依据干酪的原产地、制造方法、干酪的外观、理化性质和微生物学特性等内容而进行的。

(三)发酵谷物食品

发酵谷物食品大多是以含淀粉的物质为原料,如高粱、玉米、大麦、小麦,以及高原地区的青稞等。常见的发酵谷物食品有食醋、发酵面食(面包、馒头、馕等)、发酵米粉、酸浆面、醪糟、酸粥、黄酒、蒸馏酒、啤酒等。通过发酵过程,这些产品或多或少都在质构、感官、营养或保质期方面得到了提升。

1. 食醋

食醋是中国传统的调味品,关于醋制作的最早记载距今已有3000余年。酿造食醋是指单独或混合使用各种含有淀粉、糖的物料或酒精,经微生物发酵酿制而成的液体调味品。由于我国地大物博、南北气候不同,再加上各地消费习惯和口味各异,造就了如今各种富有地方特色的食醋,例如山西老陈醋、镇江香醋、四川麸醋、保宁醋、浙江玫瑰醋、福建红曲米醋等。除了中国多地区的特色食醋外,由于原料和工艺的不同,世界各国生产的食醋种类也各不相同,例如日本的黑醋、意大利的香醋、德国的啤酒醋、美国的蒸馏醋、英国的大麦醋等。

2. 面包

面包的发酵制作最早由古埃及人偶然发现,后传入欧洲。面包是以小麦面粉、酵母、食盐、水为主要原料,加入适量辅料,经搅拌面团、发酵、整形、醒发、烘烤或油炸等工序制成的松软多孔的食品,以及烤制成熟前或后在面包坯表面或内部添加奶油、黄油、蛋白、可可、果酱等的制品。面包营养丰富、组织蓬松、易于消化吸收、食用方便,已逐渐成为大众化的食品。面包种类繁多,各地区面包的差异较大。按照产品的物理性质和食用口感可将面包分为软式面包、硬式面包、起酥面包、调理面包和其他面包5种，其中调理面包又分为热加工和冷加工两类。

3. 馒头

馒头，又称为馍、蒸馍，是中国特色传统面食之一，是以小麦面粉和水为主要原料，以酵母菌为主要发酵剂经过和面、发酵、成型和汽蒸熟制而成的食品。形圆而隆起，无论是否有馅，起初统称为蒸饼，后来被称为馒头。为了表示区别，北方把无馅的称为馒头、有馅的称为包子。馒头发展到今天，已形成了众多各具特色的品种，主要为实心馒头，广义上还包括各色花卷、各种包子、发糕系列、杂粮馒头、点心甜食馒头、营养强化及疗效保健馒头、装饰馒头、多层馒头等。

（四）发酵果蔬食品

发酵果蔬是一种生物化的保藏方法，是利用有益微生物及各种配料来加强成品的保藏性，成本低廉，成品风味多种多样。各种白菜、卷心菜、甜菜、萝卜、黄瓜、芹菜、青番茄、辣椒、青豆、菜豆等都可用于生产发酵蔬菜，根据市场需求，还可以将发酵蔬菜制成酸味、酸甜味、酸辣味、麻辣味等不同风味的产品。苹果、山楂、梨、梅子等水果都可用于制作营养价值和风味各异的果醋或果酒。

1. 泡菜

泡菜是腌制蔬菜的典型代表之一，是指以蔬菜为主要原料，添加或不添加辅料，经食用盐或食用盐水渍制等工艺加工而成的蔬菜制品。泡菜富含以乳酸菌为主的优势益生菌群，产品具有“新鲜、清香、脆嫩、味美”的特点，原料多样，制作简便，成本低廉，食用方便。世界各地都有泡菜的影子，风味也因各地做法不同而有异，其中朝鲜辣白菜、涪陵榨菜、法国酸黄瓜和德国甜酸甘蓝，并称为世界四大泡菜。泡菜的主要原料是各种蔬菜，泡菜中维生素及钙、铁、磷等矿物质含量丰富。在泡制过程中，蔬菜的温度一直保持在常温或低温下，蔬菜中的维生素C和B族维生素不会受到破坏，因此，泡菜比炒菜的营养价值更高。

2. 酱腌菜

酱腌菜是指以新鲜蔬菜为主要原料，经腌渍或酱渍加工而成的各种蔬菜制品，如酱渍菜、盐渍菜、酱油渍菜、糖渍菜、醋渍菜、糖醋渍菜、虾油渍菜、糟渍菜等。据史料记载，我国酱腌菜制作的历史最早，可以追溯到秦朝之前，至少有2000多年的历史。湖南长沙马王堆西汉墓中出土的豆豉姜，是世界上贮藏最久的酱菜。北京八宝菜、宜宾芽菜、峨眉赋菜等，都是富有特色、远近驰名的酱腌菜产品。

3. 发酵果蔬汁

发酵果蔬汁是指水果或蔬菜破碎后通过发酵制成的果汁或蔬菜汁，还可加入水、糖、食盐等调味。这类发酵饮料是以各种蔬菜汁为主要原料，经乳酸菌等发酵而成的。发酵果蔬汁一般无添加剂、无色素，此类产品正以其风味独特且价格低廉而受到消费者的欢迎。市面上常见的发酵果蔬汁有苹果汁、桃汁、葡萄汁、猕猴桃汁、胡萝卜汁、番茄汁、南瓜汁等。

（五）发酵肉类食品

发酵肉是指在自然或人工控制条件下，利用微生物或酶的发酵作用，使原料肉发生一系列生物化学变化及物理变化，而形成具有特殊风味、色泽和质地以及较长保存期的肉制品。通过发酵使得产品具有易于消化和吸收、肉质嫩化、亚硝酸盐含量大大降低、pH值低等特点。发酵肉种类很多，主要包括火腿和发酵香肠，传统的风干腊肉也属于发酵肉，国外还有发酵鱼、发酵鹿肉等。

1. 火腿

火腿，是腌制或熏制的动物的腿（如牛腿、羊腿、猪腿、鸡腿），经过盐渍、烟熏、发酵和干燥处理的腌制动物后腿。火腿是中国传统特色美食，中式火腿香味浓郁，色泽红白鲜明，外形美观，营养丰富，贮藏时间长。火腿原产于浙江金华，现代以金华火腿、如皋火腿、宣威火腿和安福火腿最有名。由整只猪腿腌制风干而成的火腿，是西班牙美食的代表，在种类繁多的火腿中，“伊比利亚火腿”品质最好、名声最大、价格也最贵。

2. 发酵香肠

发酵香肠是发酵肉制品中产量最大的一类产品，风味独特、色泽美观、营养丰富、保质期长、产品安全性高、质量稳定、无须冷藏、便于贮存和运输。发酵香肠是指将绞碎的肉（常指猪肉或牛肉）和动物脂肪同糖、盐、发酵剂和香辛料等混合后灌进肠衣，经发酵、晾挂、包装等工艺加工而成的发酵类肉制品。中国较有名的香肠有四川腊肠、广式香肠、哈尔滨红肠、饶阳熏肠等。

第二节　中国发酵食品文化

一、中国发酵食品的发展历史

发酵是最古老的食品加工方式之一，我国民间利用发酵技术酿酒可以追溯到4000多年前，人们逐渐学会利用谷物制曲、制酱、酿酒和腌菜等工艺生产食品。发酵食品的产生最初是为了延长产品的保质期，是一种经典的食品保藏方法。

人们尚未完全认识发酵过程的时候，发酵生产活动全凭经验，多为非纯种培养，发酵食品易被杂菌污染，此时我们的祖先就已经开展了各种形式的发酵生产活动：在夏代初期，人们开始用黏高粱酿酒，在龙山文化时期已有酒器的出现，这些发酵活动距今约有

4000多年的历史；在殷商时代已有酿酒、制醋的文字记载；在2000多年前的汉武帝时代开始有了葡萄酒和白酒。

“开门七件事，柴米油盐酱醋茶”，这七件事中，大部分都与发酵食品有关。发酵食品是我国古代利用微生物发酵作用，以酿造工艺加工而成的食品。它们的品种很多，最主要的是酿酒，醋、酱和酱油也是中国人生活中必不可少的酿造调味品。此外，腌酱菜、腐乳、乳酪等发酵食品也都是我国人民普遍喜爱的传统食品。这些成果集中反映了中国古代在生物化学上的成就，它们为现代微生物学的产生和发展准备了条件，打下了基础。尤其是我们祖先对“曲”的首创和发明，对近代发酵科学的兴起更是做出了杰出的贡献。

关于我国酿酒的起源，自古流行着许多传说，根据考古发现，在我国新石器时代后期的一些遗址中，就发现了很多的陶质酒器，所以有人认为，我国在龙山文化时期以前就已经开始酿酒，到了夏代已经有了一定的经验和规模。我国古代有一项卓越的发明，那就是用发芽同时发霉的谷物做引子，来催化蒸熟或者碎裂的谷物，使其转变成酒。中国酒曲的发明大约在商代，不过人们在很长一段时间里仍把酒曲称为曲蘖。殷商时期，出现了很多精美的饮酒器和贮酒器。

据现有文字记载，中国古代劳动人民以酒作为发酵剂来酿制食醋，东方醋起源于中国，据有文献记载的酿醋历史至少也有3000年以上。“醋”的古称有“酢”“醯”“苦酒”等。同时把“醋”称为“苦酒”，也同样说明“醋”是起源于“酒”的。由于原料、工艺、饮食习惯的不同，各地醋的口味相差很大。历史较为悠久的应属始于五代唐长兴元年（930年）的保宁醋。保宁醋产于今四川阆中古城，有酸味柔和、醇香回甜的特点，其随着川菜的流行，行销全球，有“离开保宁醋，川菜无客顾”的说法。

泡菜起源于中国，在3100多年前的商代武丁时期，我国劳动人民就能用盐来渍梅烹饪用。至少1400多年前，我国就有制作泡菜的历史，北魏贾思勰的《齐民要术》中记载：“作盐水，令极咸，于盐水中洗菜，即内瓮中。”清朝，川南、川北民间还将泡菜作为嫁奁之一，足见泡菜在人民生活中所占地位。泡菜的制作工艺，是我国悠久而精湛的烹饪技术遗产之一。

中国的豆酱是以豆类和面粉为原料发酵制成的，至少也有2000年的历史了。西汉的《急就篇》中已经提到了“酱”，东汉王充的《论衡》、崔寔的《四民月令》都提到了做酱，并强调做酱要及时，不要延误到梅雨季节。刚开始酱并非作为调料，而是作为食品诞生的。酱的发展过程，先是作为食品的肉酱，然后发展为以调味为主的各种酱，在各种酱的基础上，又诞生了酱油。宋代始有酱油的文字记载，如林洪的《山家清供》：“柳叶韭，韭菜嫩者，用姜丝、酱油、滴醋拌食。”到了清代，各种酱油作坊林立，已有包括香草、虾子在内的各种酱油。当时已有红酱油、白酱油之分，酱油的提取也开始“抽”。本色者称“生抽”；在日光下复晒增色，酱味变浓者，称为“老抽”。早在20世纪的二三十年代，天津产的“红钟酱油”就蜚声中外。

早在5世纪魏代的古籍中，就有对腐乳的记载：“干豆腐加盐成熟后为腐乳。”明代李时珍著的《本草纲目》记载：“腐乳又名菽乳，以豆腐腌过加酒糟或酱制者，味咸甘心。”明嘉靖年间，绍兴腐乳就已远销海外，当年印度、缅甸、新加坡等地，都经销绍兴腐乳，一些商号的门口还挂起“绍兴南乳”的广告牌，生意十分兴旺。腐乳一向是绍兴各大酱园的主要产品之一。清时绍兴的沈通美、咸亨、谦豫、同心、老顺泰、正德等酱园，均生产腐乳。

二、中国发酵食品的现状

中国是食品消费大国，自古“民以食为天”的观念奠定了食品产业在国人心中不可替代的重要地位。中国传统发酵食品历史悠久，产品风味独特，对世界饮食结构和饮食文化的发展起到重要的推动作用。然而，在我国，与现代生物技术的发展相比，提到传统发酵食品，人们往往会将其与原始的作坊式生产方式以及落后的技术工艺等同起来，对其技术革新、功能性物质的认识等缺乏充分的、系统性的研究。

近年来，随着我国经济的飞速发展，发酵食品产业也呈快速增长的态势，传统发酵酒精饮料、调味品及风味食品仍受到民众的青睐。然而，目前我国发酵食品的工业化程度低下，只有白酒、啤酒和调味品等产业实现了工业化，许多具有特征风味的特色发酵食品仍处于作坊式生产规模，而西方的发酵食品，奶酪、酸奶、啤酒、葡萄酒和香肠等都已实现了工业化。近年来，日本、韩国等亚洲国家陆续出现了对传统发酵食品的研究热潮，在对其进行风味和益生功能解析的同时，也将各自的代表性传统发酵食品推介给了全世界的消费者，并获得了广泛的认可与经济收益。

我国正致力于发展更优的发酵工程技术，并逐渐投入实际的生产运用。近年来，冷杀菌技术被应用到发酵工艺中，因其既有利于保持食品中功能性成分的生理活性，又有利于保持产品的色、香、味及营养成分，是一种优良的工艺。我国已将这种技术应用到酱菜、腐乳等非加热发酵食品的生产中，未来也有望应用到更多使用传统加热杀菌技术的发酵食品中。

食品发酵已融入了微生物学、化学工程学、细胞生物学、分子生物学和遗传学等学科的知识，食品发酵与发酵工程技术紧密相连。应用现代生物技术分离、选育、改良发酵菌株，人为控制菌种比例和添加量，进行纯种发酵，既可以提高发酵效率，又能稳定产品质量。随着现代生物技术与传统发酵的融合，关注中国传统发酵食品的生产现状、工艺改进及发展前景对于弘扬民族文化、挖掘历史财富、造福现代社会具有积极的理论意义与实践价值。

第三节　世界发酵食品文化

一、亚洲地区发酵食品文化

亚洲地区的传统发酵食品主要有发酵豆制品、酒类、泡菜、馒头、醋、发酵茶等。发酵豆制品大多起源于我国,如豆酱、酱油、豆豉、腐乳等在我国已有约2000年的食用历史。亚洲地区的传统酒类主要是以谷物原料酿造的黄酒、烧酒和白酒。黄酒起源于我国,在我国约已有五千年的历史,在我国、韩国、日本和东南亚地区都有着传统的饮用习惯,是著名的三大发酵酒之一。蔬菜属于季节性种植产品,古时人们采用发酵的方式可以很好地达到贮存的目的,并且在风味口感上得到提升。所用原料也比较广泛,主要包括白菜、甘蓝、萝卜、黄瓜等,加工制作过程中也可根据个人喜好,加入辣椒、花椒、生姜和酒等辅料。

日本是被海洋环绕的岛国,古时候人们多以海鲜为生,但当时海鲜蔬菜等难以保鲜和久存。为了让食物能够保存得长久一些,人们便发明了种类众多的发酵食品。日本传统的早餐由米饭、味噌汤、腌菜和纳豆组成,这是日本最典型和普遍的饮食方式。从种类丰富的腌菜到饭桌上必备的味噌汤、纳豆,再到形形色色的发酵调料和日本酒,无不彰显着日本人对发酵食品情有独钟。日本腌菜的历史悠久,据记载,早在绳文时代就发现了发酵制作的鱼酱,这也是日本最古老的发酵食品。进入江户时代以后,“腌菜文化”得以在日本全国推广,成为深入人心的传统食物。

印度尼西亚全境位于热带,横跨亚洲和大洋洲,是全世界岛屿最多的国家。印度尼西亚全国有6000多个有人居住的岛屿,分布着1300多个民族,这是个有着多元丰富美食传统的国度。优越的地理位置和多民族文化的交流,使得印度尼西亚的发酵食品文化别具特色。印尼有多种发酵大豆制品,如豆酱、丹贝、豆饼等。印度尼西亚菜的调味料种类丰富,鱼露、虾酱、甜酱油、豆酱等都是日常频繁使用的调味料。甜酱油是印度尼西亚最常见的酱油,由于加入了棕榈糖,甜酱油的口感浓厚鲜甜,别具风味。甜酱油被广泛应用于印度尼西亚的炒菜、沙嗲烹饪中。除了棕榈糖外,甜酱油中往往还会加入八角、肉桂、丁香、黑胡椒等香料。

韩国位于中纬度地带,属温带季风气候,四季分明,夏天炎热潮湿,冬天寒冷干燥。韩国冬季的天气干冷,植物很难生存,也就很难获取食材,而且韩国的可种植土地面积较小。因此,为了能在冬天有充足的蔬菜来补充维生素,泡菜就成了最好的食物。泡菜是韩国人最主要的菜肴之一,无论是在繁华的首尔还是在农村,在居民的住宅院落或阳台,都能看到大大小小的泡菜坛。韩国泡菜以蔬菜为主要原料，还添加了海带、梨子、鱿鱼、虾、松仁和各种鱼类，迄今为止已发现的泡菜种类有190多种，以泡菜为原料的韩国料理也达50余种。大酱、辣椒酱和酱油是韩国人常年储存的发酵调味料，许多韩国美食的制作都离不开这三种酱料。

二、欧美地区发酵食品文化

欧洲大部分地区地处北温带，多为温带海洋性气候，气候温和湿润，美国大部分地区属于大陆性气候，南部属于亚热带气候。由于适宜的气候有利于食品的发酵，欧美地区孕育了各种各样的发酵食品，主要包括面包、酸奶、奶酪、开菲尔、发酵香肠和葡萄酒等。

希腊是欧洲文明的发源地，面包制作方法以及小麦的种植技术流入希腊后，在偶然情况下希腊人发现了可以用新鲜啤酒酵母来发酵面包。后来，面包流传至欧洲历史的又一个鼎盛期“古罗马帝国时代”。在这一时期，举行任何仪式都离不开面包，国家也鼓励推行面包的发展。不仅对平民派发福利面包，还发明了圆顶厚壁长柄木勺用来推动面包进炉、发展了用马推动水推磨和最早的面粉搅拌机，还建立了专门培训面包师的职业机构，使这一时期面包的制作具备了工艺化、规模化的特点。随着中世纪东罗马成为地中海霸主，海上贸易的增强以及基督教的广泛传播，面包的工艺逐渐在西欧推广开来。

一般认为，酸奶起源于巴尔干半岛，保加利亚的游牧人常常把灌满羊奶的皮囊背在肩上，由于体温的作用，牛奶变酸，他们从中得到启发，发现了加工酸奶的方法。为了食用方便，牧人们把发酸的奶倒进煮过的奶里，过不多久，煮过的奶就会全部变酸，这就是最早的酸奶。

在欧洲地区发酵香肠也有着悠久的食用历史，西式发酵香肠的起源地为距今2000年以前的地中海周边区域，那里的气候湿润多雨，非常适合香肠的发酵和成熟。罗马人通过添加发酵剂和一些调味料生产出来的香肠美味可口，而这类香肠通常在常温下就有较长的保质期。

三、非洲地区发酵食品文化

由于非洲独特的自然环境，使得该地区的农作物以薯类为主，其次是谷物。谷物以玉米、高粱等粗粮为主，很少种植大米和小麦。因此，非洲地区主要的发酵食品分为两大类——发酵谷物类和发酵木薯类，但发酵奶制品和发酵蔬菜等发酵食品也少量存在。

发酵谷物类是以高粱粉、玉米粉和小米为原料，与水和成面团后，经乳酸菌和酵母自然发酵，再经水蒸或烘烤制作而成的发酵食品。大约在公元前6000年，古埃及人就最先掌握了制作发酵面包的技术。

另一种重要的发酵食品为发酵木薯，根据地区和发酵工艺也可以分为很多的类型，其中 Gari 是非洲分布最广的发酵木薯食品，其发酵过程涉及的微生物类群比较广泛，包括乳酸菌、芽孢杆菌、酵母菌和霉菌。经微生物发酵后，木薯的营养价值不仅可得到提升，还可去除其中的有毒物质。

第四节　发酵食品与健康

一、发酵食品中的营养成分

在发酵期间，原料中的蛋白质会受微生物蛋白酶的影响而被分解成小分子（乳糖、半乳糖、乳酸、多肽、氨基酸等），也能提高蛋白质的含量，改善人体消化道的微生态平衡，所以发酵食品有增进食欲、促进消化的功效。在食品发酵制作过程中，能产生大量的多肽和游离的氨基酸，它们具有蛋白质没有的生理功能，比蛋白质更易吸收。这些活性肽都具有一定的生理、感官作用，如免疫调节、抗血栓、降血压、抗氧化以及调节矿物质的吸收等作用。同时，多肽的抗原性非常小，一般不会发生过敏反应。食品在发酵过程中，会产生糖基转移酶和糖苷水解酶，这两种物质能生成低聚糖，这种物质能直接达到大肠，有效促进肠道内双歧杆菌的生长，对改善人体内部的微生态环境起着重要作用。有研究发现，丹贝发酵过程中能生成低聚糖，这些低聚糖由少孢根霉分泌的淀粉酶将分子量较大的化合物分解而得，具有降血压和血清胆固醇、调节人体消化系统功能、增强机体免疫力、延缓衰老等生理功能。

发酵食品的一些原料富含油脂（大豆等），微生物发酵过程中产生多种脂肪酸。发酵过程中一部分碳水化合物被消耗掉，能够大大降低食物中的能量。这对希望控制热量摄入而降低体重的人来说是首选的低热能食品。B 族维生素是对人体有益的微量元素，在人体能量代谢中起到非常重要的作用，但人体自身无法合成。微生物发酵可以促进 B 族维生素的合成。发酵食品富含多种矿物质，钙、铁、磷、硒、铬等人体所需的微量元素都在发酵食品中有一定量的存储。泡菜中的微量元素和纤维素对心脏病、缺铁性贫血、免疫力低下和肠道疾病都有一定的预防效果，并且泡菜还可以开胃理气。火腿中的铜元素是人体健康不可缺少的微量营养素，对于血液、中枢神经和免疫系统，头发、皮肤和骨骼组织以及脑、肝、心等内脏的发育和功能有重要影响。

另外，有些发酵食品中还存在其他可对人体产生有益作用的物质。豆类发酵制品中含有的乙酰胆碱和卵磷脂，可以预防老年痴呆症。食醋中的醋酸和多种氨基酸有散瘀止血、理气止痛、解毒、矫味、安神、抗癌、杀菌、预防感冒、防止痛风等功效。

二、发酵食品的健康功效

（一）抗氧化功效

发酵食品的抗氧化性主要是对自由基的清除能力，包括总酚含量的估算和还原能力的测定。亚洲许多发酵豆制品例如日本的纳豆、韩国的大酱、中国的酱油以及印度尼西亚的丹贝等都具有抗氧化性，泡菜和酸奶也有抗氧化性。酱油能产生一种天然的抗氧化成分，它可以减少自由基对人体造成的损害，其抗氧化的功效是维生素 C 和维生素 E 的十几倍。丹贝中的主要抗氧化物质是酚类、黄酮类和氨基酸类。在丹贝发酵过程中，蛋白质水解使氨基酸含量大大增加，这使丹贝更易消化和吸收，增加了丹贝的营养，丰富了丹贝的功能特性。同时，氨基酸可与还原糖发生美拉德反应，产生的蛋白黑素能降低血糖、抑制胰蛋白酶活性，有很强的自由基清除能力和抗氧化活性。

（二）抗肿瘤功效

一些发酵食品具有一定的抗诱变和抗癌活性，如俄罗斯的发酵奶制品开菲尔、印度的酸奶等都具有抗癌性；德国泡菜中含有的 S-甲基蛋氨酸，可以降低患胃肿瘤的风险；发酵乳产品中的嗜酸乳杆菌可以降低 β-葡糖醛酸酶、偶氮还原酶和硝基还原酶等的活性，并激活免疫系统；发酵豆制品中的大豆异黄酮、异黄酮苷元对许多癌症有一定的抑制作用；泡菜中的植物乳杆菌具有预防癌症的潜力；常喝酸奶可以减少膀胱癌、结肠癌和宫颈癌的发生。

（三）降胆固醇和降血压功效

食品在发酵过程中，除了能提高食品中的微生物和基础氨基酸外，还有些真菌酵母、曲霉、毛霉等能产生多不饱和脂肪酸，降低人体的胆固醇，从而起到帮助人体预防心脏病的作用。红曲霉发酵产生的降胆固醇主要成分为莫纳可林类物质，在化学结构上与他汀类药物是相似的，它们降低胆固醇的机理也是相同的：抑制胆固醇合成途径上的关键酶，从而减少胆固醇合成；血管紧张素转换酶（ACE）是参与人体血压调节有关的酶，抑制血管紧张素转换酶的活性，可以降血压。酱油和豆酱中的蛋白黑素或类黑精对血管紧张素转换酶具有一定的抑制作用。

（四）抗过敏功效

从开菲尔乳品的发酵剂开菲尔粒中分离出的乳酸菌具有抗过敏作用；从泡菜中分离的乳酸杆菌可以产生大量的 IL-12 和 INF-γ 来调节辅助性 T 细胞比例的平衡以防免疫作用的扩大，而减轻遗传性皮炎和食物过敏的症状；发酵鱼油富含的 ω-3 多不饱和脂肪酸可降低过敏症的敏感性。

(五)保护胃肠道功效

含有活细菌的发酵乳产品具有调节免疫力和治愈腹泻的能力。发酵食品中的乳酸菌对部分肠胃疾病有一定的治疗作用,可以有效缓解炎症性肠胃病,主要表现为缩短发作时间,减轻严重程度。酸奶中的鼠李糖乳杆菌有治疗急性腹泻的作用;开菲尔中的β-半乳糖苷酶能够减轻乳糖不耐受的症状;韩国泡菜富含乳酸,可刺激消化腺分泌消化液,帮助食物的消化吸收,常吃泡菜可以增加肠胃中的有益菌,抑制肠道中的致病菌,降低患胃肠道疾病的概率。豆类中含有的纤维素不能被人体消化和吸收,令细胞内营养物质的消化率降低且促使肠内产气,对胃肠患者具有伤害性,但发酵后的豆制品可将纤维素降解为低聚纤维素和葡萄糖,提高营养物质的消化率。

(六)预防糖尿病和骨质疏松症功效

研究发现,食用高纤维类食物会增加非糖尿病患者对胰岛素的敏感性,减少糖尿病患者对胰岛素的需求;发酵奶过程中产生的营养素可改善葡萄糖耐受不良,以及高血糖、高胰岛素血症和血脂异常等症状,从而降低患糖尿病的风险。纳豆中的维生素 K_2 可以刺激骨的形成缓解老年人的骨质疏松症。酸奶中存在的蛋白质和矿物质如镁、钙、磷、钾等可共同促进形成健康的骨骼。

三、发酵食品促进健康的途径

食品发酵过程不仅能改变原料的营养成分,而且能够有效降解原材料中的有害物质,并产生对人体有益的活性酶及营养物质,如多种维生素、氨基酸等,还可以提高发酵食品的营养利用率等,所以发酵食品具有营养保健功能。具体来说,发酵食品通过以下几种途径促进人体的健康(图 15-3)。

(一)改变原料的营养成分

微生物通过分解代谢途径,降低了存在于牛奶、肉类和植物中的高热量单糖(葡萄糖、果糖)和双糖(蔗糖、乳糖)的浓度。经发酵后乳制品中的乳糖,小麦中的果聚糖,大豆中的棉籽糖、水苏糖和毛蕊糖的含量降低,减少食物中特定的糖类可以降低血糖指数,并改善食物耐受性。

(二)提高营养利用率

酵母发酵能够分泌植物酶,分解植酸和抗营养因子,大幅降低米面制品中植酸及抗营养因子的含量,从而释放出被植酸结合的矿物质(钙、锌、铁、铜、铬等),既减少了植酸对肠胃的刺激,又能活化矿物质元素,大幅提升矿物质的吸收利用率,对健康增益。

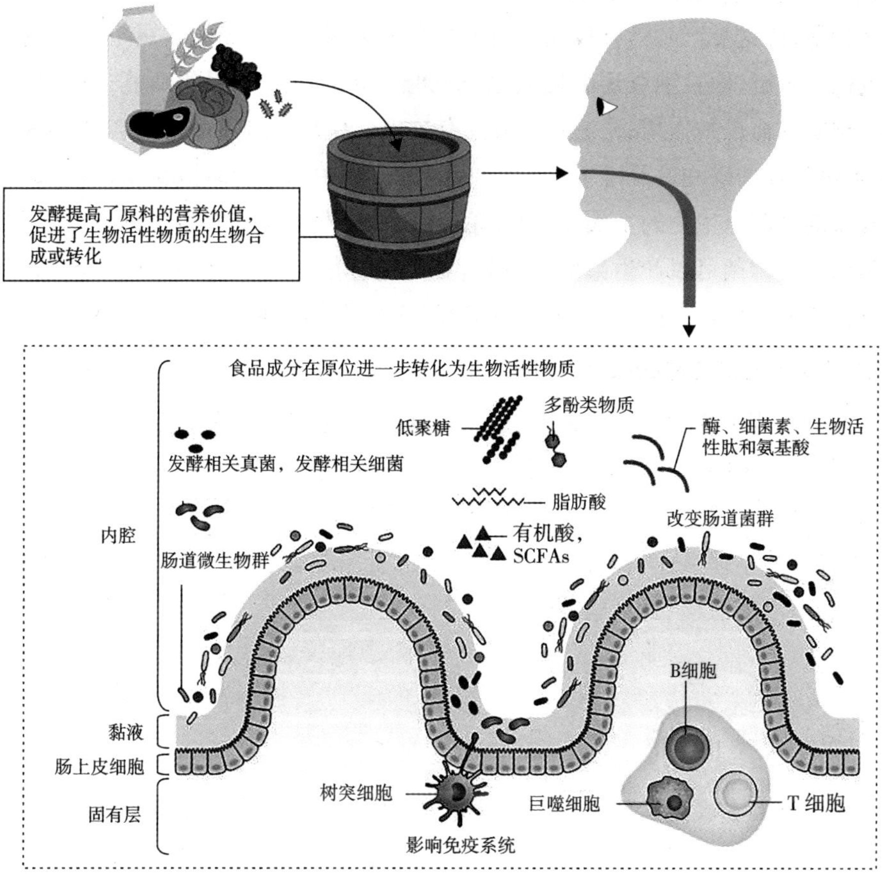

图 15-3　发酵食品促进健康的途径

(三)修饰人体肠道菌群

发酵食品中的微生物可以在胃肠道中存活下来,并到达结肠。乳酸菌能促进胃运输后微生物的存活能力,提高对酸和胆汁的耐受能力。发酵食品也可以影响肠道微生物的组成。酵母菌和乳酸菌发酵会产生大量的有机酸和短链脂肪酸,其中丙酸、丁酸、乳酸等物质都在近几年被证明对于肠道微生态的构建和肠道菌群平衡起到重要作用。而这类产物的种类和构成比例是发酵食品中独有的。肠道菌群的调节可以由这些食物中的活(或灭活)微生物、发酵过程中释放的营养成分和代谢产物以及这些食物成分对宿主免疫系统的影响而产生。

(四)降解有害物质、杀菌及促进消化

发酵可以降解食物原料中的有害物质和不易吸收的物质,例如发酵豆制品通过微生物发酵可以把不溶性高分子物质分解成可溶性低分子物质,保留了大豆异黄酮和低聚糖

等原有功能性物质，并且产生了维生素 B_{12}、蛋白黑素和芳香族化合物等新的营养成分和生物活性物质，使这类产品具有较高的营养价值和功能特性，例如纳豆中含有纳豆激酶可以促进血栓溶解，而且纳豆还有抗氧化、抗肿瘤、防止骨质疏松等功能；豆豉具有助消化、健脑、预防高血压的作用；酱油和丹贝具有抗氧化作用。乳的发酵可以使部分成分降解，增加了可溶性的磷和钙及维生素。另外，发酵过程中产生的酒精和 pH 值低的酸性环境可以有效地抑制微生物的生长，起到抑菌、灭菌的作用。例如在乳酸的发酵过程中，一些乳酸菌如乳链球菌可以产生某些抗菌素，在一定程度上可以抑制某些病原菌的生长，从而防止传染病的发生，乳酸菌还可以对有害菌产生拮抗作用。

（五）产生对人体有益的微生物和酶

由于发酵过程中有微生物的参与，这些微生物中含有乳酸菌、红曲霉、霉菌、酵母菌等，其对人体有一定的保健功能。乳酸菌具有调节血脂、提高免疫力、缓解乳糖不耐症、抑制肿瘤、延缓衰老、防止肠胃疾病等作用。酵母菌本身具有蛋白质、核糖核酸、B 族维生素、谷胱甘肽等生理活性物质，营养丰富。发酵食品中含有微生物产生的多种酶，这些酶具有抗氧化、溶解血栓、抗衰老等作用。

小结

发酵食品在我国已有上千年的历史，自古“民以食为天”的观念奠定了食品产业在国人心中不可替代的重要地位。中国传统发酵食品历史悠久，不仅生产了风味独特的发酵产品，而且是发酵食品消费大国，对世界饮食结构和饮食文化的发展起到重要的推动作用。

通过微生物发酵，食品原料中的苦腥味、胀气因子、抗营养因子等被去除或分解，消化率和生物价均大大提高，同时产生了多种具有香味的有机酸、醇、酯、氨基酸。经微生物发酵后，水溶性蛋白质含量增加，碱溶性蛋白质含量减少，这使得发酵食品极易消化，口味鲜美，蛋白质的消化率得到了提高。此外，发酵食品中除了含有大量水解蛋白质、游离氨基酸和游离脂肪酸，还有硫胺素、核黄素、烟酸、钙和磷等营养成分，不含胆固醇，这些都利于身体健康，是促进人体正常发育或维持正常生理机能所必需的。

发酵食品虽然起源于我国，但是我们对其研究还需进一步深入，作为发酵食品，需探索更多种类适宜发酵的微生物，观察发酵过程中的生物变化和化学变化，提升原料和终产品的营养品质；作为保健食品，还需进一步探究其保健生理功能和生理活性成分。

参考文献

[1]DIEZ-OZAETA I, ASTIAZARAN O J. Fermented foods: An update on evidence-based health benefits and future perspectives[J]. Food Res Int,2022,156:111133.

[2]MARCO M L,SANDERS M E,GÄNZLE M,et al. The International Scientific Association for Probiotics and Prebiotics (ISAPP) consensus statement on fermented foods[J]. Nat Rev Gastroenterol Hepatol,2021,18(3):196-208.

[3]刘素纯. 发酵食品工艺学[M]. 北京:化学工业出版社,2019.

[4]侯红萍. 发酵食品工艺学[M]. 北京:中国农业大学出版社,2016.

[5]陈历水. 酵母菌与中国特色发酵食品[M]. 北京:中国轻工业出版社,2021.

[6]徐凌. 发酵食品加工工艺[M]. 北京:中国农业大学出版社,2020.

[7]贾士儒. 中国传统发酵食品地图[M]. 北京:中国轻工业出版社,2018.

[8]陈露,尹礼国,张超,等. 茶多酚在发酵食品中的应用研究进展[J]. 食品与发酵工业,2023,49(2):339-346.